网络数据分析

从结构学习到社区发现

郭骁 张海 著

西北大学出版社
·西安·

图书在版编目(CIP)数据

网络数据分析 : 从结构学习到社区发现 / 郭骁, 张海著. -- 西安 : 西北大学出版社, 2025. 4. -- ISBN 978-7-5604-5652-2

Ⅰ. TP393

中国国家版本馆 CIP 数据核字第 2025EB2077 号

网络数据分析:从结构学习到社区发现

WANGLUO SHUJU FENXI: CONG JIEGOU XUEXI DAO SHEQU FAXIAN

郭骁　张海　著

出版发行　西北大学出版社

(西北大学校内　邮编: 710069　电话: 029-88302621 88303059)

http: //nwupress.nwu.edu.cn　E-mail: xdpress@nwu.edu.cn

经　销　全国新华书店

印　刷　西安日报社印务中心

开　本　787 毫米×1092 毫米　1/16

印　张　10.75

版　次　2025 年 4 月第 1 版

印　次　2025 年 4 月第 1 次印刷

字　数　207 千字

书　号　ISBN 978-7-5604-5652-2

定　价　80.00 元

前 言

2012 年，我首次接触网络数据分析，当时我的博士研究生导师、西北大学数学学院张海教授组织了一个网络数据分析研究小组，带领我们学习网络数据分析的基础知识和前沿方法. 我阅读的第一篇论文是美国密歇根大学统计学博士 Yunpeng Zhao 的博士毕业论文，题目为 “Statistical Inference for Some Problems in Network Analysis”，其系统介绍了网络数据的社区发现、链接预测等网络数据的基本问题，以及针对这些问题提出的前沿方法，就此开启了我对网络数据探索的大门. 当时，网络数据在统计物理学等领域的研究颇为深入，然而由于其打破了经典统计学中数据独立这一常用假设，网络数据作为一种新的数据类型在统计建模、分析、理论方面的研究颇具挑战性. 与此同时，当时高维数据（数据的维数远大于样本数）分析是统计学领域的热门研究领域，积累了较为成熟的研究方法和工具，受到了众多学者的关注. 因此，在短暂的网络数据学习之后，我便转向了高维数据分析这一研究领域. 巧合的是，我关注的高维数据分析中图模型的结构学习问题，与网络数据分析不无关系. 图模型可作为在网络结构未知时，建立网络结构的一种工具. 在攻读硕士学位和博士学位期间，我主要聚焦于图模型研究领域. 此后，受网络数据在现代应用场景中面临挑战的启发，我又重新开始对网络数据进行研究.

近十余年来，互联网、社交媒体等的发展产生了大量的网络数据，网络数据分析成为统计学的热门研究领域，并涌现出丰富的研究成果. 随着数据收集、传输、存储和处理等方面的限制和变革，网络数据在数据规模、来源、所有权、质量等方面表现得更加复杂，网络数据分析随之面临新的挑战. 近年来，DeepSeek、ChatGPT 等人工智能大模型推动了各领域的发展和变革. 大模型成功的背后离不开大量高质量的多源、异构、多模态数据，如何处理和利用这些数据必将是未来网络数据分析的重要研究内容.

结合上述本人的研究经历，以及网络数据分析在现代数据分析中的重要性，我便有写一本关于网络数据分析的书籍的想法，这个想法也得到了张海教授的支持和鼓励. 本书主要面向的对象是从事网络数据分析的硕士研究生、博士研究生及相关领域的研究人员. 本书聚焦于网络结构学习和网络社区发现两大类问题. 第一类问题对应网络结构未知情形，其主要目标在于如何充分利用数据特点有效估计网络的结构. 第二类问题对应网络结构已知情形，其主要目标在于如何高效精准地估计网络节点所形成的社区. 在介绍这两类问题的基本方法的基础上，本书以专题形式介绍现代网络数据分析的前沿方法和相关理论. 每个专题具有独立性，读者可以根据需求自行选择感兴趣的专题进行研读.

第 1 章介绍网络数据及网络数据分析的基本问题. 第 2 章至第 5 章对应网络结构学习问题：第 2 章介绍图模型及网络结构学习的基本方法；第 3 章介绍具有数据含协变量的网络结构学习方法；第 4 章介绍无标度先验下的网络结构学习方法；第 5 章介绍具有社区结构的动态网络结构的学习方法. 第 6 章至第 11 章对应网络社区发现问题：第 6 章

介绍随机块模型及网络社区发现的基本方法；第 7 章介绍大规模网络数据的高效社区发现方法；第 8 章介绍基于高阶模体的网络数据的社区发现方法；第 9 章介绍多层网络数据的社区发现方法；第 10 章介绍大规模多层网络的社区发现方法；第 11 章介绍多层随机块模型连接概率矩阵的估计方法.

最后，特别感谢张海教授，本书的书写和完成离不开他的指导和帮助. 感谢西安交通大学常象宇教授、加州大学河滨分校马舒洁教授、哥伦比亚大学袁明教授、上海财经大学邱怡轩教授对我提供的帮助. 感谢清华大学苏温庆博士，他协助编写了本书的第 9 章至第 11 章. 感谢我的硕士研究生黄梦泽和杨家雄在本书校对过程中提供的帮助.

郭 骁

2025 年 2 月 16 日

目 录

第1章 概 述

1.1 网络数据

随着计算和数据采集技术的发展，各个应用领域中的数据均呈爆发式增长. 例如，在生物学中，基因微阵列技术能够在同一时间内定量测量数以万计的基因表达水平；在医学中，功能性核磁共振成像技术能够实时跟踪大脑信号的改变，由此产生具有高时间分辨率和高空间分辨率的图像；在社交媒体中，用户通过社交平台获取、传播信息并产生了大量数据. 一般来讲，数据中的个体或变量并不是独立存在的，而是具有直接或潜在的网络（图）结构.

网络的主要构成元素为节点和边，节点为一个复杂系统中的基本单元，边将节点通过某种关系连接起来. 例如，在社交网络中，节点代表人，人与人之间通过朋友关系形成了网络；在合作网络中，节点代表作者，作者与作者之间通过合作论文形成了论文合作网络；在生物网络中，节点代表基因或蛋白质，基因或蛋白质之间通过潜在相互作用形成了基因或蛋白质网络. 随着网络数据的爆发，网络数据分析已成为统计学、机器学习、生物信息、统计物理等领域近年来的研究热点[1-2].

不同于一般数据，网络将各个单元连接为一个整体，因此，网络有着其特有的结构特征，稀疏性、无标度性、聚集性等为网络数据的显著特点. 稀疏性指网络中实际存在的边的数量通常远小于网络中最大可能存在的边数. 无标度性指网络中节点的度，即网络中一个节点与其余节点之间形成的边的条数服从幂律分布[3]. 无标度网络的典型特征是存在中心点. 中心点通常指网络中少数度很大的节点. 聚集性指网络中的节点在互相连接中形成社区结构，即网络中的节点组[4]. 同一社区的节点相比于不同社区的节点在某些方面更加相似，社区的一个直观描述是同一社区内节点之间的连接多于它们与其余节点的连接.

除上述特点之外，随着计算机技术的发展，现代网络还呈现出大规模性[5]、动态性[6]、多样性[7]、含丰富信息[8] 等特点. 大规模性指网络的节点数或边数很大，如社交网络中节点可能为数十亿的用户，边为数十亿甚至上千亿的关注或好友关系. 动态性指网络并非静态不变，而是随着时间的推移，网络中节点和边都可能改变，如社交网络中会有新用户注册账号、老用户注销账号，同时某个用户的好友往往会随着时间发生改变. 多样性指同一批节点通过不同关系形成多种网络结构，称为多重网络，如社交网络中人与人之间可通过工作关系、学术合作关系、朋友关系形成多重网络. 此外，网络数据的节点或边通常包含丰富的附属信息，如社交网络中每个用户的性别、职业、兴趣等信息及用户之间的具体关系（如朋友、同事、同学等信息）.

因此，在进行网络数据分析时，如何不被大量复杂的网络数据淹没，有效利用网络数据的特点来分析和挖掘其背后的本质信息变得尤为重要.

1.2 网络数据分析的基本问题

在不同应用领域中，研究者关注的问题和目标不同，从而对应不同的网络分析问题. 例如，在基因调控网络中，生物学家希望利用相关数据推断出基因之间是否存在相互作用关系；在社交网络中，社会学家关心的是如何寻找节点所形成的社区，并试图理解社区是如何形成的；而对于社交平台，如何精准有效地给用户推荐产品和潜在关注对象是一个重要的问题. 以上内容对应网络分析中的三个基本问题：网络结构学习、网络社区发现及网络链接预测. 下面给出具体介绍.

- **网络结构学习**[9] 基于观测数据推断或重建网络的拓扑结构，旨在充分利用已知数据，精准估计网络中节点的交互关系，为后续网络数据的深入分析奠定基础.
- **网络社区发现**[10] 基于观测的网络结构即节点的相互作用关系估计网络的节点所形成的社区，旨在理解网络的模块化特征，揭示网络中隐含的群体行为模式.
- **网络链接预测**[11] 基于已观测到的网络结构预测网络中尚未观察到的潜在链接或未来可能出现的链接，旨在利用现有的边和节点属性，挖掘隐含的关系模式或推断网络的演化趋势.

第 2 章　图模型及网络结构学习

网络结构学习旨在根据数据估计未知的网络结构. 以估计基因调控网络为例，从统计角度来讲，每个基因可以视为不同的随机变量，每个基因在不同时段或在不同人身上的表达值视为该随机变量的实现，那么基因之间的相互作用关系可以视为随机变量之间的相依关系. 直观来讲，网络结构可以通过计算随机变量之间的相关性矩阵来构建，如相关系数的绝对值低于某一个阈值即认为无边；反之，认为有边. 但是，众所周知，相关性矩阵得出的相依关系并没有排除其余变量的影响. 更合理的做法是利用变量之间的条件相关性来估计网络. 图模型是一种刻画随机变量条件相关性的有效工具. 本章将介绍图模型的基本概念，以及基于图模型的网络结构学习方法.

2.1　图模型

图模型[12-14] 是一种研究随机变量之间条件相依关系的有效工具. 图模型的主要构成要素为节点和边，其中节点与随机变量对应，边与变量之间的条件依赖关系对应. 具体地，用二元组 $G = (V, E)$ 表示一个图，其中，$V = 1, \cdots, p$ 分别代表节点变量 $X_1, \cdots, X_p$，$E \subseteq V \times V$ 代表边的集合. 马尔科夫性质是图模型将图与随机变量的条件依赖关系连接起来的桥梁. 根据边是否有方向，图模型可以分为无向图模型与有向图模型，其中有向图模型又称为贝叶斯网络. 无向图模型反映变量之间的相关性，而有向图模型反映变量之间的因果关系. 由于无向图模型和有向图模型存在概念及技术差异，下面分别对其进行介绍.

2.1.1　无向图模型

无向图模型的图表示 $G = (V, E)$ 为一个无向图. 令 $X = (X_v : v \in V)$ 为无向图 $G = (V, E)$ 中节点对应的随机向量. 若 X 关于图 G 满足如下马尔科夫性质之一，则称 X 和 G 定义了一个无向图模型.

定义 2.1 (马尔科夫性质[12-14](无向图)) 若对任意 $(v, w) \notin E$ 满足

$$X_v \perp X_w \mid X_{V \setminus \{v,w\}},$$

那么称 X 关于图 G 满足两两马尔科夫性质. 进一步，若对任意 $v \in V$ 满足

$$X_v \perp X_{V \setminus \{\mathrm{nb}_G(v) \cup \{v\}\}} \mid X_{\mathrm{nb}_G(v)},$$

其中 $\mathrm{nb}_G(v) = \{w \in V : \{w, v\} \in E\}$ 为节点 v 的邻居节点集合，则称 X 关于图 G 满足局部马尔科夫性质. 最后，对于任意两两不相交的集合三元组 $A, B, C \subset V$，若集合 C

分离 A 和 B，也就是说，任意从 A 中节点到 B 中节点的路径包含 C 中节点，满足

$$X_A \perp X_B \mid X_C,$$

则称 X 关于图 G 满足全局马尔科夫性质.

两两马尔科夫性质将图中每条边与变量之间的条件独立性联系起来，因此又称为条件独立图（Conditional independence graph，CIG）. 对于 CIG，只需要利用样本估计出两两随机变量的条件相关性即可估计出图的结构. 局部马尔科夫性质说明了随机变量可以用其邻居节点表示，这正好是后面将介绍的用邻居选择（Neighborhood selection）方法估计图结构的思想来源，而全局马尔科夫性质有助于变量之间条件独立关系的推理. 容易看到，全局马尔科夫性质蕴含两两和局部马尔科夫性质，而局部马尔科夫性质蕴含两两马尔科夫性质. 一般地，不同的马尔科夫性质对应不同的图模型. 然而，在一定条件下，可以证明三者等价，如对所有 $v \in V, X_v$ 为离散随机变量且联合分布为正，或联合分布为正且在勒贝格测度下连续. 上述图模型定义尤其适合已知随机向量 X 的分布，用 X 对应样本来估计图 G 的结构的情形. 此外，图模型还可以用 X 的分布在图 G 上的 Hammersley-Clifford 可分解性质来定义. 这时，该定义适合已知图 G，用图 G 来生成随机变量的联合分布的情形. 在一定条件下，两种定义方式是等价的[9, 12-14].

2.1.2 有向图模型

考虑一种特殊的有向图模型：有向无环图模型，即模型的图表示 $G = (V, E)$ 为一个有向无环图 (Directed Acyclic Graph, DAG). 特别地，E 中的有向边 (v, w) 表示从 v 指向 w 的边，也可记作 $v \to w \in E$. 令 $X = (X_v : v \in V)$ 为 DAG $G = (V, E)$ 中节点对应的随机向量. 若 X 关于 DAG G 满足如下马尔科夫性质之一，则称 X 和 G 定义了一个有向无环图模型.

定义 2.2 (马尔科夫性质[9, 12-14] (有向图)) 若对任意 $v \in V$ 满足

$$X_v \perp X_{\mathrm{nd}_G(v) \backslash \mathrm{pa}_G(v)} \mid X_{\mathrm{pa}_G(v)},$$

其中，$\mathrm{pa}_G(v) = \{w \in V : \{w, v\} \in E\}$ 为节点 v 的父节点集合，$\mathrm{nd}_G(v) = V \backslash \mathrm{de}_G(v)$ 为节点 v 的非子代节点集合，其中，$\mathrm{de}_G(v) = \{w \in V : w = v \text{ or } v \to \cdots \to w \text{ in } G\}$，则称 X 关于 DAG G 满足局部马尔科夫性质. 进一步，对于任意两两不相交的集合三元组 $A, B, C \subset V$，若集合 C d-分离 A 和 B，满足

$$X_A \perp X_B \mid X_C,$$

则称 X 关于 DAG G 满足全局马尔科夫性质.

可以证明，全局马尔科夫性质等价于局部马尔科夫性质. 另外，类似无向图模型，有向图模型也可用可分解性质来定义，且在一定条件下，两种定义方式是等价的[9, 12-14].

当 $X=(X_1,\cdots,X_p)$ 服从 Gaussian 分布时，马尔科夫性质等价于如下结构方程模型:

$$X_j=\sum_{k\in \mathrm{pa}(j)} A_{jk}X_k+\epsilon_j \quad \epsilon_j\sim\mathcal{N}(0,\sigma^2),\quad j=1,\cdots,p, \tag{2.1}$$

其中，A_{jk} 表示节点 j 的父节点 k 对节点 j 的影响的强度，当 k 不是 j 的父节点时，$A_{jk}\equiv 0$，$\epsilon_j(j=1,\cdots,p)$ 相互独立，且 ϵ_j 独立于 $A_{jk},k\in \mathrm{pa}(j)$.

不同于无向图模型，有向图模型存在可识别性问题，即所谓马尔科夫等价性. 对于两个不同的 DAG G_1 和 G_2，若对于任意两两不相交的集合三元组 $A,B,C\subset V$，若 $X_A\perp_{G_1}X_B\mid X_C$ 当且仅当 $X_A\perp_{G_2}X_B\mid X_C$，则称 G_1 和 G_2 马尔科夫等价. 马尔科夫等价的 DAGs 具有相同的骨架和 v- 结构[12-14]，其中骨架指将 DAG 中的有向边改为无向边的无向图，v- 结构指节点三元组 (u,v,w) 满足 $u\to v\leftarrow w$ 且 u 和 w 无边相连. 如图2.1所示，三个 DAGs 具有相同的骨架和 v- 结构，故三种马尔科夫性质等价. 因此，通常来讲，DAG 不可从联合分布中识别. 但是，在某些特殊情形下可以证明 DAG 是可识别的，如结构方程模型当函数为线性且噪声的方差相同时，模型可识别[15]；又如 Leung 等[16] 研究了当有一个隐变量时，Gaussian DAG 可识别的条件.

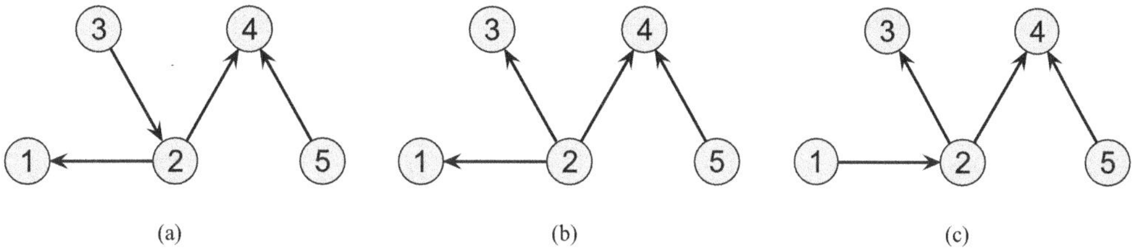

图 2.1 DAG 的马尔科夫等价示意图

节点的拓扑顺序是有向图中的重要概念之一. 用 $\prec$ 表示序关系，$X_i\prec X_j$ 当且仅当 $i\to j$. 一般地，有向图对应节点不一定存在拓扑顺序. 然而可以证明，拓扑顺序的存在性等价于有向图中无环，即不存在有向圈，但拓扑顺序不一定唯一. 因此，DAG 中节点一定存在拓扑顺序. 这时，DAG 可对应于一个邻接矩阵 $A=(a_{ij})$，其中第 i 列对应第 i 个节点的父节点. 记 $\mathcal{P}$ 为节点集合 $\{1,\cdots,p\}$ 的所有置换组成的集合，对于任意 $\pi\in\mathcal{P}$，用 $\mathcal{P}_\pi A$ 表示将 A 的行和列均根据置换 π 重新排列后的矩阵. 由于 DAG 存在拓扑顺序，因此存在 $\pi\in\mathcal{P}$ 使得 $C=\mathcal{P}_\pi A$ 为一个严格三角矩阵. 特别地，当 C 中节点的顺序与 DAG 的拓扑顺序 π_t 一致时，C 为上三角矩阵. 另外，定义 $\tilde{\pi}(i)=\pi_t(q-i+1)(i=1,\cdots,q)$，那么 $\mathcal{P}_{\tilde{\pi}}A$ 为下三角矩阵.

2.2 网络结构学习

2.2.1 基于无向图模型的网络结构学习

考虑 Gaussian 图模型，即随机变量的联合分布为 Gaussian 分布. 假设图有 p 个节点，随机向量 $X=(X_1,\cdots,X_p)$ 服从 Gaussian 分布 $\mathcal{N}_p(0,\Sigma)$. 对于 Gaussian 图模型，三种马尔科夫性质等价. 特别地，可以证明，协方差矩阵 Σ 的逆矩阵 $\Theta=(\theta_{ij})_{1\leqslant i,j\leqslant p}$ 正好与两两随机变量的条件独立性等价；具体地，$\theta_{ij}=0$ 当且仅当 X_i 和 X_j 条件独立，且当且仅当节点 i 与节点 j 之间无边相连. 因此，给定 n 个样本 $\{X^{(i)}=(X_1^{(i)},\cdots,X_p^{(i)})\}_{i=1}^n$ 后，估计图的结构等价于估计协方差矩阵的逆矩阵 Θ. 这被 Dempster 称为协方差选择问题[17]. 对于此问题，经典的最大似然估计的解为样本协方差矩阵的逆. 然而，样本协方差矩阵的逆的各个元素往往不为 0，即对应完全连接的图，从而不能有效发现网络的结构信息，其结果不具有可解释性. 另外，最大似然估计仅适用于样本个数 n 远大于变量个数 p 的情形，当 $p<n$ 但 p 接近于 n 时，最大似然估计会产生很大的估计误差；当 $p\geqslant n$ 时，样本协方差矩阵不可逆. 因此，在 $p\geqslant n$ 或 p 接近于 n 时，即所谓高维情形下如何准确估计网络结构是一个非常重要的问题.

对于高维问题，如果不添加任何约束，统计推断就是不可行的. 高维数据的本质低维特征为高维统计推断提供了可能，也就是说，虽然数据表面上维数很高，但是其本质上具有低维结构. 稀疏性是一种常见的低维假设，对于图模型，稀疏性通常指网络的边是稀疏的，在 Gaussian 情形下即为协方差矩阵的逆 Θ 有很多元素为 0. 正则化[18-19] 是一种求解高维问题的有效框架. 它可看作包含两部分的优化模型，其中一部分为损失函数项，另一部分为正则化项或称为罚函数项. 损失函数项度量经验误差的大小；正则化项包含数据的先验，如稀疏先验. 正则化方法从理论和计算两个方面提高模型的估计效果：从理论角度来讲，正则化可以避免过拟合，从而使得出的估计具有优良的统计性质；从计算角度来讲，正则化可以提高估计的稳定性并且有助于提高计算速度[19]. 近年来，有很多关于高维图模型的研究是在正则化框架下开展的，详见综述 [9, 20]. 可将其归纳为如下几种类型.

• **罚似然估计方法** 罚似然估计是最为常见的图模型的估计方法. 在 Gaussian 假设下，负对数似然函数为 $l(\Theta)=-\log|\Theta|+\mathrm{tr}(S\Theta)$，其中 $|\cdot|$ 表示矩阵的行列式，$\mathrm{tr}(\cdot)$ 表示矩阵的迹，S 表示样本协方差矩阵. 当数据为非 Gaussian 时，上述似然函数可以看作类似然函数或 Bregman 散度[21]. 罚似然估计可以写为如下形式：

$$\hat{\Theta}\in\arg\min_{\Theta\succ 0}\left\{-\log|\Theta|+\mathrm{tr}(S\Theta)+\sum_{i<j}P_\lambda(|\theta_{ij}|)\right\},\tag{2.2}$$

其中，$P_\lambda(|\theta_{ij}|)$ 为罚函数，λ 为调控模型稀疏度的参数，约束 $\Theta\succ 0$ 表示 Θ 为正定矩阵. 当 $P_\lambda(|\theta_{ij}|)=|\theta_{ij}|$ 即罚函数为 Lasso[22] 时，近年来涌现出大量研究成果. Yuan 和 Lin[23]、Banerjee 等[24] 提出了图模型的罚似然估计 (2.2) 式. 计算方面，Friedman 等[25] 提出了高

效的坐标下降算法，即所谓 Graphical Lasso. Witten 等[26]、Mazumder 和 Hastie[27] 从全新的视角理解 (2.2) 式，他们注意到 (2.2) 式的解的分块对角结构完全由样本协方差矩阵截断之后的矩阵的分块对角结构所决定. 基于这个发现，Mazumder 和 Hastie[27]、Zhao 等[28] 提出了求解 (2.2) 式的加速算法. 理论方面，Ravikumar 等[21] 研究了 (2.2) 式的高维变量选择和参数估计相合性. 由于 l_1 罚函数会带来额外的偏差，Lam 和 Fan [29] 研究了 $P_\lambda(|\theta_{ij}|)$ 为非凸罚函数如 SCAD[30]、MCP[31] 时 (2.2) 式的理论和求解算法.

• **邻居选择方法** 罚函数方法将 Θ 视为一个整体来估计，邻居选择方法则是通过估计每个节点的邻居来估计出图的结构. 根据 Gaussian 分布的性质，给定除 X_j 以外的变量 $X_{\backslash j}$，X_j 的条件分布为

$$X_j \mid X_{\backslash j} \sim N(\alpha_j' X_{\backslash j}, \sigma_j^2), \tag{2.3}$$

其中，$\alpha_j = (\alpha_{1j}, \cdots, \alpha_{pj})' = (\Sigma_{\backslash j,\backslash j})^{-1}\Sigma_{\backslash j,j}$，$\sigma_j^2 = \Sigma_{jj} - \Sigma_{\backslash j,j}(\Sigma_{\backslash j,\backslash j})^{-1}\Sigma_{\backslash j,j}$, 其中用 “$\backslash j$” 表示矩阵除去第 j 行或第 j 列后对应的矩阵. 由分块矩阵的求逆公式，进而有

$$\alpha_j = -\sigma_j^2 \Theta_{\backslash j,j}, \quad \sigma_j^{-2} = \Theta_{jj}.$$

进一步，可以证明 X_i 与 X_j 的偏相关系数 ρ_{ij}，即条件相关系数

$$\rho_{ij} = -\frac{\theta_{ij}}{\sqrt{\theta_{ii}\theta_{jj}}}.$$

因此，条件相关系数 ρ_{ij}、协方差矩阵的逆 θ_{ij} 及 (2.3) 式中的 α_{ij} 是一一对应的，换句话说，估计三者所得到的无向图的结构是一致的. 基于上述事实，Meinshausen 和 Bühlmann[32] 提出了如下估计方法：

$$\hat{\alpha}_j \in \arg\ \min \|\mathrm{X}_{*j} - \mathrm{X}_{*\backslash j}\alpha_j\|_2^2 + \lambda_j\|\alpha_j\|_1, \tag{2.4}$$

其中，$\mathrm{X} \in \mathbb{R}^{n\times p}$ 表示数据矩阵，λ_j 为调控参数, $\|\cdot\|_1$ 为向量的 l_1 范数. 注意到这样估计出的图可能是不对称的，Meinshausen 和 Bühlmann[32] 采用 “并” 或 “交” 的方法得出最终估计的图结构. Peng 等[33] 提出了用联合回归模型 SPACE 来估计偏相关系数，由于其将各个节点的邻居联合起来估计而不是单独估计，故所得估计 $\hat{\Theta}$ 不存在不对称的问题. Sun 和 Zhang[34] 提出用 Scaled-Lasso[35] 来代替 (2.4) 式，从而避免了调控参数的选择并提高了模型估计的准确率. Yuan[36] 提出用如下 Dantzig 型估计来估计 α_j：

$$\hat{\alpha}_j \in \arg\ \min \|\alpha_j\|_1 \quad s.t. \quad \|S_{\backslash j,j} - S_{\backslash j,\backslash j}\alpha_j\|_\infty \leqslant \gamma_j, \tag{2.5}$$

其中，$S = \mathrm{X}'\mathrm{X}/n$ 为样本协方差矩阵，γ_j 为调控参数，$\|\cdot\|_\infty$ 表示向量的 l_∞ 范数. Cai 等[37] 提出如下 Dantzig 型估计，并称其为 CLIME：

$$\hat{\Theta}_{*j} \in \arg\ \min \|\hat{\Theta}_{*j}\|_1 \quad s.t. \quad \|S\Theta_{*,j} - e_j\|_\infty \leqslant \delta_j, \tag{2.6}$$

其中，e_j 表示第 j 个位置为 1，其余位置为 0 的向量，δ_j 为调控参数.

• **其他** 除上述两大类代表性方法之外，近年来有大量工作以实际应用为驱动研究更适合实际数据的图模型. 具体包括如下情形：数据为离散型或离散型和连续型的混合型[38-41]；数据为重尾或存在异常值[42-45]；数据包含隐变量[46-47]；数据存在异质性，即需要同时拟合多个图模型[48-49]；数据具有时间顺序[50-51]；数据包含 Meta 数据如各个节点或各个样本的属性[52-53].

2.2.2 基于有向图模型的网络结构学习

有向图模型不仅面临着与无向图模型类似的高维数据的挑战，而且有向图模型中的节点序的估计也是一大难题. 有向图模型的结构学习方法大致可分为三种类型[9, 54].

• **基于约束的方法** 该类方法使用假设检验判断变量之间是否条件独立，从而确定图的结构. PC 算法[55-56] 是该类方法中的代表，其可分为如下三步：

步骤 1：估计有向图的骨架. 为此，从一个完全连接的无向图出发，对每条边 (如 u 与 v 之间的边) 进行假设检验，如果存在集合 S（称为分离集）使得 $X_v \perp X_u \mid X_S$，则删掉 u 与 v 之间的边. 这一步主要基于在有向图模型中，u 与 v 之间有边的充要条件是给定任何除 u, v 之外的其余变量的任意组合，X_u 与 X_v 不条件独立[54].

步骤 2：利用步骤 1 中的分离集 S，找出 Unshielded Colliders（如果 u 与 w 不相邻，且存在路径 $u \to v \leftarrow w$，则 v 被称作一个 Unshielded Collider）并将边指向它. 这一步主要基于在有向图模型中，对于路径 $u \to v \leftarrow w$，可得 $u \not\perp w \mid v$. 因此，如果 v 不在 u 与 w 的分离集 S 中，u，w 与 v 之间的边则要指向 v，这样 v 就成为一个 Unshielded Collider.

步骤 3：检查剩余的无向边. 如果边指向某一方向会导致产生新的 Unshielded Collider 或者环，则将这条边的方向调整为相反方向.

Kalish 和 Bühlmann[56] 在 Faithfulness 假设下证明了 PC 算法的高维理论性质. Harris 和 Drton[57] 将结果推广到了 Gaussian copula 模型. Ulher 等[58]、Lin 等[59] 详细讨论了 Faithfulness 条件，并说明了它的局限性. Colombo 和 Maathuis[60] 提出了改进的 PC 算法，降低了 PC 算法中节点的序对结果的影响.

• **基于得分 – 搜索的方法** 该类方法的基本思想是在 DAG 空间中，根据某一优化准则如对数似然函数，搜索最优的 DAG 或马尔科夫等价的 DAG 类，如文献 [61-67]. 对于大规模的图，此类方法往往会带来很大的计算负担. 针对于此，近期出现了很多快速求解的方法. Shojaie 和 Michailidis[68] 通过缩小搜索空间来降低计算复杂度，特别地，他们考虑节点的序已知的情形，这时待估邻接矩阵经过节点序对应的置换可以变换为三角矩阵. 在 Gaussian 情形下，估计有向图就转化成了一系列独立的最大似然估计问题. Aragam 和 Zhou[69] 提出了一种基于 “成对” 坐标下降法的算法寻找最优的 DAG，成对估计邻接矩阵的 (i, j) 和 (j, i) 位置对应参数，通过是否形成环来判断边的指向. Han 等[70] 提出了一种两步估计方法，首先用邻居选择方法估计出一个无向图，然后用提升的 Tabu 搜索方法进一步去掉多余的边. Champion 等[71] 将估计 DAG 分解为估计节点次序和估计图结构两个问题，并提出一种新的迭代的算法来求解.

• **混合方法** 该类方法是上述两类方法的混合. MMHC 算法[72] 是该类方法的典型代表，其主要思想是首先用基于约束的方法估计出 DAG 的骨架，然后用基于得分 - 搜索的方法进一步确定边的方向. Ha 等[73] 提出了 PenPC 方法，其主要思想是首先基于邻居选择方法估计出一个无向图，然后用基于约束的方法去掉多余的边，进一步确定边的方向. Ha 等还证明了所提方法的高维理论性质. Nandy 等[74] 提出了新的混合方法，并证明了估计的高维相合性.

第 3 章　含协变量的有向图模型及其结构学习

在实际应用中，数据往往包含丰富的附属信息. 以肺腺癌基因表达数据[75] 为例，对于每个患者即每个样本，不仅有基因表达数据，而且有这些样本的临床标注数据，如疾病所处阶段、吸烟史、治疗时的年龄等. 容易推测，这些附加临床数据会影响每个样本对应的基因调控网络的结构，或者即便每个样本对应的基因调控网络的结构相同，网络中边的连接强度也应该随着样本的改变而改变. 以这类数据为动机，本章介绍含协变量的有向图模型及其估计方法和理论性质[76]，并最终应用于肺腺癌数据.

3.1　含协变量的有向图模型

假设 Gaussian DAG 有 q 个节点，分别对应 $Y_1,\cdots,Y_q$ 这 q 个随机变量，

$$(Y_1,\cdots,Y_q)\sim\mathcal{N}(0,\Sigma_0),$$

其中，Σ_0 为协方差矩阵. 基于上述假设，$Y_1,\cdots,Y_q$ 之间的因果影响可等价表示为如下线性结构方程模型：[12-13]

$$Y_j=\sum_{k\in\mathrm{pa}(j)}\beta_{kj}^0Y_k+\epsilon_j, j=1,\cdots,q, \tag{3.1}$$

其中，$\mathrm{pa}(j)$ 表示节点 j 的父节点，当 $k\in\mathrm{pa}(j)$ 时，β_{kj}^0 表示节点 k 对它的子节点 j 的影响；当 k 不是节点 j 的父节点时，$\beta_{kj}^0\equiv 0$，$\epsilon_1,\cdots,\epsilon_q$ 相互独立，$\epsilon_j\sim\mathcal{N}(0,|\omega_j^0|^2)$，且 ϵ_j 与 $\{Y_k,k\in\mathrm{pa}(j)\}$ 独立.

接下来介绍具有协变量的线性结构方程模型. 首先给出一些符号说明，记协变量为 $X=(X_1,\cdots,X_p)'$，将其视为 p 维随机向量，并记 $\beta_j^0=(\beta_{kj}^0)'_{k\in\{1,\cdots,q\}}$. 为了将协变量引入模型，自然地，假设每个 β_j^0 为协变量 X 的函数，记为 $\beta_j^0(X)=(\beta_{kj}^0(X))'_{k\in\{1,\cdots,q\}}$. 当 k 不是节点 j 的父节点时，$\beta_{kj}^0(X)\equiv 0$. 基于以上假设并给定 X，模型 (3.1) 式可写为如下条件结构方程模型：

$$Y_j=\sum_{k\in\mathrm{pa}(j)}\beta_{kj}^0(X)Y_k+\epsilon_j,\ j=1,\cdots,q. \tag{3.2}$$

进一步，假设每个 $\beta_{kj}^0(X)$ 是 X 的线性函数，即

$$\beta_{kj}^0(X)=\beta_{kj0}^0+\beta_{kj}^{0'}X,\ 其中\ \beta_{kj}^{0'}=(\beta_{kj1}^0,\cdots,\beta_{kjp}^0).$$

那么，模型 (3.2) 式可进一步写为

$$Y_j=\sum_{k\in\mathrm{pa}(j)}(\beta_{kj0}^0+\beta_{kj}^{0'}X)Y_k+\epsilon_j,\ j=1,\cdots,q,\beta_{kj}^{0'}=(\beta_{kj1}^0,\cdots,\beta_{kjp}^0), \tag{3.3}$$

其中，假设 $\epsilon_j(1\leqslant j\leqslant q)$ 分别与 X 和 $\{Y_k, k\in \text{pa}(j)\}$ 相互独立，且 $\epsilon_j(1\leqslant j\leqslant q)$ 独立同分布于 $\mathcal{N}(0,1)$.

注释 3.1 由于马尔科夫等价性，(3.1)式通常并不唯一[9, 12-13]. 但是，当对于每个 j，噪声的方差 $|\omega_j^0|^2$ 均相同时，DAG 可从 Gaussian 分布中识别，即(3.1)式唯一[15].

注释 3.2 线性假设并未破坏结构方程模型的可解释性，特别地，$\beta_{kj0}^0+\beta_{kj}^{0'}X$ 表示节点 k 对节点 j 的因果影响强度. (3.3)式与(3.1)式的区别在于变量之间的因果影响强度不是固定的，而是协变量 X 的函数. 当协变量不存在或不可用，即 $X=0$ 时，(3.3)式退化为(3.1)式. 另外，(3.3)式是因个体而异的，也就是说一个样本对应一个因果图，不同的因果图结构可能不同，或即使图的结构相同，不同图中的边对应的因果强度也可能不同.

3.2 含协变量的有向图模型的罚似然估计

3.2.1 l_1 罚似然估计

假设 $(x,y)=\{x^i,y^i\}_{i=1}^n$ 为 n 个独立同分布的样本，其中 $x^i=(x_1^i,\cdots,x_p^i)'$，$y^i=(y_1^i,\cdots,y_q^i)'$. 由于 $\epsilon_j(1\leqslant j\leqslant q)$ 独立同分布于 $\mathcal{N}(0,1)$，故条件对数似然函数可写为

$$l(\beta|x)=\sum_{j=1}^q\sum_{i=1}^n\left(y_j^i-\sum_{k\neq j}\beta_{kj}(x^i)y_k^i\right)^2=\sum_{j=1}^q\sum_{i=1}^n\left[y_j^i-\sum_{k\neq j}(\beta_{kj0}+\beta_{kj}^{'}x^i)y_k^i\right]^2, \tag{3.4}$$

其中，$\beta=(\beta_1',\cdots,\beta_q')'$，$\beta_j=(\beta_{j10},\beta_{j1}',\cdots,\beta_{jq0},\beta_{jq}')'$，$\beta_{kj}=(\beta_{kj1},\cdots,\beta_{kjp})'$. 目标是估计 β. 令 $B^i=(\beta_{kj0}+\beta_{kj}^{'}x^i)_{k,j\in\{1,\cdots,q\}}$，那么待估参数 β 需满足 $B^i(1\leqslant i\leqslant n)$ 对应一个 DAG，即存在置换使得 B^i 的行和列经过该置换可以写为下三角矩阵. 采用 Lasso 来引入稀疏性，即得到如下 l_1 罚似然估计：

$$\hat{\beta}\in\arg\ \min\sum_{j=1}^q\sum_{i=1}^n\left[y_j^i-\sum_{k\neq j}(\beta_{kj0}+\beta_{kj}^{'}x^i)y_k^i\right]^2+\lambda\sum_{j=1}^q\|\beta_j\|_1, \tag{3.5}$$

$$s.t.\quad B^i=(\beta_{kj0}+\beta_{kj}^{'}x^i)_{k,j\in\{1,\cdots,q\}}(1\leqslant i\leqslant n)\text{ 对应一个 DAG},$$

其中，λ 为调控参数，$\|\cdot\|_1$ 表示向量的 l_1 范数.

注释 3.3 虽然每个样本对应的网络的结构可能会有不同，但是当一条边同时出现在不同样本对应的网络中时，边的方向一定是相同的，也就是说，对于每个 B^i，节点的序是相同的.

注释 3.4 由于 Lasso 作用于每个参数，因此不仅所得 DAG 是稀疏的，而且协变量也会被相应选择，因此(3.5)式具有可解释性.

3.2.2 坐标下降算法

坐标下降法是求解 (3.5) 式的有效方法. 当节点变量次序已知时，通过对节点次序进行重新排列，(3.5) 式可写为 q 个独立的优化问题，每个问题对应估计某个节点的父节点及其因果影响强度. 因此可用已经成熟的求解 lasso 的坐标下降法优化 (3.5) 式，如 Wu 和 Lange[77]、Friedman 等[78-79].

当节点次序未知时，换句话说需要在 DAG 约束下优化目标函数时，上述提到的坐标下降法已失效. Aragam 和 Zhou[69] 基于 DAG 约束提出了一种新的坐标下降法. 接下来进行简单介绍. 注意到由于有向约束，节点 j 对节点 l 的影响和节点 l 对节点 j 的影响，即 β_{jl} 和 β_{lj}，不能同时不为 0. 另外，所得结果还需满足无环约束. 基于此，Aragam 和 Zhou[69] 提出了成对估计参数对 $\{\beta_{jl},\beta_{lj}\}$ 的想法，而不是依次估计每个参数. 具体来讲，如果边 $Y_l\rightarrow Y_j$ 会导致当前估计的网络中有环，则令 $\beta_{lj}=0$，只需基于当前参数优化 β_{jl}. 类似地，如果边 $Y_j\rightarrow Y_l$ 会导致当前估计的网络中有环，则令 $\beta_{jl}=0$，只需基于当前参数优化 β_{lj}. 此外，若边 $Y_l\rightarrow Y_j$ 和边 $Y_j\rightarrow Y_l$ 都不会产生环，则对这两种情况对应的参数对 $\{\beta_{jl},0\}$ 和 $\{0,\beta_{lj}\}$ 分别进行估计，最终选择能使优化目标函数更小的参数对作为当前结果.

下面考虑优化 (3.5) 式. 给定 x^i，变量 Y_l 对变量 Y_j 的因果影响强度为 $\beta_{lj0}+\beta_{lj}^{'}x^i$. 首先，注意到虽然部分属性为 0 可能会导致每个样本对应的网络的结构有所不同，但是当同一条边出现在不同样本对应的网络中时，边的方向一定是相同的. 因此，对于有属性的情形，验证有向无环约束时，只需计算 $\beta_{lj0}^2+\|\beta_{lj}\|_2^2\quad(1\leqslant l,j\leqslant q)$ 是否为 0.

假设 $\tilde{\beta}$ 为当前估计值，根据坐标下降法的思想，每次固定其余参数对，只更新与某两个节点变量的相关的参数对，如节点 j 和节点 l 对应参数对 $\{(\beta_{lj0},\beta_{lj}^{'}),(\beta_{jl0},\beta_{jl}^{'})\}$. 那么，(3.5) 式退化为

$$\sum_{i=1}^{n}\left[y_j^i-\sum_{k\neq l}(\tilde{\beta}_{kj0}+\tilde{\beta}_{kj}^{'}x^i)y_k^i-(\beta_{lj0}+\beta_{lj}x^i)y_l^i\right]^2+\lambda(|\beta_{lj0}|+\|\beta_{lj}^{'}\|_1)$$
$$+\sum_{i=1}^{n}\left[y_l^i-\sum_{k\neq j}(\tilde{\beta}_{kj0}+\tilde{\beta}_{kj}^{'}x^i)y_k^i-(\beta_{jl0}+\beta_{jl}x^i)y_j^i\right]^2+\lambda(|\beta_{jl0}|+\|\beta_{jl}\|_1).\tag{3.6}$$

如果边 $Y_l\rightarrow Y_j$ 会导致当前估计的网络中产生环，则令 $(\beta_{lj0},\beta_{lj}^{'})=0$，而更新 $(\beta_{jl0},\beta_{jl}^{'})$. 这时，(3.6) 式简化为

$$\sum_{i=1}^{n}\left[y_l^i-\sum_{k\neq j}(\tilde{\beta}_{kj0}+\tilde{\beta}_{kj}^{'}x^i)y_k^i-(\beta_{jl0}+\beta_{jl}^{'}x^i)y_j^i\right]^2+\lambda(|\beta_{jl0}|+\|\beta_{jl}\|_1).\tag{3.7}$$

令 $\eta=(y_l^i-\sum\limits_{k\neq j}(\tilde{\beta}_{kj0}+\tilde{\beta}_{kj}^{'}x^i)y_k^i)_{i=1,\cdots,n}$，$\Phi=((1,x^i)\otimes y_j^i)_{i=1,\cdots,n}$，其中“$\otimes$”表示 Kronecker 积，那么 (3.7) 式可进一步写为

$$\|\eta-\Phi(\beta_{jl0},\beta_{jl}^{'})'\|_2^2+\lambda(|\beta_{jl0}|+\|\beta_{jl}\|_1).\tag{3.8}$$

(3.8) 式为 Lasso 的标准形式，可用高效的坐标下降法[77-79] 求解. 类似地，如果边 $Y_j \to Y_l$ 会让当前网络中出现环，令 $(\beta_{jl0}, \beta_{jl}^{'}) = 0$，求解

$$\sum_{i=1}^{n}\left[y_j^i - \sum_{k\neq l}(\tilde{\beta}_{kj0} + \tilde{\beta}_{kj}^{'}x^i)y_k^i - (\beta_{lj0} + \beta_{lj}^{'}x^i)y_l^i\right]^2 + \lambda(|\beta_{lj0}| + \|\beta_{lj}\|_1). \tag{3.9}$$

最后，如果两个方向都不产生环，则对两组参数对分别进行估计，选择使 (3.6) 式更小的参数对作为结果. 关于每组参数对均执行以上步骤并循环直至收敛，将以上步骤归纳为算法1.

算法 1 坐标下降算法

输入：

初始值 $\beta^{(0)}$，调控参数 λ，最大迭代误差 ε，最大迭代次数 $K_{\max}$；

输出：

$\beta^{(t)}$ （t 为算法停止时的迭代次数）；

1: 对于任意的 $j, l = 1, \cdots, q$ 且 $j \neq l$，依次更新参数对 $\{(\beta_{lj0}, \beta_{lj}^{'}), (\beta_{jl0}, \beta_{jl}^{'})\}$. 对于每组参数对：

(1) 如果边 $Y_l \to Y_j$，即 $\beta_{lj0}^2 + \|\beta_{lj}\|_2^2 \neq 0$，导致当前网络中有环，则令 $(\beta_{lj0}, \beta_{lj}^{'})$ 为 0，通过最小化问题 (3.7) 式更新 $(\beta_{jl0}, \beta_{jl}^{'})$.

(2) 如果边 $Y_j \to Y_l$，即 $\beta_{jl0}^2 + \|\beta_{jl}\|_2^2 \neq 0$，导致当前网络中有环，则令 $(\beta_{jl0}, \beta_{jl}^{'})$ 为 0，通过最小化问题 (3.9) 式更新 $(\beta_{lj0}, \beta_{lj}^{'})$.

(3) 如果 (1) 和 (2) 的条件均不成立，则在 (1) 和 (2) 对应结果中选择使目标函数 (3.6) 式更小的结果.

2: 重复步骤 1 k 次直至达到收敛精度要求即 $\max_{j,l}\|\beta_{jl}^{(k-1)} - \beta_{jl}^{(k)}\|_\infty < \varepsilon$ 且 $\max_{j,l}|\beta_{jl0}^{(k-1)} - \beta_{jl0}^{(k)}| < \varepsilon$，或者达到最大迭代次数 $k > K$.

3.3 罚似然估计的性质

在一定条件下，(3.5) 式给出的估计 $\hat{\beta}$ 具有变量选择相合性. 为了技术方便，假设节点次序是已知的，而在本章其余节中，节点次序均可以是未知的.

不失一般性，假设 (3.5) 式可写为 q 个独立的优化问题. 聚焦于第 j 个问题，

$$\hat{\beta}_j \in \arg\ \min \sum_{i=1}^{n}\left[y_j^i - \sum_{k\neq j}(\beta_{kj0} + \beta_{kj}^{'}x^i)y_k^i\right]^2 + \lambda\|\beta_j\|_1. \tag{3.10}$$

注意到 (3.10) 式应在集合 $\{\beta_j : (0_j^{'}, \beta_{j,j+1}^{'}, \cdots, \beta_{j,q}^{'})'\}$ 范围内优化. 为书写方便，记 $\beta_j :=$

$(\beta'_{j,j+1},\cdots,\beta'_{j,q})'$，$x^i\otimes y^i_{\backslash j}:=(x^i_1,\cdots,x^i_p)\otimes(y^i_{j+1},\cdots,y^i_q)$. 则 (3.10) 式可重新写为

$$\hat{\beta}_j\in\arg\ \min\frac{1}{2n}\sum_{i=1}^{n}[y^i_j-x^i\otimes y^i_{\backslash j}\beta_j]^2+\lambda\|\beta_j\|_1, \tag{3.11}$$

其中，为了方便将损失函数除以 $2n$，事实上相当于将 λ 乘以 $2n$，所以并不影响优化目标.

接下来给出一些符号说明. 将协变量 X 视为随机向量. 用大写字母表示随机变量，相应的小写字母表示其样本. 用带有上标 0 的字母表示真实参数，即

$$\beta^0_j:=(\beta^{0'}_{j,j+1},\cdots,\beta^{0'}_{j,q})'.$$

不失一般性，假设截距项的真实值和估计值均为 0，即 $\beta^0_{jj0}=0$ 且 $\hat{\beta}_{jj0}=0$. 令

$$I^0_j=\mathbb{E}_{\beta^0_j}((X\otimes Y_{\backslash j})'(X\otimes Y_{\backslash j})),$$

其中，$X\otimes Y_{\backslash j}:=(X_1,\cdots,X_p)\otimes(Y_{j+1},\cdots,Y_q)$. S_j 表示 β^0_j 的真实非零元素所在位置的集合，而 S^c_j 为 S_j 的余集，即真实为零的元素所在位置集合. $I^0_{S_jS_j}$ 表示 I^0_j 的 S_j 行和 S_j 列组成的子矩阵. 相应地，$I^0_{S^c_jS_j}$ 表示 I^0_j 的 S^c_j 行和 S_j 列组成的子矩阵. 最大势即非零元素个数记为 $k:=\max_j\|S_j\|_0$. 对于任意矩阵 A，$||A||_{l_\infty}=\max_i\sum_j|A_{ij}|$ 表示 A 的 l_∞ 范数，类似地，$||A||_{l_1}=\max_j\sum_i|A_{ij}|$ 表示 A 的 l_1 范数，$||A||_{l_2}$ 表示 A 的最大特征值即谱范数. 当 A 为对称矩阵时，$\Lambda_{\min}(A)$ 表示 A 的最小特征值. 此外，对于任意向量 a，$\|a\|_1,\|a\|_2$ 和 $\|a\|_\infty$ 分别表示向量的 l_1，l_2 和 l_∞ 范数.

为了证明估计 $\hat{\beta}_j$ 的变量选择相合性，需要如下假设：

A1 存在常数 $\gamma\in(0,1]$，满足

$$||I^0_{S^c_jS_j}(I^0_{S_jS_j})^{-1}||_{l_\infty}\leqslant 1-\gamma.$$

A2 存在常数 $C_{\min}>0$，满足

$$\Lambda_{\min}(I^0_{S_jS_j})\geqslant C_{\min}.$$

A3 对于某个 $\delta>0$，满足

$$\mathbb{P}(\|X\otimes Y_{\backslash j}\|_\infty\geqslant M)\leqslant\exp(-M^\delta),$$

其中，M 为任意满足 $M\geqslant M_n>0$ 的数，M_n 与 (n,p,q) 相关，具体将在定理中体现. **A1** 是证明 Lasso 变量选择相合性时常见的互不相干性条件的总体形式（如 Zhao 和 Yu[80]、Wainwright[81]），它限制了真实的相关变量（真实不为零的参数对应的变量）与真实的不相关变量（真实为零的参数对应的变量）之间的相关性. Zhao 和 Yu[80] 给出了 **A1** 成立的充分条件，特别地，当 I^0_j 的对角线元素均为 1，其余元素有上界 $\dfrac{c}{2k-1}(0\leqslant c<1)$ 时，

A1 成立. 回到讨论的情形，I_j^0 的非对角线元素为 $E(X_iX_jY_sY_t)$，其中，$i,j=1,\cdots,p$，$s,t=1,\cdots,q$. 进一步假设对任意 $i=1,\cdots,p$ 和 $s=1,\cdots,q$，X_i 和 Y_s 相互独立，且 X_i 和 Y_s 的方差均为 1. 那么，**A1** 成立的充分条件就退化为

$$E(X_iX_j)\cdot E(Y_sY_t)\leqslant \frac{c}{2k-1},$$

而上式成立只需 X 中各个变量之间的相关性较弱，同时 Y 中的各个变量之间的相关性较弱，如 $E(X_iX_j)\leqslant(\frac{c}{2k-1})^{\frac{1}{2}}$ 且 $E(Y_sY_t)\leqslant(\frac{c}{2k-1})^{\frac{1}{2}}$. 值得注意的是，虽然互不相干性条件严格，但它几乎是 Lasso 型变量选择相合性成立的必要条件[80]. **A2** 确保协方差矩阵关于真实的相关变量的子矩阵是可逆的，在证明中将会看到，它蕴含 Lasso 的解是唯一的. **A3** 要求 $X_i\cdot Y_j(1\leqslant i\leqslant p,\ 1\leqslant j\leqslant q)$ 的尾概率以指数速率下降. 注意到

$$\mathbb{P}(|X_i\cdot Y_j|\geqslant M)\leqslant \mathbb{P}(|X_i|\geqslant M^{\frac{1}{2}})+\mathbb{P}(|Y_j|\geqslant M^{\frac{1}{2}}),$$

因此只需 X_i 和 Y_j 的尾概率均以指数速率下降即可. 特别地，Gaussian 分布的尾概率自然满足上述条件.

定理 3.1 考虑(3.11)式中估计 $\hat{\beta}_j$. 如果 **A1** 和 **A2** 成立，且对于

$$M_n^{\delta}\geqslant C\lambda^2 n,$$

A3 成立. 另外，

$$\lambda\geqslant \frac{2M_n}{\gamma}\sqrt{\frac{2(\log p+\log q)}{n}},$$

且

$$n\geqslant M_n^3k^3(\log p+\log q),$$

则如下结论成立的概率至少为 $1-C\exp(-C\lambda^2 n)$，

(1) $\hat{\beta}_j$ 是(3.11)式唯一的全局最优解.

(2) $\|\hat{\beta}_j-\beta_j^0\|_\infty\leqslant C\dfrac{\lambda\sqrt{k}}{C_{\min}}$，其中 C 为一常数.

(3) 当 $\min\limits_{k,l}|\beta_{jkl}^0|\geqslant C\dfrac{\lambda\sqrt{k}}{C_{\min}}$ 时，$\hat{\beta}_{j,S^c}=0$ 且 $\text{sign}(\hat{\beta}_{j,S})=\text{sign}(\beta_{j,S}^0)$，其中常数 C 即为 (2) 中常数 C.

注释 3.5 (2) 和 (3) 分别为 $\hat{\beta}_j$ 的估计相合性和符号相合性，其中符号相合性蕴含变量选择相合性.

3.3.1 理论证明

本节给出定理3.1的理论证明. 聚焦于 (3.11) 式，为了简化记号，在相关符号中省去 j. 将 I^0 的样本形式定义如下：

$$I^n=\frac{1}{n}\sum_{i=1}^{n}(x^i\otimes y^i_{\backslash j})'(x^i\otimes y^i_{\backslash j}).$$

证明思路 将定理3.1 的证明分解为几个引理. 在引理3.1中, 将在 **A1** 和 **A2** 的样本形式成立时, 即 I^0 替换为 I^n, 证明定理3.1的结论. 然后, 在引理3.2 中, 将证明 **A1** 和 **A2** 成立蕴含其样本形式以大概率成立. 引理3.1的证明用了一种构造性的方法, 称为 Primal-dual witness (PDW) 方法[81], 见命题3.1. 该方法主要思想是按照目标构造 $(\check{\beta}, \check{z})$, 其中 $\check{z} \in \partial|\check{\beta}|$ 为次梯度向量, 然后证明所构造的解为 (3.11) 式的解. 具体地, 令 $\check{\beta}_{S^c} = 0$, 而 $\check{\beta}_S$ 为限制到 S 上的 Lasso 的解. $\check{z}$ 的构造遵循 $(\check{\beta}, \check{z})$ 以大概率为 (3.11) 式的解的原则, 详见命题3.1. 这样, 若上述构造成功, 则 $\check{\beta}$ 为 (3.11) 式的解. 注意到 $\check{\beta}_{S^c} = 0$, 故要达到符号相合性只需 $\|\check{\beta}_S - \beta_S^0\|$ 足够小. 值得注意的是, 以上构造性方法为证明技巧, 并非求解问题的算法或方法.

引理 3.1 如果 **A1** 和 **A2** 对于 I^n 成立, 且

$$M_n = \|X \otimes Y_{\backslash j}\|_\infty < \infty, a.s.$$

$$\lambda \geqslant \frac{2M_n}{\gamma}\sqrt{\frac{2(\log p + \log q)}{n}},$$

则以大于 $1 - 2\exp(-C\lambda^2 n)$ 概率, 定理3.1成立.

在证明引理3.1之前, 将 Wainwright [81] 中的引理 1 用本章中记号重新写为命题3.1.

命题 3.1 记 $w = (x^i \otimes y^i_{\backslash j})_{i=1,\cdots,n}$, 则有如下结论,

(1)$\hat{\beta}$ 为(3.11)式的解当且仅当存在次梯度向量 $\hat{z} \in \partial\|\hat{\beta}\|_1$ 满足

$$\frac{1}{n}w'w(\hat{\beta} - \beta^0) - \frac{1}{n}w'\epsilon + \lambda\hat{z} = 0. \tag{3.12}$$

(2) 若对于任意 $l \in S^c(\hat{\beta})$, 次梯度向量满足严格可行性条件, 即 $\hat{z}_l < 1$, 那么最优解 $\tilde{\beta}$ 满足 $\tilde{\beta}_l = 0$.

(3) 如果 (2) 中条件成立且 $w'_{S(\hat{\beta})}w_{S(\hat{\beta})}$ 可逆, 那么 $\hat{\beta}$ 为(3.11)式的唯一最优解.

引理3.1的证明 利用 Primal-dual witness 方法[81] 证明. 具体地, 通过如下四个步骤构造 $(\check{\beta}, \check{z})$.

步骤 1: 令 $\check{\beta}_{S^c} = 0$, $\check{\beta}_S$ 为如下限制性 Lasso 问题的解,

$$\check{\beta}_S = \arg\min\left\{\frac{1}{2n}\sum_{i=1}^n (y^i_j - (x^i \otimes y^i_{\backslash j})_S\beta_S)^2 + \lambda\|\beta_S\|_1\right\}. \tag{3.13}$$

基于假设 **A2** 的样本形式, 可得 (3.13) 式的解是唯一的.

步骤 2: 构造 $\check{z}_S$ 为绝对值函数关于 $\check{\beta}_S$ 的次梯度, 即 $\check{z}_S \in \partial|\check{\beta}_S|$.

步骤 3: 从 (3.12) 式中反解 $\check{z}_{S^c}$, 并证明对于所有 $l \in S^c$, $\check{z}_{S^c}$ 满足严格可行性条件 $|\check{z}_l| < 1$, 从而得出构造 $(\check{\beta}, \check{z})$ 为 (3.11) 式的最优解.

步骤 4: 通过给出 $\check{\beta}_S - \beta_S^0$ 的 l_∞ 界来证明符号相合性.

若上述构造方法成功，那么由命题3.1可得 $\hat{\beta}=(\check{\beta}_S,0)$ 为问题 (3.11) 式的唯一全局最优解，且 $\hat{\beta}$ 具有符号相合性. 为了证明上述构造方法成功，事实上只需要证明步骤 3 和步骤 4 以大概率成立. 接下来分别进行讨论.

首先证明严格可行性条件成立，即步骤 3. 根据 PDW 的构造方式，对于每个 $l\in S^c$，容易得到

$$\check{z}_l=w_l'\left\{w_S(w_S'w_S)^{-1}\check{z}_S+\Pi_{w_S^\perp}\left(\frac{\epsilon}{\lambda n}\right)\right\},$$

其中，$\Pi_{w_S^\perp}=I_{n\times n}-w_S(w_S'w_S)^{-1}w_S'$ 为投影矩阵，$\check{z}_S$ 为步骤 2 中提到的次梯度向量. 记

$$\mu_l=w_l'w_S(w_S'w_S)^{-1}\check{z}_S,$$

$$\tilde{z}_l=w_l'\Pi_{w_S^\perp}\left(\frac{\epsilon}{\lambda n}\right),$$

则 $\check{z}_l$ 可表示为

$$\check{z}_l=\mu_l+\tilde{z}_l,\ \text{for}\ l\in S^c.$$

分别讨论 μ_l 和 $\tilde{z}_l$. 由于 $\check{z}_S$ 为绝对值函数的次梯度向量，故 $\|\check{z}_S\|_\infty\leqslant 1$. 进一步结合 **A1** 的样本形式，可得 $|\mu_l|\leqslant 1-\gamma$. 下面讨论 $\tilde{z}_l$. 给定 $\{x^i\}_{i=1}^n$ 和 $\{y_{\setminus j}^i\}_{i=1}^n$，并结合 Gaussian 分布的性质，可知 $\tilde{z}_l$ 服从条件 Gaussian 分布，其方差的上界为

$$\frac{1}{\lambda^2n^2}\|w_l'\Pi_{w_S^\perp}\|_2^2\leqslant\frac{1}{\lambda^2n^2}\|\Pi_{w_S^\perp}(w_l)\|_2^2\leqslant\frac{M_n^2}{\lambda^2n},$$

其中，利用了条件 $M_n=\|X\otimes Y_{\setminus j}\|_\infty<\infty$ 及投影矩阵 $\Pi_{w_S^\perp}$ 的最大谱范数为 1 来推导第二个不等式. 因此，由 Gaussian 分布的尾概率及布尔不等式，可得

$$\mathbb{P}(\max_{l\in S^c}|\tilde{z}_l|\geqslant t\mid\{x^i\}_{i=1}^n,\{y_{\setminus j}^i\}_{i=1}^n)\leqslant 2(pq-k)\text{exp}\left(-\frac{\lambda^2nt^2}{2M_n^2}\right),$$

其中，t 为任意非负常数. 令 $t=\dfrac{\gamma}{2}$, 进一步可得

$$\mathbb{P}\left(\max_{l\in S^c}|\tilde{z}_l|\geqslant\frac{\gamma}{2}\mid\{x^i\}_{i=1}^n,\{y_{\setminus j}^i\}_{i=1}^n\right)\leqslant 2\text{exp}\left(-\frac{\lambda^2n\gamma^2}{8M_n^2}+\log(pq-k)\right).$$

由于 $\lambda\geqslant\dfrac{2M_n}{\gamma}\sqrt{\dfrac{2(\log p+\log q)}{n}}$ 且 $|\mu_l|\leqslant 1-\gamma$，可得

$$\mathbb{P}(\max_{l\in S^c}|z_l|\geqslant 1-\frac{\gamma}{2}\mid\{x^i\}_{i=1}^n,\{y_{\setminus j}^i\}_{i=1}^n)\leqslant 2\text{exp}(-C\lambda^2n).$$

最后，经过如下推导得到

$$\begin{aligned}&\mathbb{P}(\max_{l\in S^c}|z_l|\geqslant 1-\frac{\gamma}{2})=E(\mathbb{I}_{\max_{l\in S^c}|z_l|\geqslant 1-\frac{\gamma}{2}})\\&=E_{X,Y}(E(\mathbb{I}_{\max_{l\in S^c}|z_l|\geqslant 1-\frac{\gamma}{2}}\mid\{x^i\}_{i=1}^n,\{y_{\setminus j}^i\}_{i=1}^n))\\&=E_{X,Y}(\mathbb{P}(\max_{l\in S^c}|z_l|\geqslant 1-\frac{\gamma}{2}\mid\{x^i\}_{i=1}^n,\{y_{\setminus j}^i\}_{i=1}^n))\\&\leqslant E_{X,Y}(2\text{exp}(-C\lambda^2n)=2\text{exp}(-C\lambda^2n)).\end{aligned}\tag{3.14}$$

至此，证明了步骤 3 以大概率成立.

下面证明符号相合性，即步骤 4. 由 (3.12) 式和 (3.13) 式，易得

$$\check{\beta}_S-\beta_S^0=\left(\frac{1}{n}w_S'w_S\right)^{-1}\left(\frac{1}{n}w_S'\epsilon-\lambda\text{sign}(\check{z}_S)\right). \tag{3.15}$$

记 $\Delta_i=e_i'(\check{\beta}_S-\beta_S^0)$ 为 $\check{\beta}_S-\beta_S^0$ 的第 i 个元素，其中 e_i 为第 i 个位置为 1，其余位置为 0 的向量. 由三角不等式，可得

$$\max_{i\in S}|\Delta_i|\leqslant\|(I_{SS}^n)^{-1}w_S'\frac{\epsilon}{n}\|_\infty+\|(I_{SS}^n)^{-1}\|_{l_\infty}\lambda.$$

对于上述第二项，由假设 **A2** 的样本形式，可知

$$\|(I_{SS}^n)^{-1}\|_{l_\infty}\lambda=\|(I_{SS}^n)^{-1}\|_{l_1}\lambda\leqslant\lambda\sqrt{k}\|(I_{SS}^n)^{-1}\|_{l_2}\leqslant\frac{\lambda\sqrt{k}}{C_{\min}}.$$

现在讨论第一项. 令

$$V_i=e_i'(I_{SS}^n)^{-1}\frac{1}{n}w_S'\epsilon.$$

给定 $\{x^i\}_{i=1}^n$ 和 $\{y_{\setminus j}^i\}_{i=1}^n$，由假设 **A2** 及 Gaussian 分布的性质，V_i 服从 Gaussian 分布，其均值为 0，方差至多为

$$\frac{1}{n}\|(I_{SS}^n)^{-1}\|_{l_2}\leqslant\frac{1}{nC_{\min}}.$$

因此，由 Gaussian 分布的尾概率及布尔不等式，可得，

$$\mathbb{P}(\max_{i\in S}|V_i|>t\mid\{x^i\}_{i=1}^n,\{y_{\setminus j}^i\}_{i=1}^n)\leqslant2\exp\left(-\frac{t^2C_{\min}n}{2}+\log k\right).$$

令 $t=\dfrac{4\lambda}{\sqrt{C_{\min}}}$ 同时注意到 λ 的范围，且给定 $\{x^i\}_{i=1}^n$ 和 $\{y_{\setminus j}^i\}_{i=1}^n$，进一步得到

$$\|\check{\beta}_S-\beta_S^0\|_{l_\infty}\leqslant\lambda(\frac{4}{\sqrt{C_{\min}}}+\frac{\sqrt{k}}{C_{\min}}),$$

上式成立的概率大于等于 $1-2\exp(-C\lambda^2n)$. 类似 (3.14) 式，可得到无条件的 $\check{\beta}_S-\beta_S^0$ 的界. 进一步，由最小信号强度的范围，即 $\min\limits_{k,l}|\beta_{jkl}^0|\geqslant C\dfrac{\lambda\sqrt{k}}{C_{\min}}$，可知估计具有符号相合性.

最后，由命题3.1和 **A2** 的样本形式，可知 $\hat{\beta}=(\check{\beta}_S,0)$ 是 (3.11) 式的唯一最优解. 基于 PDW 方法的思想，已经证明了引理3.1的所有结论.

以上，基于 **A1** 和 **A2** 的样本形式证明了定理3.1的结论. 在接下来的引理3.2中，可以看到 **A1** 和 **A2** 的总体形式以大概率蕴含其样本形式.

引理 3.2 如果 **A1** 和 **A2** 对 I^0 成立，同时 $M_n=\|X\otimes Y_{\setminus j}\|_\infty<\infty,a.s.$，那么对于任意 $\nu>0$，存在常数 A，B 和 D，满足

$$\mathbb{P}(\Lambda_{\min}(I_{SS}^n)\leqslant C_{\min}-\nu)\leqslant2\exp\left(-A\frac{\nu^2n}{M_n^2k^2}+B\log k\right),$$

$$\mathbb{P}\left(I_{S^cS}^n(I_{SS}^n)^{-1}\geqslant1-\frac{\gamma}{2}\right)\leqslant\exp\left(-D\frac{n}{M_n^2k^3}+\log p+\log q\right).$$

引理3.2的证明类似 Ravikumar 等[82]，故省略其证明.

定理3.1的证明 利用引理3.1和引理3.2的结论证明定理3.1. 将定理3.1的结论记为事件 $\mathcal{A}$，并分别定义事件 $\mathcal{B}$ 和 $\mathcal{C}$ 为

$$\mathcal{B} = \{M_n = \|X \otimes Y_{\backslash j}\|_\infty < \infty\},$$

$$\mathcal{C} = \{[I^n_{S^cS}(I^n_{SS})^{-1} \leqslant 1-\gamma] \cap [\Lambda_{\min}(I^n_{SS}) \geqslant C_{\min}]\}.$$

将这些综合起来，可得

$$\begin{aligned}
&\mathbb{P}(\mathcal{A}^c) \leqslant \mathbb{P}(\mathcal{A}^c \mid \mathcal{B}\cap\mathcal{C}) + \mathbb{P}((\mathcal{B}\cap\mathcal{C})^c)\\
&\leqslant 2\exp(-C\lambda^2 n) + \mathbb{P}(\mathcal{B}^c) + \mathbb{P}(\mathcal{C}^c)\\
&\leqslant 2\exp(-C\lambda^2 n) + 2\mathbb{P}(\mathcal{B}^c) + \mathbb{P}(\mathcal{C}^c\cap\mathcal{B})\\
&\leqslant 2\exp(-C\lambda^2 n) + 2\exp(-M_n^\delta)\\
&\quad + 2\exp(-C\frac{n}{M_n^2k^2} + C\log k) + \exp(-C\frac{n}{M_n^2k^3} + \log p + \log q),
\end{aligned}$$

其中，C 表示常数，处于不同位置的 C 可能不同. 注意到 n 和 M_n 的范围，最终得到

$$\mathbb{P}(\mathcal{A}^c) \leqslant C\exp(-C\lambda^2 n).$$

3.4 肺腺癌数据的应用

本节将含协变量的有向图模型的罚似然估计方法（简称为 CODAG）应用于肺腺癌数据[75]. 数据来源于 NCBI 数据库. 数据集包括 96 个样本，其中既有肺腺癌患者也有健康受试者. 对于每个人记录了 7129 个基因的表达水平，另外还有 15 个包含临床属性信息的变量，包括性别、年龄、疾病状态、疾病阶段、疾病部位、器官部位、组织、肿瘤大小、淋巴结状态、随访时间、生存状态、分化、p53 核聚积、K-ras 突变和吸烟年龄. 考虑到所提方法的计算时间，选择 p 值最小的 79 个基因及 6 个属性变量，包括疾病状态（分类型变量，2 种类型）、疾病阶段（有序变量，取值 $\{0,1,3\}$）、肿瘤大小（有序变量，取值 $\{0,1,3\}$）、生存状态（分类型变量，2 种类型）、分化（分类型变量，4 种类型）、K-ras 突变（分类型变量，3 种类型）. 需要注意的是，在必要时，将健康受试者的临床属性作为一种新的类型.

研究表明，Hub 基因（网络中心点）在肺癌基因调控网络中起到至关重要的作用，特别地，它们可能为肺癌的潜在生物标志物. 因此，关心 COGDAG 方法是否能找到有意义的 Hub 基因，换句话说，找到的 Hub 基因是否是已经证明的或者潜在的与肺癌密切相关的基因. 特别地，改变 λ 的取值范围，对于这些 λ 分别拟合模型并记录结果. 基因调控网络由如下准则构建：$\hat{\beta}^2_{lj0} + \|\hat{\beta}_{lj}\|_2^2 = 0$ 当且仅当节点 l 和 j 之间无边. 对于每个 λ 计算所估计的网络中每个节点的度，然后将所有 λ 对应的节点的度加总，将节点按照

度从大到小排序. 将度处于度分布的前 10% 的基因认为 Hub 基因，按度从高到低，具体包括 DPYSL2、SNRPB、PCNA、PIK3R1、MCM6、TYMS、SPTBN1 和 UBE2C 这 8 个基因. 结果表明，除 DPYSL2 外，其余 Hub 基因均在相关文献中被证实与肺癌有关，从而说明了模型的有效性. 对于 DPYSL2，将其认为是潜在的与肺癌有关的基因. 进一步，图3.1展示了 Hub 基因在正常样本和肿瘤样本上基因表达水平的差异，从而说明了 CODAG 方法的有效性.

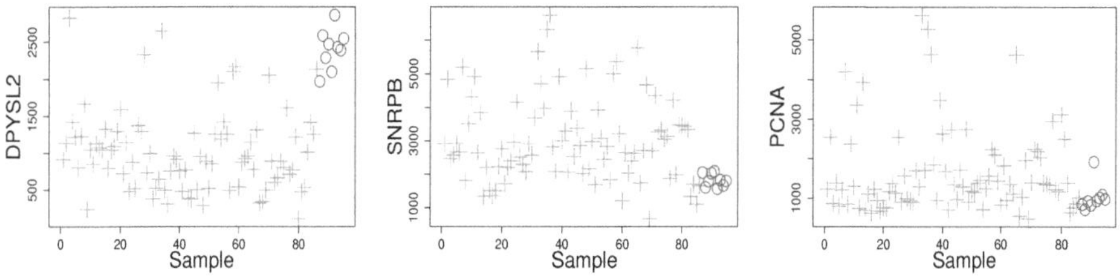

图 3.1　COGDAG 方法发现的 Hub 基因（以 DPYSL2、SNRPB 和 PCNA 为例）的表达水平，叉表示肺癌样本，圈表示正常样本

接下来，研究每个属性相关的 Hub 基因是否会有所区别. 具体来讲，对于某个属性，根据属性对应参数是否为 0 构建与属性相关的网络，网络中的 Hub 基因即为与该属性相关的 Hub 基因. 类似上段中的处理方式，每个属性相关的 Hub 基因呈现于表3.1. 结果显示，属性变量“分化”所对应的 Hub 基因与上段中整个网络的 Hub 基因相似度最高，紧接着为截距项、生存状态、疾病状态、疾病阶段和肿瘤大小. 此外，结果表明，每个属性对应的 Hub 基因当属性取值不同时存在表达水平的差异，如图3.2和图3.3所示. 这些 Hub 基因可以作为具有特定属性或某些属性过于异常的肺癌患者的治疗参考.

表 3.1　COGDAG 方法发现的与各属性变量相关的 Hub 基因

截距项	分化	生存状态	疾病状态	疾病阶段	肿瘤大小
SNRPB	DPYSL2	PCNA	REEP5	GAPDH	UBE2C
MCM6	PIK3R1	SNRPB	DPYSL2	LDHA	MCM2
PCNA	SPTBN1	CSNK2A1	MDH1		
MDH1	CDH1	MDH1	SEPW1		
DPYSL2	UBE2C	MCM2	MCM6		
TYMS	SNRPB	TYMS	PCNA		
H2AFZ	S100A11	SPTBN1			
GAPDH	CSNK1D	MCM6			

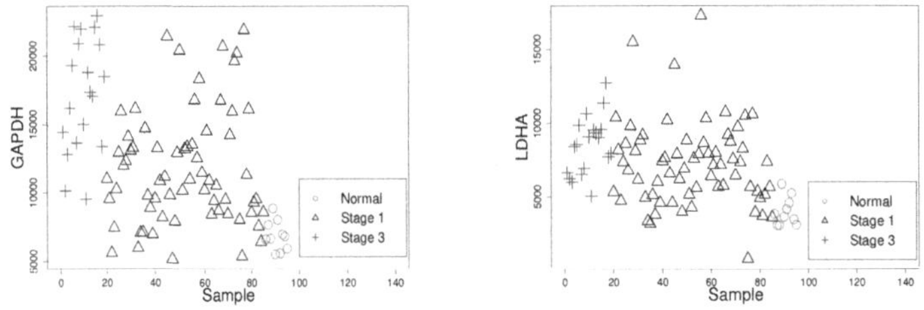

图 3.2 与属性“疾病阶段”相关的 Hub 基因的表达水平

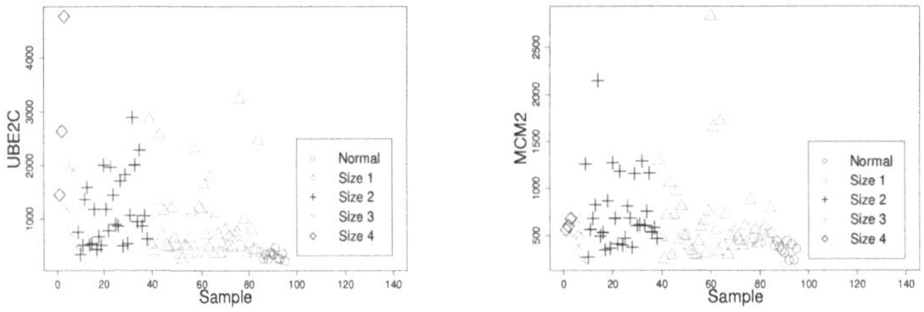

图 3.3 与属性“肿瘤大小”相关的 Hub 基因的表达水平

第 4 章　无标度有向图模型的结构学习

在过去很长一段时间内，人们用随机图来理解真实网络，认为网络中任意两个节点连接的概率是常数，节点度分布是泊松分布[83]. 然而，Barabasi 和 Albert[3] 研究发现，不同于随机图，生物网络、社交网络、信息网络、技术网络等大多数真实网络的度分布为幂律分布，即节点的度为 k 的概率正比于 $k^{-\gamma}(\gamma > 0)$. 对于这种网络，可以想象少部分节点的边非常多，而大部分节点的边少于边的平均值. 正因为如此，这种网络被称为"无标度"网络. 无标度网络的典型特征是存在中心点（Hub），Hub 没有严格的定义，通常指度非常大的节点[33, 84]. 以网络的无标度特征为先验，本章将介绍有向图模型的结构学习方法及其理论性质[85]，从而使所得网络具有无标度特征.

4.1　无标度有向图模型的罚似然估计

聚焦于 Gaussian 有向图模型. 假设有向图有 p 个节点，这 p 个节点对应的随机变量 $X_1, \cdots, X_p$ 联合地服从 p 维 Gaussian 分布，即

$$(X_1, \cdots, X_p) \sim \mathcal{N}(0, \Sigma_0),$$

其中，Σ_0 为协方差矩阵. Gaussian 有向图模型可等价表示为如下线性结构方程[12-13]：

$$X_j = \sum_{k \in \mathrm{pa}(j)} \beta_{kj}^0 X_k + \epsilon_j \qquad (j = 1, \cdots, p), \tag{4.1}$$

其中，$\mathrm{pa}(j)$ 表示节点 j 的父节点，$\beta_{kj}^0 (k \in \mathrm{pa}(j))$ 表示节点 k 对其子节点 j 的影响程度. 当节点 k 不是 j 的父节点时，令 $\beta_{kj}^0 = 0$. $\epsilon_1, \cdots, \epsilon_p$ 相互独立，且 $\epsilon_j \sim \mathcal{N}(0, |\omega_j^0|^2)$，另外，$\epsilon_j$ 与 $\{X_k, k \in \mathrm{pa}(j)\}$ 相互独立.

为方便书写，记 $X = (X_1, \cdots, X_p)$ 为 $n \times p$ 的数据矩阵，其中 X 的行对应独立同分布的样本，每一行样本满足线性结构方程，等价地，每一行均服从 $\mathcal{N}(0, \Sigma_0)$. 基于此，可将线性结构方程改写为如下矩阵形式：

$$X = XB_0 + E, \tag{4.2}$$

其中，$B_0 = (\beta_{kj}^0)$ 是 $p \times p$ 的表示变量之间因果关系的矩阵，其对角线元素均为 0；$E = (\epsilon_1, \cdots, \epsilon_p)$ 是 $n \times p$ 的噪声矩阵，其每一行独立同分布于 $\mathcal{N}(0, \Omega_0)$，其中，协方差矩阵 $\Omega_0 = \mathrm{diag}(|\omega_1^0|^2, \cdots, |\omega_p^0|^2)$ 是 $p \times p$ 的对角矩阵. 需要强调的是，本章原则上考虑节点顺序提前已知的情形. 当节点次序已知时，经过合适的置换，B_0 可以变换为对角线元素为 0 的下三角矩阵，故不失一般性，假设 B_0 是下三角矩阵. B_0 可以视作加权的邻

接矩阵，其第 j 列代表节点 j 的父节点对节点 j 的影响. 因此，重建有向图的结构等价于估计未知参数矩阵 B_0. 除 B_0 外，Ω_0 也为未知的参数矩阵.

接下来，在罚对数似然框架下估计 (B_0,Ω_0)，同时使其对应的有向图具有无标度特征. 用不带下标 0 的参数来表示相应待估参数. 由于 X 的每一行服从 $\mathcal{N}(0,\Sigma_0)$，故负对数似然函数与下式成比例，

$$\text{trace}(\Theta\Sigma_n)-\text{logdet}(\Theta), \tag{4.3}$$

其中，$\Sigma_n=\dfrac{X^{\mathrm{T}}X}{n}$ 为样本协方差矩阵，$\Theta=\Sigma^{-1}$ 表示协方差矩阵 Σ 的逆. 由 (4.2) 式，可将 Θ 表示为

$$\Theta=(I-B)\Omega^{-1}(I-B)^{\mathrm{T}}. \tag{4.4}$$

将 (4.4) 式代入 (4.3) 式，并进行简单运算，可得 (4.3) 式成比例于

$$l_n(\Theta)=\sum_{j=1}^{p}\left[\frac{n}{2}\log(\omega_j^2)+\frac{1}{2\omega_j^2}\|X_j-X\beta_j\|_2^2\right], \tag{4.5}$$

其中，$\|\cdot\|_2$ 表示向量的 l_2 范数，$\beta_j=(\beta_{1j},\cdots,\beta_{pj})^{\mathrm{T}}$ 对应参数矩阵 B 的第 j 列，且对于每个 j，β_j 的前 j 个元素为 0. 下面构造罚函数来诱导入度的幂律性质. 之前提到节点的入度服从幂律分布，即节点的入度等于 k 的概率与 $k^{-\gamma}$ 成比例，其中，$\gamma>0$ 为尺度参数. 基于此，构造罚函数为 $\gamma\log(k)$，其中由于似然函数经过了对数变换，故罚函数中出现 Log. 注意到节点 j 的入度为 β_j 的非零元素的个数，即 β_j 的 l_0 拟范数. 为了避免 l_0 所带来的 NP 难问题，用 β_j 的 l_1 范数来代替 l_0. 于是，通过如下正则化框架估计 B_0 和 Ω_0:

$$\min\sum_{j=1}^{p}\left[\frac{n}{2}\log(\omega_j^2)+\frac{1}{2\omega_j^2}\|X_j-X\beta_j\|_2^2\right]+\lambda\sum_{j=1}^{p}\log(\|\beta_j\|_1+\varepsilon), \tag{4.6}$$

其中，$\lambda>0$ 为调控参数，且注意到幂律分布的尺度参数 γ 已被包含在 λ 中. 在罚函数中增加了参数 $\varepsilon>0$ 以保证 Log 的指数部分大于 0. 注意到罚函数在 0 点是奇异的，故 (4.6) 式所得估计为稀疏的.

注释 4.1 (4.6)式可以按列拆分为 p 个独立的罚对数似然问题. 特别地，每个问题可以视为组个数为 1 的稀疏组变量选择问题. 稀疏组变量选择的提出背景是变量具有组结构且组内变量的重要性不同，其目的在于选择重要的组及重要的组内变量，如 Simon 等[86]、Jiang 和 Huang[87]，等等.

注释 4.2 在上面的讨论中，主要考虑了节点的入度服从幂律分布的情形. 对于节点出度服从幂律分布的情形，注意到节点 j 的出度为矩阵 B 第 j 行 $B_{j.}$ 所对应的非零元素之和，因此，只需将(4.6)式中的 $\|\beta_j\|_1$ 替换为 $\|B_{j.}\|_1$. 所对应优化问题可基于后面提到的求解(4.6)式的算法类似求解.

4.1.1　坐标下降算法

坐标下降算法是求解问题 (4.6) 式的有效方法. 坐标下降法被广泛应用于求解 Lasso 型正则化问题, 如 Wu 和 Lange[77]、Friedman 等[78-79]. 由于其每次更新一个坐标 (参数), 且更新往往有显式解, 故坐标下降法的高效性使它广受欢迎. 注意到 (4.6) 式可以拆分为 p 个独立的罚对数似然问题, 关注第 j 个问题, 即对应估计节点 j 的父节点,

$$\arg\min_{\omega_j,\beta_j} \frac{n}{2}\log(\omega_j^2) + \frac{1}{2\omega_j^2}\|X_j - X\beta_j\|_2^2 + \lambda\log(\|\beta_j\|_1 + \varepsilon), \tag{4.7}$$

其中, $\beta_j = (\beta_{1j}, \cdots, \beta_{pj})^{\mathrm{T}}$ 为矩阵 B 的第 j 列. 注意到矩阵 B 为下三角矩阵, 故 β_j 的前 j 个元素为 0. 所以 (4.7) 式中有 $(p-j)+1$ 个未知参数.

下面应用坐标下降法更新 ω_j 和 β_j. 假设 $\hat\beta_j^{(m)} = (0, \cdots, 0, \hat\beta_{(j+1)j}^{(m)}, \cdots, \hat\beta_{pj}^{(m)})^{\mathrm{T}}$ 与 $\hat\omega_j^{(m)}$ 为当前解. 令

$$\hat\phi^{(m)} = (\hat\omega_j^{(m)}, (\hat\beta_j^{(m)})^{\mathrm{T}})^{\mathrm{T}} = (\hat\omega_j^{(m)}, 0, \cdots, 0, \hat\beta_{(j+1)j}^{(m)}, \cdots, \hat\beta_{pj}^{(m)})^{\mathrm{T}}.$$

依次更新 $\hat\phi^{(m)}$ 的每个坐标. 固定其余参数, 按照下式更新 $\hat\omega_j$:

$$\hat\omega_j^{(m+1)} = \arg\min_{\omega_j} \frac{n}{2}\log(\omega_j^2) + \frac{1}{2\omega_j^2}\|X_j - X\hat\beta_j^{(m)}\|_2^2 = \frac{\|X_j - X\hat\beta_j^{(m)}\|_2}{\sqrt{n}}.$$

接下来只需要更新 $\hat\beta_j^{(m)}$ 的每个坐标. 记

$$\hat\phi_k^{(m)} = \left(\hat\omega_j^{(m+1)}, 0, \cdots, 0, \hat\beta_{(j+1)j}^{(m+1)}, \cdots, \hat\beta_{(k-1)j}^{(m+1)}, \hat\beta_{kj}^{(m)}, \hat\beta_{(k+1)j}^{(m)}, \cdots, \hat\beta_{pj}^{(m)}\right),$$

其中, 由于除第一个元素外前 $j+1$ 个元素为固定 0. 容易看出, 将 $\hat\beta_j^{(m)}$ 更新为 $\hat\beta_j^{(m+1)}$ 等价于对每个 $j<k<p$, 将 $\hat\phi_k^{(m)}$ 更新为 $\hat\phi_{k+1}^{(m)}$, 也就是将 $\hat\beta_{kj}^{(m)}$ 更新为 $\hat\beta_{kj}^{(m+1)}$. 为了书写方便, 将 β_j 的当前估计除去第 k 个元素构成的向量记如下的 $p-1$ 维向量:

$$\hat B_{-k,j}^{(m)} = \left(0, \cdots, 0, \hat\beta_{(j+1)j}^{(m+1)}, \cdots, \hat\beta_{(k-1)j}^{(m+1)}, \hat\beta_{(k+1)j}^{(m)}, \cdots, \hat\beta_{pj}^{(m)}\right)^{\mathrm{T}},$$

类似地, 记 $X_{-k} = (X_1, \cdots, X_{k-1}, X_{k+1}, \cdots, X_p)$. 现在, 更新 $\hat\beta_{kj}^{(m)}$. 根据坐标下降法的思想, 更新 $\hat\beta_{kj}^{(m)}$ 等价于求解如下单变量优化问题:

$$\hat\beta_{kj}^{(m+1)} \in \arg\min_{\beta_{kj}} g(\beta_{kj}), \tag{4.8}$$

其中, $g(\beta_{kj}) := \arg\min_{\beta_{kj}} \frac{1}{2}\|X_j - X_{-k}\hat B_{k,j}^{(m)} - X_k\beta_{kj}\|_2^2 + \lambda(\hat\omega_j^{(m+1)})^2\log(\|\hat B_{k,j}^{(m)}\|_1 + |\beta_{kj}| + \varepsilon)$. 对 (4.8) 式的目标函数求导并令其为 0, 可得

$$-X_k^{\mathrm{T}}(X_j - X_{-k}\hat B_{-k,j}^{(m)} - X_k\beta_{kj}) + \lambda(\hat\omega_j^{(m+1)})^2 \frac{\mathrm{sign}(\beta_{kj})}{\|\hat B_{-k,j}^{(m)}\|_1 + |\beta_{kj}| + \varepsilon} = 0, \tag{4.9}$$

其中，$\text{sign}(\beta_{kj})$ 为符号函数，当 $\beta_{kj}>0$，$\beta_{kj}<0$，$\beta_{kj}=0$ 时，$\text{sign}(\beta_{kj})$ 的值分别为 1，-1，0. 记 $r_{kj}=X_j-X_{-k}\hat{B}^{(m)}_{-k,j}$, $z_{kj}=\|\hat{B}^{(m)}_{-k,j}\|_1+\varepsilon$, $\eta_k=X_k^{\mathrm{T}}X_k$, $\xi_{kj}=X_k^{\mathrm{T}}r_{kj}$，则等式 (4.9) 式可等价写为如下两个带有约束的二次方程：

$$\eta_k\beta_{kj}^2+(\eta_k z_{kj}-\xi_{kj})\beta_{kj}-\xi_{kj}z_{kj}+\lambda(\hat{\omega}_j^{(m+1)})^2=0,\quad \text{如果}\ \beta_{kj}>0; \tag{4.10}$$

$$\eta_k\beta_{kj}^2-(\eta_k z_{kj}+\xi_{kj})\beta_{kj}+\xi_{kj}z_{kj}+\lambda(\hat{\omega}_j^{(m+1)})^2=0,\quad \text{如果}\ \beta_{kj}<0. \tag{4.11}$$

(4.10) 式和 (4.11) 式的判别式分别为

$$\Delta_1=(\xi_{kj}+\eta_k z_{kj})^2-4\eta_k\lambda(\hat{\omega}_j^{(m+1)})^2,\quad \Delta_2=(\xi_{kj}-\eta_k z_{kj})^2-4\eta_k\lambda(\hat{\omega}_j^{(m+1)})^2,$$

当 $\Delta_1>0,\Delta_2>0$ 时，记

$$\beta_1^*=\frac{\xi_{kj}-\eta_k z_{kj}+\sqrt{\Delta_1}}{2\eta_k},\quad \beta_2^*=\frac{\xi_{kj}+\eta_k z_{kj}+\sqrt{\Delta_2}}{2\eta_k}.$$

将 (4.8) 式中 g 在 (4.10) 式和 (4.11) 式两种情况下的局部极小值点分别记为 $\tilde{\beta}_{kj}^{(m+1)}$，$\tilde{\tilde{\beta}}_{kj}^{(m+1)}$，当其中一个为 0，另一个非 0 时，最终的解选择为非 0 解，准确来讲为 $\tilde{\beta}_{kj}^{(m+1)}$ 与 $\tilde{\tilde{\beta}}_{kj}^{(m+1)}$ 中绝对值较大者. 将 (4.8) 式的解归纳为如下定理：

定理 4.1 g 关于 (4.10) 式的局部极小值点 $\tilde{\beta}_{kj}^{(m+1)}$ 为

$$\tilde{\beta}_{kj}^{(m+1)}=\begin{cases}\beta_1^*, & \text{如果}\ \lambda\leqslant\dfrac{\xi_{kj}z_{kj}}{(\hat{\omega}_j^{(m+1)})^2}\ \text{且}\ \lambda\leqslant\dfrac{(\xi_{kj}+\eta_k z_{kj})^2}{4\eta_k(\hat{\omega}_j^{(m+1)})^2},\\ \underset{\beta_1^*,0}{\arg\min}\{g(\beta_1^*),g(0)\}, & \text{如果}\ \lambda\geqslant\dfrac{\xi_{kj}z_{kj}}{(\hat{\omega}_j^{(m+1)})^2},\ \lambda\leqslant\dfrac{(\xi_{kj}+\eta_k z_{kj})^2}{4\eta_k(\hat{\omega}_j^{(m+1)})^2}\ \text{且}\ \xi_{kj}-\eta_k z_{kj}\geqslant 0,\\ 0, & \text{其他},\end{cases}$$

g 关于 (4.11) 式的局部极小值点 $\tilde{\tilde{\beta}}_{kj}^{(m+1)}$ 为

$$\tilde{\tilde{\beta}}_{kj}^{(m+1)}=\begin{cases}\beta_2^*, & \text{如果}\ \lambda\geqslant-\dfrac{\xi_{kj}z_{kj}}{(\hat{\omega}_j^{(m+1)})^2},\ \lambda\leqslant\dfrac{(\xi_{kj}-\eta_k z_{kj})^2}{4\eta_k(\hat{\omega}_j^{(m+1)})^2}\ \text{且}\ \xi_{kj}+\eta_k z_{kj}\geqslant 0,\\ 0, & \text{其他}.\end{cases}$$

于是，(4.8) 式的解为上述两个解中绝对值较大者，即

$$\hat{\beta}_{kj}^{(m+1)}=\underset{\tilde{\beta}_{kj}^{(m+1)},\tilde{\tilde{\beta}}_{kj}^{(m+1)}}{\arg\max}\{|\tilde{\beta}_{kj}^{(m+1)}|,|\tilde{\tilde{\beta}}_{kj}^{(m+1)}|\}.$$

定理4.1的证明 目标为最小化 (4.8) 式中的 g. 如上文所述，g 的局部极小值点只有三种可能：(4.10) 式的正根、(4.11) 式的负根和 0. 下面首先分别讨论 (4.10) 式和 (4.10) 式两种情况，然后得出 g 最终的解.

对于 (4.10) 式，判别式为 $\Delta_1=(\xi_{kj}+\eta_k z_{kj})^2-4\eta_k\lambda(\hat{\omega}_j^{(m+1)})^2$. 当 $\Delta_1>0$ 时，(4.10) 式的两个根为

$$\beta_1^*=\frac{\xi_{kj}-\eta_k z_{kj}+\sqrt{\Delta_1}}{2\eta_k},\quad \beta_1^{**}=\frac{\xi_{kj}-\eta_k z_{kj}-\sqrt{\Delta_1}}{2\eta_k}.$$

注意到 β_1^{**} 为 g 的局部极大值点，因此，限制在非负半轴上的 g 的局部极小值点仅可能为 β_1^* 或 0. g 关于 (4.10) 式的解可以归纳为以下四种情形:

情形 1： $\Delta_1\geqslant 0$ 且 $\beta_1^*\geqslant 0\geqslant\beta_1^{**}$，即等价于

$$\lambda\leqslant\frac{\xi_{kj}z_{kj}}{(\hat{\omega}_j^{(m+1)})^2}\text{ 且 }\lambda\leqslant\frac{(\xi_{kj}+\eta_k z_{kj})^2}{4\eta_k(\hat{\omega}_j^{(m+1)})^2}.$$

在这种情况下，$g(\beta_1^*)\leqslant g(0)$，故 β_1^* 为 g 限制在非负半轴的局部极小值点.

情形 2： $\Delta_1\geqslant 0$ 且 $\beta_1^*\geqslant\beta_1^{**}\geqslant 0$，即等价于

$$\lambda\geqslant\frac{\xi_{kj}z_{kj}}{(\hat{\omega}_j^{(m+1)})^2},\ \lambda\leqslant\frac{(\xi_{kj}+\eta_k z_{kj})^2}{4\eta_k(\hat{\omega}_j^{(m+1)})^2}\text{ 且 }\xi_{kj}-\eta_k z_{kj}\geqslant 0.$$

在这种情况下，需要进一步比较 $g(\beta_1^*)$ 和 $g(0)$ 来确定 g 的极小值点.

情形 3： $\Delta_1\geqslant 0$ 且 $0\geqslant\beta_1^*\geqslant\beta_1^{**}$，即等价于

$$\lambda\geqslant\frac{\xi_{kj}z_{kj}}{(\hat{\omega}_j^{(m+1)})^2},\ \lambda\leqslant\frac{(\xi_{kj}+\eta_k z_{kj})^2}{4\eta_k(\hat{\omega}_j^{(m+1)})^2}\text{ 且 }\xi_{kj}-\eta_k z_{kj}\leqslant 0.$$

在这种情况下，$g(0)\leqslant g(\beta_1^*)$ ，故 0 为 g 限制在非负半轴的局部极小值点.

情形 4： $\Delta_1<0$，即等价于

$$\lambda>\frac{(\xi_{kj}+\eta_k z_{kj})^2}{4\eta_k(\hat{\omega}_j^{(m+1)})^2}.$$

在这种情况下，$g(0)\leqslant g(\beta_1^*)$ ，故 0 为 g 限制在非负半轴的局部极小值点.

对于 (4.11) 式，判别式为 $\Delta_2=(\xi_{kj}-\eta_k z_{kj})^2-4\eta_k\lambda(\hat{\omega}_j^{(m+1)})^2$. 当 $\Delta_2>0$ 时，(4.11) 式的两个根为

$$\beta_2^*=\frac{\xi_{kj}+\eta_k z_{kj}+\sqrt{\Delta_2}}{2\eta_k},\quad \beta_2^{**}=\frac{\xi_{kj}+\eta_k z_{kj}-\sqrt{\Delta_2}}{2\eta_k}.$$

注意到 β_2^{**} 为 g 的局部极小值点，因此，限制在非正半轴上的 g 的局部极小值点仅可能为 β_2^* 或 0. g 关于 (4.11) 式的解可以归纳为以下四种情形:

情形 1'： $\Delta_2\geqslant 0$ 且 $\beta_2^*\geqslant 0\geqslant\beta_2^{**}$，即等价于

$$\lambda\leqslant-\frac{\xi_{kj}z_{kj}}{(\hat{\omega}_j^{(m+1)})^2}\text{ 且 }\lambda\leqslant\frac{(\xi_{kj}-\eta_k z_{kj})^2}{4\eta_k(\hat{\omega}_j^{(m+1)})^2}.$$

这种情况下，$g(0)\leqslant g(\beta_2^*)$，故 0 为 g 限制在非止半轴上的局部极小值点.

情形 2'： $\Delta_2\geqslant 0$ 且 $\beta_2^*\geqslant\beta_2^{**}\geqslant 0$，即等价于

$$\lambda\geqslant-\frac{\xi_{kj}z_{kj}}{(\hat{\omega}_j^{(m+1)})^2},\ \lambda\leqslant\frac{(\xi_{kj}-\eta_k z_{kj})^2}{4\eta_k(\hat{\omega}_j^{(m+1)})^2}\text{ 且 }\xi_{kj}+\eta_k z_{kj}\geqslant 0.$$

这种情况下，$g(0) \leqslant g(\beta_2^*)$，故 0 为 g 限制在非正半轴上的局部极小值点.

情形 3'： $\Delta_2 \geqslant 0$ 且 $0 \geqslant \beta_2^* \geqslant \beta_2^{**}$，即等价于

$$\lambda \leqslant -\frac{\xi_{kj} z_{kj}}{(\hat{\omega}_j^{(m+1)})^2},\ \lambda \leqslant \frac{(\xi_{kj} - \eta_k z_{kj})^2}{4\eta_k (\hat{\omega}_j^{(m+1)})^2}\ \text{且}\ \xi_{kj} + \eta_k z_{kj} \leqslant 0.$$

这种情况下，$g(\beta_2^*) \leqslant g(0)$，故 β_2^* 为 g 限制在非正半轴上的局部极小值点.

情形 4'： $\Delta_2 < 0$，即等价于

$$\lambda > \frac{(\xi_{kj} - \eta_k z_{kj})^2}{4\eta_k (\hat{\omega}_j^{(m+1)})^2}.$$

这种情况下，$g(0) \leqslant g(\beta_2^*)$，故 0 为 g 限制在非正半轴的局部极小值点 g.

至此，分别讨论了 g 在 (4.10) 式和 (4.11) 式情况下的局部极小值点. 当其中一个为 0，另一个非 0 时，选择 g 的最终解为非 0 解，即 $\tilde{\beta}_{kj}^{(m+1)}$ 与 $\tilde{\tilde{\beta}}_{kj}^{(m+1)}$ 中绝对值较大者.

Jiang 和 Huang[87] 在研究稀疏组变量选择问题时，提出了坐标下降法并进行了收敛性分析. 将其结果重述为如下命题：

命题 4.1 考虑如下目标函数：

$$Q(\theta; \lambda, \varepsilon) = \frac{1}{2n}\|y - Z\theta\|_2^2 + \sum_{j=1}^{J} \rho(\|\theta_j\|_1; \lambda, \varepsilon),$$

其中，$(\theta = \theta_1^{\mathrm{T}}, \cdots, \theta_J^{\mathrm{T}})^{\mathrm{T}}$，$\theta_j^{\mathrm{T}}$ 为第 j 组变量对应系数. 假设罚函数 $\rho(|t|; \lambda, \varepsilon) \equiv \rho(t)$ 满足 $\rho(t) = \rho(-t)$，且 $\rho(|t|)$ 关于 $|t|$ 的一阶导数 $\rho(|t|)$ 非负且一致有界. 进一步，假设数据 (y, Z) 属于一紧集，且 Z 中不存在完全相同的两列. 则坐标下降算法产生的序列 $\{\theta^m\}$ 可以收敛到目标函数 $Q(\theta; \lambda, \varepsilon)$ 的局部极小值.

对于本章 (4.7) 式，容易看到组个数 $J = 1$，记 $\rho(|t|; \lambda, \varepsilon) = \log(|t| + \varepsilon) - \log(\varepsilon) = \log(1 + \frac{|t|}{\varepsilon})$, 那么当 $\omega_j = 1$，$1 \leqslant j \leqslant p$ 时，(4.7) 式自然地满足 Jiang 和 Huang[87] 所研究的框架. 因此在此情形下，所提坐标下降法收敛至 (4.7) 式的局部极小值点. 然而，当 ω_j 未知时，(4.7) 式所对应的非凸损失函数为收敛性分析带来了困难，这将是未来值得研究的问题.

4.2 罚似然估计的性质

本节聚焦于 $\omega_j (1 \leqslant j \leqslant p)$ 固定的情形，分析 (4.6) 式的解的理论性质.

不失一般性，假设对于 $1 \leqslant j \leqslant p$，$\omega_j = 1$. 由于 (4.6) 式关于 j 可拆分，故这里考虑第 j 个问题. 为了便于分析，将损失函数除以 n，

$$\hat{\beta}_j \in \arg\min_{\beta_j} \frac{1}{2n}\|X_j - X\beta_j\|_2^2 + \lambda \log(\|\beta_j\|_1 + \varepsilon), \tag{4.12}$$

其中，$\beta_j = (\beta_{1j}, \cdots, \beta_{pj})^{\mathrm{T}}$ 对应 B 的第 j 列. 注意到由于 λ 也是与 n 相关的，所以损失函数除以 n 并不影响优化问题.

定理 4.2 假设 $p < n$，Σ 是非奇异的，调控参数 λ 的阶数为 $\sqrt{\log p/n}$，$\Sigma_{jj} = 1(j = 1, \cdots, p)$. 那么当 $n \to \infty$ 时，(4.12) 式的解 $\hat{\beta}_j$ 满足下式的概率大于 $1 - \dfrac{2}{p^2}$，

$$\|\hat{\beta}_j - \beta_j^0\|_2 \leqslant C\sqrt{\frac{p\log p}{n}},$$

其中，C 为常数.

定理4.2的证明 假设 $\hat{\beta}_j$ 为 (4.12) 式的解，由定义，对任意 $\beta_j \in \mathbb{R}^p$，可得

$$\frac{1}{2n}\|X_j - X\hat{\beta}_j\|_2^2 + \lambda\log(\|\hat{\beta}_j\|_1 + \varepsilon) \leqslant \frac{1}{2n}\|X_j - X\beta_j\|_2^2 + \lambda\log(\|\beta_j\|_1 + \varepsilon). \quad (4.13)$$

注意到 $X_j = X\beta_j^0 + \epsilon_j$, 将上式右端 β_j 取为 β_j^0，则 (4.13) 式蕴含

$$\begin{aligned} &\frac{1}{2n}\|X(\hat{\beta}_j - \beta_j^0)\|_2^2 \\ \leqslant &\frac{1}{n}\epsilon_j^{\mathrm{T}}X(\hat{\beta}_j - \beta_j^0) + \lambda(\log(\|\beta_j^0\|_1 + \varepsilon) - \log(\|\hat{\beta}_j\|_1 + \varepsilon)) \\ \leqslant &\frac{1}{n}\|\epsilon_j^{\mathrm{T}}X\|_\infty\|\hat{\beta}_j - \beta_j^0\|_1 + \lambda(\log(\|\beta_j^0\|_1 + \varepsilon) - \log(\|\hat{\beta}_j\|_1 + \varepsilon)). \end{aligned} \quad (4.14)$$

定义事件

$$\mathcal{A} := \{\frac{1}{n}\|\epsilon_j^{\mathrm{T}}X\|_\infty \leqslant \gamma\}.$$

由 Zhou 等[88] 引理 2.5，当数据矩阵 X 为随机 Gaussian 矩阵，$\Sigma_{jj} = 1$，且 $p < e^{\frac{n}{4C_1^2}}(C_1 > 4\sqrt{\frac{5}{3}})$ 时，那么对于 $\gamma = C\sqrt{\dfrac{\log p}{n}}$，事件 $\mathcal{A}$ 成立的概率大于 $1 - \dfrac{2}{p^2}$，其中 C 为一常数且在证明的不同位置 C 可能不同，并注意到定理条件 $p < n$ 蕴含 $p < e^{\frac{n}{4C_1^2}}(C_1 > 4\sqrt{\frac{5}{3}})$. 当 $\mathcal{A}$ 成立时，有

$$\frac{1}{2n}\|X(\hat{\beta}_j - \beta_j^0)\|_2^2 \leqslant \gamma\|\hat{\beta}_j - \beta_j^0\|_1 + \lambda(\log(\|\beta_j^0\|_1 + \varepsilon) - \log(\|\hat{\beta}_j\|_1 + \varepsilon)). \quad (4.15)$$

由中值定理，当 $a > 1$，$b > 1$ 时，

$$\log a - \log b = (a - b)\frac{1}{\varsigma} < |a - b|,$$

其中，ς 处于 a 和 b 之间. 基于此可得

$$\begin{aligned} &\log(\|\beta_j^0\|_1 + \varepsilon) - \log(\|\hat{\beta}_j\|_1 + \varepsilon) \\ =&\log(1 + \frac{\|\beta_j^0\|_1}{\varepsilon}) - \log(1 + \frac{\|\hat{\beta}_j\|_1}{\varepsilon}) \\ \leqslant&|\frac{\|\beta_j^0\|_1}{\varepsilon} - \frac{\|\hat{\beta}_j\|_1}{\varepsilon}| \leqslant \frac{1}{\varepsilon}\|\beta_j^0 - \hat{\beta}_j\|. \end{aligned} \quad (4.16)$$

将 (4.16) 式代入 (4.15) 式，可得

$$\frac{1}{2n}\|X(\hat{\beta}_j-\beta_j^0)\|_2^2 \leqslant \gamma\|\hat{\beta}_j-\beta_j^0\|_1+\frac{\lambda}{\varepsilon}\|\hat{\beta}_j-\beta_j^0\|_1=C\gamma\|\hat{\beta}_j-\beta_j^0\|_1, \tag{4.17}$$

其中，最后一个不等式采用了 λ 和 γ 阶数相同这一假设. 一方面，Σ 非奇异蕴含 $\dfrac{X^{\mathrm{T}}X}{n}$ 以概率 1 非奇异，故存在 $\mu>0$ 满足

$$\mu\|\hat{\beta}_j-\beta_j^0\|_2^2 \leqslant \frac{1}{2n}\|X(\hat{\beta}_j-\beta_j^0)\|_2^2. \tag{4.18}$$

另一方面，

$$\|\hat{\beta}_j-\beta_j^0\|_1 \leqslant \sqrt{p}\|\hat{\beta}_j-\beta_j^0\|_2. \tag{4.19}$$

将 (4.18) 式、(4.19) 式和 (4.17) 式结合起来，可得

$$\|\hat{\beta}_j-\beta_j^0\|_2 \leqslant C\gamma\sqrt{p}=C\sqrt{\frac{p\log p}{n}}.$$

注释 4.3 在上述定理中，虽然要求 p 小于 n，但 p 可随 n 变化，事实上，当 $p=n^\alpha$，$0<\alpha<1$ 时，定理4.2的条件满足，此时容易看到，当 n 趋于无穷时，(4.12)式对应的解是相合的.

由于在证明过程中没有利用 β_j^0 的稀疏性，故上述定理给出的是相对粗糙的 β_j^0 的稀疏度来试图提高 $\hat{\beta}_j$ 的界. 在引入假设 β_j^0 的稀疏度之前，首先给出符号说明. 假设 β_j^0 的非零元素下标集为 $S\in\{1,\cdots,p\}$，S 的势为 s. 记 $\beta_{j,S}:=\beta_{jk}1\{k\in S\}$，$\beta_{j,S^c}:=\beta_{jk}1\{k\in S^c\}$，其中，$1_{\mathcal{B}}$ 表示事件 $\mathcal{B}$ 上的示性函数. 接下来，在一定条件下，将利用 β_j^0 的稀疏性得出比定理4.2更紧的界. 事实上，在证明过程中需要 $\hat{\beta}_{j,S^c}$ 一个相对粗糙的界，使得 $\|\hat{\beta}_{j,S^c}\|_1=o_p(1)$. 另外，对于数据矩阵 X，假设其满足如下限制性特征值条件：

$$\begin{aligned}&C1:\inf\{\upsilon:\frac{1}{2n}\|X\beta\|_2^2\geqslant \upsilon\|\beta\|_2^2\}\geqslant \nu>0,\\&\qquad\text{for } \|\beta_{S^c}\|_1\leqslant 3\|\beta_S\|_1+O_p(\log(1+2\|\beta_{j,S}^0\|_1/\varepsilon)).\end{aligned} \tag{4.20}$$

$C1$ 类似推导 Lasso 的非渐近界时所需的限制性特征值条件，如 Bickel 等[89]. 不同之处在于，$C1$ 中 $\|\beta_{S^c}\|_1$ 的上界比 Lasso 对应的限制性特征值条件多出额外项 $O_p(\log(1+2\|\beta_{j,S}^0\|_1/\varepsilon))$. 因此从某种程度上来说，$C1$ 强于 Lasso 所需的限制性特征值条件.

定理 4.3 假设数据矩阵 X 满足 $C1$，$p<e^{\frac{n}{4C_1^2}}\left(C_1>4\sqrt{\dfrac{5}{3}}\right)$，即 $C_1\sqrt{\dfrac{\log p}{n}}<\dfrac{1}{2}$，稀疏度 $s=O_p\left(\sqrt{\dfrac{n}{\log p}}\right)$，信号强度 $\min\limits_{l\in S}|\beta_{jl}^0|$ 的下界为 $O_p\left(\sqrt{\dfrac{\log p}{n}}\right)$，调控参数 λ 的阶数为 $\sqrt{\dfrac{\log p}{n}}$，$\Sigma_{jj}=1(j=1,\cdots,p)$，且对于 $\|\hat{\beta}_{j,S^c}\|_1$ 有一个粗糙的界 $\|\hat{\beta}_{j,S^c}\|_1=o_p(1)$，那么当 $n\to\infty$ 时，(4.12) 式的解 $\hat{\beta}_j$ 满足下式的概率大于 $1-\dfrac{2}{p^2}$，

$$\|\hat{\beta}_j-\beta_j^0\|_2 \leqslant C\sqrt{\frac{s\log p}{n}},$$

其中，C 为常数.

定理4.3的证明 类似定理4.2的证明，当事件 $\mathcal{A}$ 成立时，

$$\mathcal{A}:=\left\{\frac{1}{n}\|\epsilon_j^{\mathrm{T}}X\|_\infty\leqslant\gamma\right\},\quad 其中\ \gamma=C\sqrt{\frac{\log p}{n}},$$

有

$$\frac{1}{2n}\|X_j-X\hat{\beta}_j\|_2^2+\lambda\log(\|\hat{\beta}_j\|_1+\varepsilon)\leqslant\gamma\|\hat{\beta}_j-\beta_j^0\|_1+\lambda\log(\|\beta_j^0\|_1+\varepsilon).\tag{4.21}$$

一方面，由 Log 函数的非凸性，可得

$$\lambda\log(\|\hat{\beta}_j\|_1+\varepsilon)\geqslant\frac{\lambda}{2}\log(2\|\hat{\beta}_{j,S}\|_1+\varepsilon)+\frac{\lambda}{2}\log(2\|\hat{\beta}_{j,S^c}\|_1+\varepsilon).\tag{4.22}$$

另一方面，

$$\lambda\log(\|\beta_j^0\|_1+\varepsilon)\leqslant\lambda\log(2\|\beta_j^0\|_1+\varepsilon)=\lambda\log(2\|\beta_{j,S}^0\|_1+\varepsilon).\tag{4.23}$$

将 (4.22) 式、(4.23) 式与 (4.21) 式结合，可得

$$\begin{aligned}&\frac{1}{2n}\|X_j-X\hat{\beta}_j\|_2^2+\frac{\lambda}{2}\log(\|\hat{\beta}_{j,S^c}\|_1+\varepsilon)\\ \leqslant&\gamma\|\hat{\beta}_j-\beta_j^0\|_1+\frac{\lambda}{2}\log(2\|\beta_{j,S}^0\|_1+\varepsilon)+\frac{\lambda}{2}\{\log(2\|\beta_{j,S}^0\|_1+\varepsilon)-\log(2\|\hat{\beta}_{j,S}\|_1+\varepsilon)\}.\end{aligned}$$

利用 (4.16) 不等式并将 $\log(c+\varepsilon)$ 记为 $\log(1+\dfrac{c}{\varepsilon})-\log(\varepsilon)$，得到

$$\begin{aligned}&\frac{1}{2n}\|X_j-X\hat{\beta}_j\|_2^2+\frac{\lambda}{2}\log(1+2\|\hat{\beta}_{j,S^c}\|_1/\varepsilon)-\gamma\|\hat{\beta}_{j,S^c}-\beta_{j,S^c}^0\|_1\\ \leqslant&(\gamma+\frac{\lambda}{\varepsilon})\|\hat{\beta}_{j,S}-\beta_{j,S}^0\|_1+\frac{\lambda}{2}\log(1+2\|\beta_{j,S}^0\|_1/\varepsilon).\end{aligned}\tag{4.24}$$

由假设 $\|\hat{\beta}_{j,S^c}\|_1=o_p(1)$ 及 $\min\limits_{l\in S}|\beta_{jl}^0|\geqslant O_p\left(\sqrt{\dfrac{\log p}{n}}\right)$，当 n 充分大时，可将 (4.24) 式中 $\log(1+2\|\hat{\beta}_{j,S^c}\|_1/\varepsilon)$ 近似为 $2\|\hat{\beta}_{j,S^c}\|_1/\varepsilon$，注意到这并不改变不等号的方向. 因此，

$$\begin{aligned}&\frac{1}{2n}\|X_j-X\hat{\beta}_j\|_2^2+(\frac{\lambda}{\varepsilon}-\gamma)\|\hat{\beta}_{j,S^c}-\beta_{j,S^c}^0\|_1\\ \leqslant&(\gamma+\frac{\lambda}{\varepsilon})\|\hat{\beta}_{j,S}-\beta_{j,S}^0\|_1+\frac{\lambda}{2}\log(1+2\|\beta_{j,S}^0\|_1/\varepsilon).\end{aligned}\tag{4.25}$$

令 $\dfrac{\lambda}{\varepsilon}=2\gamma$，进一步得到

$$\frac{1}{2n}\|X_j-X\hat{\beta}_j\|_2^2+\gamma\|\hat{\beta}_{j,S^c}\|_1\leqslant3\gamma\|\hat{\beta}_{j,S}-\beta_{j,S}^0\|_1+\frac{\lambda}{2}\log(1+2\|\beta_{j,S}^0\|_1/\varepsilon).\tag{4.26}$$

由 (4.26) 式，首先得到

$$\gamma\|\hat{\beta}_{j,S^c}\|_1\leqslant3\gamma\|\hat{\beta}_{j,S}-\beta_{j,S}^0\|_1+\frac{\lambda}{2}\log(1+2\|\beta_{j,S}^0\|_1/\varepsilon).\tag{4.27}$$

其次，

$$\frac{1}{2n}\|X_j - X\hat{\beta}_j\|_2^2 \leqslant 3\gamma\|\hat{\beta}_{j,S} - \beta_{j,S}^0\|_1 + \frac{\lambda}{2}\log(1+2\|\beta_{j,S}^0\|_1/\varepsilon)$$
$$\leqslant 3\gamma\sqrt{s}\|\hat{\beta}_{j,S} - \beta_{j,S}^0\|_2 + \frac{\lambda}{2}\log(1+2\|\beta_{j,S}^0\|_1/\varepsilon)$$
$$\leqslant 3\gamma\sqrt{s}\|\hat{\beta}_j - \beta_j^0\|_2 + \frac{\lambda}{2}\log(1+2\|\beta_{j,S}^0\|_1/\varepsilon). \tag{4.28}$$

由 (4.27) 式和 $C1$, 故 (4.28) 式的左边有下界 $\nu\|\hat{\beta}_j - \beta_j^0\|_2^2$. 因此，(4.28) 式蕴含

$$\nu\|\hat{\beta}_j - \beta_j^0\|_2^2 - 3\gamma\sqrt{s}\|\hat{\beta}_j - \beta_j^0\|_2 - \frac{\lambda}{2}\log(1+2\|\beta_{j,S}^0\|_1/\varepsilon) \leqslant 0. \tag{4.29}$$

(4.29) 式的左边可视作关于 $\|\hat{\beta}_j - \beta_j^0\|_2$ 的二次函数，易知 $\|\hat{\beta}_j - \beta_j^0\|_2$ 小于二次函数的较大根，也就是说，

$$\|\hat{\beta}_j - \beta_j^0\|_2 \leqslant (3\gamma\sqrt{s} + \sqrt{9s\gamma^2 + 2\lambda\log(1+2\|\beta_{j,S}^0\|_1/\varepsilon)})/2\nu.$$

由 $s = O_p\left(\sqrt{\frac{n}{\log p}}\right)$，得到最终结论，即以概率大于等于 $1 - \frac{2}{p^2}$，

$$\|\hat{\beta}_j - \beta_j^0\|_2 \leqslant C\sqrt{\frac{s\log p}{n}} = O_p\left(\left\{\frac{\log p}{n}\right\}^{1/4}\right).$$

4.3 数值分析的实例

4.3.1 模拟数据分析实例

按照如下方式生成数据. 首先，用优先链接机制[3] 生成入度为近似幂律分布的有向无标度网络. 初始网络只有一个节点，每次增加一个节点，新节点选择一个旧节点并形成从新节点指向旧节点的边，特别地，若 i 是旧节点，那么选择节点 i 的概率正比于 k_i^α，其中，k_i 为节点 i 的入度，α 为尺度参数. 当 $\alpha = 1$ 时，即所谓线性优先链接，上述生成机制生成的网络近似为无标度网络. 当 $\alpha > 1$ 时，即所谓超线性优先链接，上述机制生成的网络具有明显的 Hub. 下面生成邻接矩阵 $B = (\beta_{ij})$ 和误差向量的 $\Omega = (w_j^2)$. 具体地，若 i 是 j 的父节点之一，那么 β_{ij} 为一固定的大于 0 的常数，否则为 0；w_j 固定为 1. 最后根据结构方程模型(4.2)生成数据矩阵 X.

将本章中基于 Log 的正则化模型和基于 l_1 的正则化模型进行比较. 特别地，对于基于 Log 的模型，比较两种算法：一个是本章所介绍的坐标下降法，记为 SF-CD；另外一个是 Liu 和 Ihler[90] 采用的重赋权迭代算法，记为 SF-RW. 重赋权迭代算法的思想来源于 MM 算法[91]，它将原始问题转换为一系列的重新赋权的 l_1 问题，从而使问题变得容易求解. 对于基于 l_1 的模型，也就是本章中罚函数替换为 l_1 的罚似然模型，采用坐标下降法求解，记为 L1-CD.

首先，用 ROC 曲线来比较三种方法估计真实网络结构的能力. ROC 曲线反映了当调控参数 λ 变化时，算法在估计网络的结构方面的综合表现，其横坐标为假正类率 (FPR)，纵坐标为真正类率 (TPR) . 比较了不同的维数 $p=50,100$, 以及不同的信号强度 $\beta=0.2,1,2$ 的组合. 样本个数固定为 $n=100$，罚函数 $\log(\|\beta_j\|_1+\varepsilon)$ 中，ε 固定为 0.1. 生成真实网络时，尺度参数 α 固定为 1，即对应无标度网络. 对于每种 (p,β) 的组合，生成 20 组数据.

图4.1显示了光滑后的 ROC 曲线，分别对应不同的 (p,β) 的组合. 结果显示，对于几乎所有 (p,β) 的组合，SF-CD 表现好于 SF-RW 和 L1-CD. 当信号强度较强 ($\beta=2$) 时，SF-CD 表现好于 SF-RW 且 SF-RW 的表现好于 L1-CD. 随着信号强度的下降，SF-CD 的表现仍然好于 SF-RW 和 L1-CD，然而，SF-RW 较之 L1-CD 的优越性随着 β 的下降而减小. 注意到，由于生成真实网络和数据矩阵 X 时具有随机性，因此存在一些结果和期望相悖，如从 ROC 曲线来看，$\beta=1$ 时，SF-CD 的表现似乎好于 $\beta=2$ 时的表现，但是这并未影响 SF-CD 较之另外两种方法的优越性. 另一方面，随着维数变化，三种方法的重建网络结构的能力也随之变化. 可以看到，当 p 增加时，几乎所有的方法表现变差，如当 $\beta=2$ 时，$p=200$ 对应的 ROC 曲线上升速度要慢于 $p=100$ 对应的 ROC 曲线. 当 p 较小 ($p=50$) 时，SF-RW 的表现仅仅略微差于本章所提方法 SF-CD，然而当 p 增加时，除去信号强度较弱 ($\beta=0.2$) 的情况，SF-RW 与 SF-CD 的差距变大. 本组实验说明 SF-CD 在重建无标度有向网络的有效性.

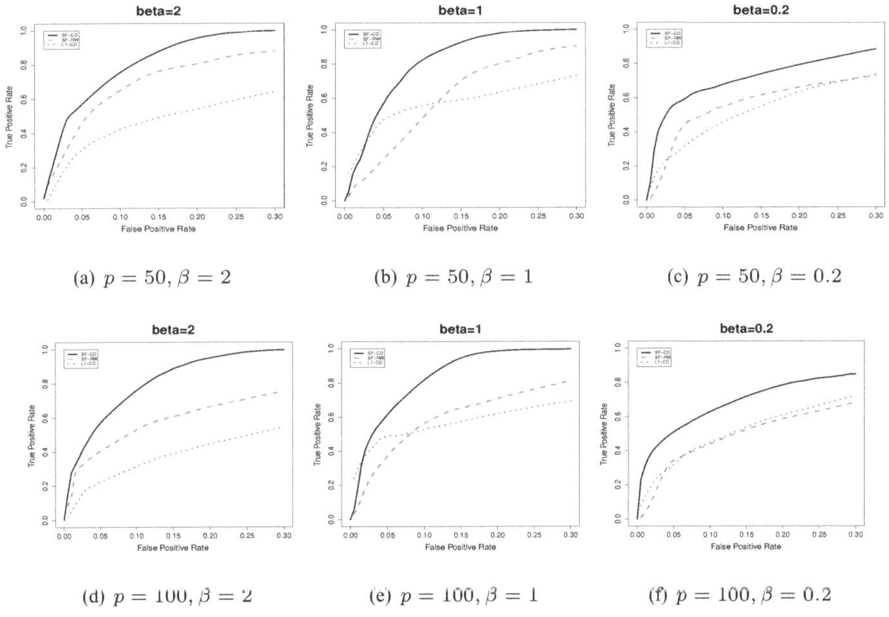

(a) $p=50,\beta=2$　(b) $p=50,\beta=1$　(c) $p=50,\beta=0.2$

(d) $p=100,\beta=2$　(e) $p=100,\beta=1$　(f) $p=100,\beta=0.2$

图 4.1　当维数 p 和信号强度 β 变化时三种方法对应的 ROC 曲线

上述结果说明了 SF-CD 方法在重建无标度网络方面的优越性. 接下来关注结构更

复杂的具有 Hub 的网络. 特别地，考虑三个真实网络，分别是 DREAM3[92] 中的 Yeast2 网络和 Ecoli1 网络，以及 Shojaie 和 Michailidis[68] 文章中的 Ecoli 网络. 使用真实网络但不使用真实基因表达数据，而是利用网络结构按照线性结构方程模型生成 50 个样本数据. 图4.2(a)~(c) 显示了所考虑的三个真实网络的结构. 容易看出，Yeast 网络关于入度和出度都有明显的 Hub，而其余两个网络关于出度具有 Hub. 图4.2(d)~(f) 为三个网络对应的 ROC 曲线. 显然，SF-CD 表现好于另外两种方法.

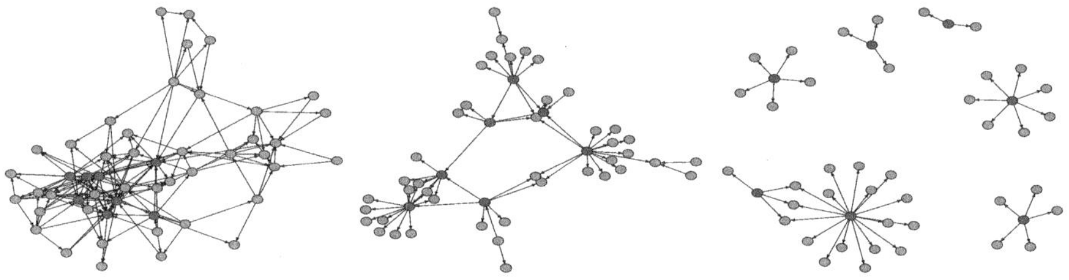

(a) Dream3: yeast2　　(b) Dream3: ecoli1　　(c) Ecoli

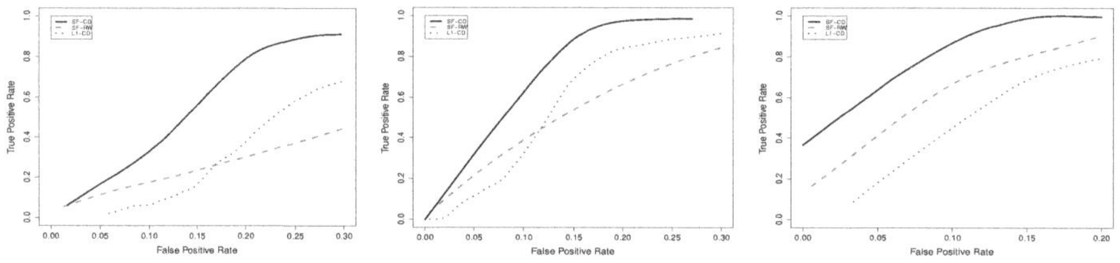

(d) Dream3: yeast2　　(e) Dream3: ecoli1　　(f) Ecoli

图 4.2　三种方法应用于真实网络结构的表现

4.3.2 实际数据分析实例

将基于 Log 的方法，即 SF-CD 和 SF-RW，以及基于 l_1 的方法应用于两个实际数据，比较它们识别 Hub 和估计网络结构的能力.

Shen 等[93] 研究了 E-coli 转录调控网络的结构. Kao 等[94] 提供了在 23 个不同时间点上采集的基因表达水平数据，包括 7 个转录基因，40 个调控基因，即 $n=23$，$p=47$. Kao 等给出了这些转录基因和调控基因之间形成的网络连接，如图4.3(a)，将这个网络视作已知真实网络. 选择度最大的总基因个数的前 15% 的节点作为真实网络的 Hub，也就是 7 个转录基因. 对于 E-coli 网络，节点的次序事实上为 Causal 次序[95]，具体来讲，仅知道 7 个转录基因和 40 个调控基因之间的部分关系，但是 7 个转录基因内部及 40 个调控基因内部的关系并不清楚. 在实验中，将转录基因作为前 7 个基因，调控基因作为后 40 个基因. 为了减少随机性的影响，在转录基因内部和调控基因内部，会随机打乱其次序 50 次. 对于每个次序，改变调控参数 λ 的取值来衡量三种方法的表现.

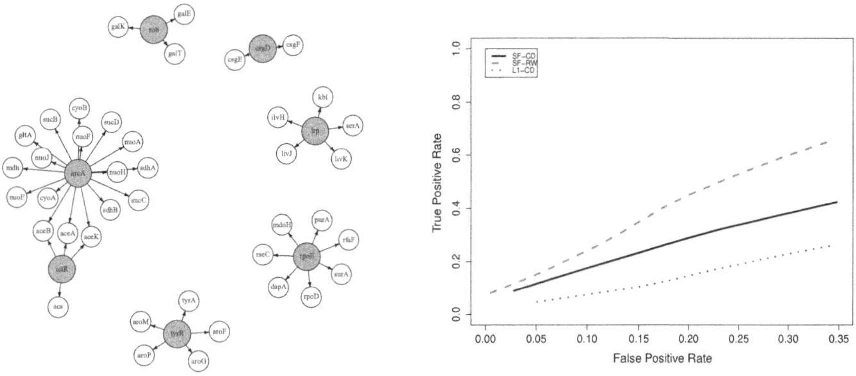

(a)　(b)

图 4.3　(a) 为 E-coli 数据对应的真实网络，(b) 为三种方法应用于 E-coli 数据的 ROC 曲线

首先比较三种方法识别 Hub 的能力. 为此，对于每个随机变换和每个调控参数 λ，将节点按其估计网络中的度从大到小排序，并记录每个节点的排名. 然后计算对于所有随机变换和所有 λ 的取值，节点排名的中位数. 表4.1为每种方法最终对应的度排名前 7 的基因，其中黑色圆点表示估计的 Hub 为真实网络中的 Hub. 结果显示，SF-CD 识别 Hub 数量最多，共识别了 4 个 Hub 基因，分别为 lrp、arcA、rob 和 rpoE. SF-RW 识别了 3 个 Hub 基因，分别为 arcA、lrp 和 tyrR. 而 L1-CD 仅识别出 2 个 Hub 基因，lrp 和 rpoE. 因此，对于 E-coli 数据，SF-CD 方法在 Hub 识别方面表现最好.

最后比较三种方法重建网络边的能力. 图4.3(b) 为三种方法对应的 ROC 曲线. 结果显示，基于 Log 的方法，即 SF-CD 和 SF-RW，表现好于基于 l_1 的方法 L1-CD，一定程度上说明了 Log 惩罚函数的价值. 注意到，在模拟研究中，利用 E-coli 网络结构生成模拟数据比较了三种方法估计网络结构的能力. 图4.2显示了 SF-CD 表现好于 SF-RW. 而在本节实验中，SF-CD 在真实数据上表现弱于 SF-RW，其原因是真实数据可能打破了本章的模型假设，如模型非线性、样本非独立等.

表 4.1　三种方法识别的 E-coli 网络的 Hub 基因

L1-CD		SF-RW		SF-CD	
Hub 基因		Hub 基因		Hub 基因	
acs		arcA	•	lrp	•
nouH		lrp	•	arcA	•
lrp	•	tyrR	•	rob	•
nuoF		aroG		acs	
rpoE	•	acs		rpoE	•
sdhA		nuoH		purA	
nuoJ		aceA		livJ	

第 5 章　具有社区结构的动态网络的结构学习

在生物、医学、金融、环境等领域中，数据之间的网络结构并不是固定的，而是显示出动态特征，即网络会随时间发生变化. 以 $PM_{2.5}$ 浓度数据为例. 假设收集了不同城市在一定时间段内的 $PM_{2.5}$ 浓度数据，目的在于估计不同城市（节点）之间的 $PM_{2.5}$ 网络，从而试图理解城市之间 $PM_{2.5}$ 污染的相互作用. $PM_{2.5}$ 数据有两个明显的结构特征，即时间结构和空间结构. 首先，该数据包含不同时间点对应的 $PM_{2.5}$ 浓度水平. 一个合理的推测是 $PM_{2.5}$ 网络结构虽然大体上不会随时间发生改变，但是气候变化或者其他外力作用可能会改变网络的结构. 其次，$PM_{2.5}$ 网络的节点，即城市，具有空间特征. 地理位置相近的城市由于其气象、工业、经济等模式相似可能会导致它们之间的 $PM_{2.5}$ 相互作用强于地理位置较远的城市. 从这个角度来讲，$PM_{2.5}$ 网络并不像随机网络一样每对节点之间具有相同的连接概率，而是具有社区结构，其中社区为功能相似的节点组，直观来讲，社区内部的边多于不同社区之间的边. 本章将介绍用于估计具有社区结构的动态网络的方法[96]，并以 $PM_{2.5}$ 数据为例说明该方法的有效性.

5.1　具有社区结构的动态网络的正则化估计方法

考虑 T 个时间节点，每个时间节点有 $n_i(i=1,\cdots,T)$ 个服从 p 维 Gaussian 分布 $X\sim N(0,\Sigma^{(i)})$ 的样本，其中 i 表示第 i 个时间节点. 众所周知，对于 Gaussian 图模型，网络的结构对应于协方差矩阵的逆，节点对之间有边当且仅当协方差矩阵的逆的相应元素不为 0 时. 所以，目的是对于每个 $1\leqslant i\leqslant T$, 估计 $\Theta^{(i)}=(\Sigma^{(i)})^{-1}=\left(\theta_{jk}^{(i)}\right)_{j,k=1,\cdots,p}$，同时使得所估计的网络具有动态特征和社区结构特征.

聚焦于社区已知且不随时间变化的情形. 首先给出一些符号说明. 记 $\mathcal{I}=\{1,\cdots,p\}$ 为节点对应随机变量的索引集合. 假设 $\mathcal{G}=\{\mathcal{G}_1,\cdots,\mathcal{G}_K\}$ 为变量的划分，即 $\mathcal{G}_k\subset\mathcal{I}(k=1,\cdots,K)$ 且 $\mathcal{G}_1\cup\cdots\cup\mathcal{G}_K=\mathcal{I}$，其中 K 表示社区个数. 相应地，用向量 $g=(g_1,\cdots,g_p)'$ 表示变量所属社区，其中对于每个 $1\leqslant j\leqslant p$，$g_j\in\{1,\cdots,K\}$ 为节点 j 所在社区. 基于社区的直观定义，也就是同一社区的节点之间的边多于处在不同社区的节点之间的边，对同一社区和不同社区的边对应参数施以不同程度的惩罚，从而使得所估计的网络具有社区结构. 进一步，为了有效估计不同时间点对应的网络，假设相邻时间的网络结构相似，所以使用 Fused lasso 对应罚函数来诱导相邻时刻网络结构的相似性.

具体地，在罚似然框架下，通过最小化下式来估计 $\Theta=(\Theta^{(1)},\cdots,\Theta^{(T)})$，从而使

得所对应的网络具有社区特征和动态特征，

$$\sum_{i=1}^{T}\left\{-l_i(\Theta^{(i)})+\lambda_1\sum_{j<k,g_j=g_k}|\theta_{jk}^{(i)}|+\lambda_2\sum_{j<k,g_j\neq g_k}|\theta_{jk}^{(i)}|\right\}+\lambda_3\sum_{i=2}^{T}\|\Theta^{(i)}-\Theta^{(i-1)}\|_{1,\text{off}}, \tag{5.1}$$

其中，$l_i(\Theta^{(i)})=n_i(\log\det\Theta^{(i)}-\mathrm{Tr}(S^{(i)}\Theta^{(i)}))$ 为对数似然函数，$S^{(i)}$ 为时间点 i 对应的样本协方差矩阵. $\|\Theta^{(i)}-\Theta^{(i-1)}\|_{1,\text{off}}$ 表示矩阵 $\Theta^{(i)}-\Theta^{(i-1)}$ 除对角线元素之外所有元素的 l_1 范数之和. $\lambda_1,\lambda_2,\lambda_3$ 为调控参数. 特别地，λ_1 和 λ_2 分别控制社区内和社区之间边的稀疏性. 一般情况下，选择 λ_1 小于 λ_2 使得所估计的网络具有协调的社区结构. 对于每个 $2\leqslant i\leqslant T$，λ_3 控制 $\Theta^{(i)}$ 与 $\Theta^{(i-1)}$ 的相似性.

注释 5.1 在 Hallac 等[50] 的研究中，他们使用了对每个 $\theta_{jk}^{(i)}$ 均统一的 λ 来诱导 $\Theta^{(i)}$ 的稀疏性. 而(5.1)式中用了与社区相关的 λ 来诱导网络具有社区结构，特别地，社区内和社区之间边的稀疏性分别由 λ_1 和 λ_2 控制. λ_2 往往需要取较大数值来确保社区结构明显. 接下来给出一些理论上的解释. 考虑如下简单情形，假设真实的 $\Theta^{(i)}$ 是分块对角的，且为块的个数为 2，也就是说，对应的网络有两个独立的社区 g_1 和 g_2. 在该假设下，Danaher 等[49] 提出了使所得估计与真实参数矩阵 $\Theta^{(i)}$ 具有相同对角结构的充分条件. 在本章情形下，该条件即为 $\lambda_2\geqslant|n_tS_{ij}^{(t)}|$，其中 $t\in\{1,\cdots,T\}$，$i\in g_1, j\in g_2$. 可以证明，它将以大于 $1-2T/p$ 的方式成立[97]，如果 (1) 对于某个常数 c，$\lambda_2\geqslant c\gamma^{-1/2}\max_{t,i}(\sigma_{ii}^{(t)})\max_t(n_t)\sqrt{\frac{\log p}{\gamma n}}$；(2) 对于所有 t，$n_t/n\geqslant\gamma>0$；(3) $n\geqslant 6\gamma^{-1}p$，其中用 $\sigma_{ii}^{(t)}$ 表示第 i 个真实协方差矩阵的第 i 个对角线元素. 在估计的参数矩阵具有真实对角结构的前提下，则可以将 Fused lasso[98] 的证明技巧推广到图模型问题，从而证明变量选择的相合性等.

注释 5.2 当社区未知时，可先用某种方法如 Graphical lasso[25] 构建一个初始网络，然后用网络社区发现算法寻找社区.

注释 5.3 值得注意的是，$l_i(\Theta^{(i)})$ 对应样本形式的 Bregman 散度，因此，自然地可以通过最大化它来估计协方差矩阵的逆[82]. 从这个角度讲，当数据不服从 Gaussian 分布时，问题(5.1)对应的优化目标仍然是合理的. 当数据服从 Gaussian 分布时，$l_i(\Theta^{(i)})$ 为对数似然函数，协方差矩阵的逆与 Gaussian 图模型中的马尔科夫性质相关.

5.1.1 ADMM 算法

(5.1) 式可用 ADMM 算法[99] 求解. 根据 ADMM 算法的思想，(5.1) 式将被分解为一系列具有显式解的子问题. 接下来，首先给出基本框架，然后给出求解每个子问题的具体细节.

对于每个 $i=1,\cdots,T$，引入如下 Consensus 变量：

$$Z=\{Z_0,Z_1,Z_2\}=\{(Z_0^{(1)},\cdots,Z_0^{(T)}),(Z_1^{(1)},\cdots,Z_1^{(T-1)}),(Z_2^{(2)},\cdots,Z_2^{(T)})\},$$

其中，$Z_0^{(i)}=(z_{0,jk}^{(i)})$，则 (5.1) 式可等价写为

$$\min \sum_{i=1}^{T}\{-l_i(\Theta^{(i)})+\lambda_1\sum_{j<k,g_j=g_k}|z_{0,jk}^{(i)}|+\lambda_2\sum_{j<k,g_j\neq g_k}|z_{0,jk}^{(i)}|\}+\lambda_3\sum_{i=2}^{T}\|Z_2^{(i)}-Z_1^{(i-1)}\|_{1,\text{off}},$$

$$s.t.\quad Z_0^{(i)}=\Theta^{(i)},\Theta^{(i)}\in S_{++}^p \text{ for } i=1,\cdots,T,$$
$$(Z_1^{(i-1)},Z_2^{(i)})=(\Theta^{(i-1)},\Theta^{(i)}) \text{ for } i=2,\cdots,T,$$

其中, S_{++}^p 表示维度为 p 的非负定矩阵的集合. 从而增广拉格朗日[99] 可写为

$$\begin{aligned}\mathcal{L}_\rho(\Theta,Z,U)=&\sum_{i=1}^{T}\{-l_i(\Theta^{(i)})+\lambda_1\sum_{j<k,g_j=g_k}|z_{0,jk}^{(i)}|+\lambda_2\sum_{j<k,g_j\neq g_k}|z_{0,jk}^{(i)}|\}\\&+\lambda_3\sum_{i=2}^{T}\|Z_2^{(i)}-Z_1^{(i-1)}\|_{1,\text{off}}+\frac{\rho}{2}\sum_{i=1}^{T}(\|\Theta^{(i)}-Z_0^{(i)}+U_0^{(i)}\|_F^2-\|U_0^{(i)}\|_F^2)\\&+\frac{\rho}{2}\sum_{i=2}^{T}(\|\Theta^{(i-1)}-Z_1^{(i-1)}+U_1^{(i-1)}\|_F^2-\|U_1^{(i-1)}\|_F^2\\&+\|\Theta^{(i)}-Z_2^{(i)}+U_2^{(i)}\|_F^2-\|U_2^{(i)}\|_F^2),\end{aligned}\tag{5.2}$$

其中, $U=\{U_0,U_1,U_2\}=\{(U_0^{(1)},\cdots,U_0^{(T)}),(U_1^{(1)},\cdots,U_1^{(T-1)}),(U_2^{(2)},\cdots,U_2^{(T)})\}$ 表示 Scaled 对偶变量，$\rho>0$ 为正则化参数. 基于 ADMM 算法的思想，依次分别更新 Θ,Z,U. 假设 k 为当前迭代次数，则下一步迭代为

(1) $\Theta^{k+1}:=\arg\min\limits_{\Theta\in S_{++}^p}\mathcal{L}_\rho(\Theta,Z^k,U^k)$,

(2) $Z^{k+1}=\begin{bmatrix}Z_0^{k+1}\\Z_1^{k+1}\\Z_2^{k+1}\end{bmatrix}:=\arg\min\limits_{Z_0,Z_1,Z_2}\mathcal{L}_\rho(\Theta^{k+1},Z,U^k)$,

(3) $U^{k+1}=\begin{bmatrix}U_0^{k+1}\\U_1^{k+1}\\U_2^{k+1}\end{bmatrix}:=\begin{bmatrix}U_0^{k}\\U_1^{k}\\U_2^{k}\end{bmatrix}+\begin{bmatrix}\Theta^{k+1}-Z_0^{k+1}\\(\Theta^{(1),k+1},\cdots,\Theta^{(T-1),k+1})-Z_1^{k+1}\\(\Theta^{(2),k+1},\cdots,\Theta^{(T),k+1})-Z_2^{k+1}\end{bmatrix}$.

注释 5.4 除了对偶变量，上述步骤将参数的更新拆分成了两个子问题，所以可以证明 ADMM 算法收敛到全局最优解[99].

• Θ 的更新

根据 (5.2) 式，Θ 更新可分解为对于每个 $\Theta^{(i)}$ 分别更新，

$$\begin{aligned}\Theta^{(i),k+1}&=\arg\min_{\Theta\in S_{++}^p}-\log\ \det(\Theta^{(i)})+\text{Tr}(S^{(i)}\Theta^{(i)})+\frac{1}{2\eta_i}\|\Theta^{(i)}-A\|_F^2,\\&=\arg\min_{\Theta\in S_{++}^p}-\log\ \det(\Theta^{(i)})+\text{Tr}(S^{(i)}\Theta^{(i)})+\frac{1}{2\eta_i}\|\Theta^{(i)}-\frac{A+A^{\text{T}}}{2}\|_F^2,\end{aligned}\tag{5.3}$$

其中，

$$A=\begin{cases}(Z_0^{(1),k}+Z_1^{(1),k}-U_0^{(1),k}-U_1^{(1),k})/2, & \text{如果 } i=1,\\ (Z_0^{(i),k}+Z_1^{(i),k}+Z_2^{(i),k}-U_0^{(i),k}-U_1^{(i),k}-U_2^{(i),k})/3, & \text{如果 } 1<i<T,\\ (Z_0^{(T),k}+Z_2^{(T),k}-U_0^{(T),k}-U_2^{(T),k})/2, & \text{如果 } i=T,\end{cases}$$

且

$$\eta_i=\begin{cases}\dfrac{n_1}{2\rho}, & \text{如果 } i=1,\\ \dfrac{n_i}{3\rho}, & \text{如果 } 1<i<T,\\ \dfrac{n_T}{2\rho}, & \text{如果 } i=T,\end{cases}$$

(5.3) 式中最后一个不等式由 A 的对称性得到. (5.3) 式有如下显式解:

$$\Theta^{(i),k+1}:=\frac{\eta_i}{2}Q(D+\sqrt{D^2+4\eta_i^{-1}I})Q^{\mathrm{T}},$$

其中，QDQ^{T} 为 $\dfrac{A+A^{\mathrm{T}}}{2\eta_i}-S^{(i)}$ 的特征分解.

- **Z 的更新**

Z 的更新可以分解为分别更新 Z_0 和 (Z_1,Z_2)，二者可以同时进行从而加速计算.

(1) 更新 Z_0：基于 (5.2) 式，按下式更新 $Z_0^{(i)}$：

$$Z_0^{(i),k+1}=\arg\min\left\{\frac{\rho}{2}\|\Theta^{(i),k+1}-Z_0^{(i)}+U_0^{(i),k}\|_F^2\right.$$
$$\left.+\lambda_1\sum_{j<k,g_j=g_k}|z_{0,jk}^{(i)}|+\lambda_2\sum_{j<k,g_j\neq g_k}|z_{0,jk}^{(i)}|\right\}. \tag{5.4}$$

容易看出，可以分别估计对应社区内部边的参数，即 $z_{0,jk}^{(i)}(g_j=g_k)$，以及对应社区之间边的参数，即 $z_{0,jk}^{(i)}(g_j\neq g_k)$. 下面给出对应某个社区内部边的参数的更新公式. 记 $z_{0,jk}^{(i)}(j<k,g_j=g_k)$ 为 d，记 $\theta_{jk}^{(i),k+1}+u_{0,jk}^{(i),k}(j<k,g_j=g_k)$ 为 c. 那么，(5.4) 式可简化为

$$\arg\min_d\frac{\rho}{2}(d-c)^2+\lambda_1|c|, \tag{5.5}$$

它有显式解:

$$\hat d=\begin{cases}0, & \text{如果 } |c|<\dfrac{\lambda_1}{\rho},\\ \mathrm{sgn}(c)(|c|-\dfrac{\lambda_1}{\rho}), & \text{如果 } |c|\geqslant\dfrac{\lambda_1}{\rho},\end{cases}$$

其中，$\mathrm{sgn}(x)$ 为符号函数，当 $x>0$，$x<0$，$x=0$ 时，取值分别为 1，-1，0. 对应社区之间的边的参数的更新可以类似进行，只需将 λ_1 替换为 λ_2.

(2) 更新 (Z_1,Z_2)：基于邻近算子的性质，Hallac 等[50] 给出了 (Z_1,Z_2) 的更新公式:

$$\begin{bmatrix}Z_1^{(i-1),k+1}\\ Z_2^{(i),k+1}\end{bmatrix}=\frac{1}{2}\begin{bmatrix}\Theta^{(i),k+1}+\Theta^{(i-1),k+1}+U_1^{(i-1),k}+U_2^{(i),k}\\ \Theta^{(i),k+1}+\Theta^{(i-1),k+1}+U_1^{(i-1),k}+U_2^{(i),k}\end{bmatrix}+\frac{1}{2}\begin{bmatrix}-E\\ E\end{bmatrix},$$

其中，$E = (E_{ij})_{i,j=1,\cdots,p}$，

$$E_{ij} = \begin{cases} 0, & \text{如果 } |B_{ij}| < \dfrac{2\lambda_3}{\rho}, \\ \text{sgn}(B_{ij})(B_{ij} - \dfrac{2\lambda_3}{\rho}), & \text{如果 } |B_{ij}| \geqslant \dfrac{2\lambda_3}{\rho}, \end{cases}$$

其中，$B = \Theta^{(i),k+1} - \Theta^{(i-1),k+1} + U_2^{(i),k} + U_1^{(i-1),k}$.

5.2 数值分析的实例

考虑 T 个具有社区的网络，网络的节点个数均为 p. 网络结构的变化发生在时间点 $[T/2]$, 换句话说，除了时间点 $[T/2]$ 对应网络，其余时间点对应的网络结构相同. 具体地，根据以下步骤生成数据:

步骤 1: 记 $T-1$ 个具有相同结构的网络对应的邻接矩阵为 A. 为了生成 A，将 p 个节点划分为相同大小的 K 组（社区）. 对于任意处于同一组的节点对 (i,j)，

$$A_{ij} \sim_{\text{i.i.d.}} \begin{cases} \text{Unif}([-0.6,-0.3] \cup [0.3,0.6]), & \text{w.p. } p_1, \\ 0, & \text{w.p. } 1-p_1. \end{cases}$$

而对任意处于不同组的节点对 (i,j)，

$$A_{ij} \sim_{\text{i.i.d.}} \begin{cases} \text{Unif}([-0.6,-0.3] \cup [0.3,0.6]), & \text{w.p. } p_2 (p_2 < p_1), \\ 0, & \text{w.p. } 1-p_2. \end{cases}$$

步骤 2: 记时间点 $[T/2]$ 对应网络的邻接矩阵为 A^{shift}，按照如下方式生成 A^{shift}:

$$A_{ij}^{\text{shift}} \sim \begin{cases} 0 \text{ w.p. } p^{\text{shift}}, & \text{如果 } A_{ij} \neq 0, \\ 0, & \text{如果 } A_{ij} = 0. \end{cases}$$

步骤 3: 第 $[T/2]$ 个网络对应的协方差矩阵的逆生成如下:

$$\Theta^{\text{shift}} = A^{\text{shift}} + (0.1 + \lambda_{\min}(A^{\text{shift}})I),$$

相应地，除第 $[T/2]$ 个网络之外，其余网络对应的协方差矩阵的逆生成如下:

$$\Theta = A + (0.1 + \lambda_{\min}(A)I).$$

其中，$\lambda_{\min}$ 表示矩阵的最小特征值，I 表示 $p \times p$ 的单位矩阵.

步骤 4: 第 $[T/2]$ 个网络对应的 n 个样本生成于 $N(0,(\Theta^{\text{shift}})^{-1})$, 相应地，除第 $[T/2]$ 个网络之外，对于其余 $T-1$ 个网络，每个网络对应的 n 个样本分别独立生成于 $N(0,\Theta^{-1})$.

将本章介绍的引入社区结构的方法，即 $\lambda_2 > \lambda_1$，与没有引入社区结构的方法，即 $\lambda_2 = \lambda_1$ 进行比较. 注意到，当 $\lambda_2 = \lambda_1$ 时，(5.1) 式对应 Hallac 等[50] 中的一种特殊情

形. 从两方面量化每种方法：(1) 网络结构的重建；(2) 协方差矩阵的逆的估计误差. 具体地，用表5.1所列的测度来衡量每种方法在网络结构估计和协方差矩阵的逆的估计方面的表现.

表 5.1 实验中所用到的测度列表

测度	定义
True positive rate	$\dfrac{\sum_{i=1}^{T}\sum_{j<k}\{\mathbf{1}\{\lvert\Theta_{jk}^{(i)}\rvert\}>0 \text{ and } \mathbf{1}\{\lvert\hat{\Theta}_{jk}^{(i)}\rvert\}>0\}}{\sum_{i=1}^{T}\sum_{j<k}\{\mathbf{1}\{\lvert\Theta_{jk}^{(i)}\rvert\}>0\}}$
False positive rate	$\dfrac{\sum_{i=1}^{T}\sum_{j<k}\{\mathbf{1}\{\lvert\Theta_{jk}^{(i)}\rvert\}=0 \text{ and } \mathbf{1}\{\lvert\hat{\Theta}_{jk}^{(i)}\rvert\}>0\}}{\sum_{i=1}^{T}\sum_{j<k}\{\mathbf{1}\{\lvert\Theta_{jk}^{(i)}\rvert\}=0\}}$
Precision	$\dfrac{\sum_{i=1}^{T}\sum_{j<k}\{\mathbf{1}\{\lvert\Theta_{jk}^{(i)}\rvert\}>0 \text{ and } \mathbf{1}\{\lvert\hat{\Theta}_{jk}^{(i)}\rvert\}>0\}}{\sum_{i=1}^{T}\sum_{j<k}\{\mathbf{1}\{\lvert\hat{\Theta}_{jk}^{(i)}\rvert\}>0\}}$
Recall	$\dfrac{\sum_{i=1}^{T}\sum_{j<k}\{\mathbf{1}\{\lvert\Theta_{jk}^{(i)}\rvert\}>0 \text{ and } \mathbf{1}\{\lvert\hat{\Theta}_{jk}^{(i)}\rvert\}>0\}}{\sum_{i=1}^{T}\sum_{j<k}\{\mathbf{1}\{\lvert\Theta_{jk}^{(i)}\rvert\}>0\}}$
Frobenius error	$\sum_{i=1}^{T}\sqrt{\sum_{j<k}(\hat{\Theta}_{jk}^{(i)}-\Theta_{jk}^{(i)})^2}$

实验的基本参数设置如下. 改变 λ_1 的取值，而令 λ_2 分别满足 $\lambda_2=\lambda_1$，$\lambda_2=2\lambda_1$，$\lambda_2=3\lambda_1$，以及 $\lambda_2=4\lambda_1$. 其余参数固定为 $\lambda_3=1$，$T=10$，$n=100$，$p=90$，$K=2$，$p_1=0.3, p_2=0.02, p^{\text{shift}}=0.2$. 实验结果如图5.1所示，其中第一列反映了真正类率（True positive rate）关于假正类率（False positive rate）的变化，即 ROC 曲线；第二列反映了准确率（Precision）关于召回率（Recall）的变化；第三列反映了 Frobenius 误差关于假正类率的变化. 容易看到，前两类曲线旨在衡量每种方法估计网络结构的表现，而第三类曲线旨在衡量每种方法对于协方差矩阵的逆的估计误差. 结果显示，在网络结构重建和协方差矩阵的估计准确率方面，引入社区信息的方法（$\lambda_2>\lambda_1$）表现均好于未引入社区信息的方法（$\lambda_2=\lambda_1$）.

接下来，讨论调控参数的选择. 由上段中实验可以看到，结果关于 λ_3 并不敏感，尤其是本章所介绍的方法较之 Hallac 等[50] 方法 ($\lambda_2=\lambda_1$) 的优势不会随着 λ_3 的变化发生明显变化，所以固定 $\lambda_3=10$，而让 λ_1 变化. 通过最小化 AIC 准则来选择最终模型：

$$\text{AIC}=\sum_{i=1}^{T}\left\{-n_i(\log\det\hat{\Theta}^{(i)}-\text{Tr}(S^{(i)}\hat{\Theta}^{(i)}))+2\sum_{j<k}1_{\hat{\theta}_{jk}^{(i)}}\right\},$$

其中，$\hat{\Theta}^{(i)}$ 表示参数 $\Theta^{(i)}$ 的估计. 让 n 在 $\{50,100,150\}$ 中变化，其余参数固定为 $T=10$，

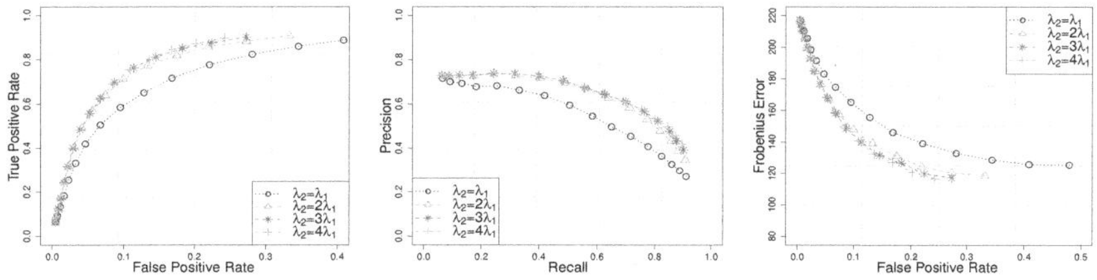

图 5.1　引入社区信息的方法（$\lambda_2 > \lambda_1$）与未引入社区信息的方法（$\lambda_2 = \lambda_1$）在模拟数据上的效果比较

$p = 50$，$\lambda_3 = 10$，$p_1 = 0.3$，$p_2 = 0.02, p^{\text{shift}} = 0.2$. 用多种测度衡量每种方法的估计效果，包括估计的边数（P）、估计正确的边（TP）、估计错误的边（FP）、真正类率（TPR）、假正类率（FPR）、准确率（Precision）和召回率（Recall）. 表5.2呈现了用 AIC 选择调控参数的结果.

表 5.2　λ_1 用 AIC 选择时各种方法的表现

Method	P	TP	FP	TPR	FPR	Precision	Recall
(a.) $n = 50$							
$\lambda_2 = \lambda_1$	756	439	317	0.23	0.03	0.58	0.23
$\lambda_2 = 2\lambda_1$	1085	708	377	0.36	0.04	0.65	0.36
$\lambda_2 = 3\lambda_1$	1257	809	448	0.42	0.04	0.64	0.42
$\lambda_2 = 4\lambda_1$	1226	800	426	0.41	0.04	0.65	0.41
(b.) $n = 100$							
$\lambda_2 = \lambda_1$	2953	1642	1311	0.85	0.13	0.56	0.85
$\lambda_2 = 2\lambda_1$	2514	1662	852	0.86	0.08	0.66	0.86
$\lambda_2 = 3\lambda_1$	2619	1696	923	0.87	0.09	0.65	0.87
$\lambda_2 = 4\lambda_1$	2994	1783	1211	0.92	0.12	0.60	0.92
(c.) $n = 150$							
$\lambda_2 = \lambda_1$	3357	1834	1523	0.95	0.15	0.56	0.95
$\lambda_2 = 2\lambda_1$	3131	1893	1238	0.98	0.12	0.61	0.98
$\lambda_2 = 3\lambda_1$	3128	1883	1245	0.97	0.12	0.60	0.97
$\lambda_2 = 4\lambda_1$	3182	1864	1318	0.96	0.13	0.59	0.96

从表5.2中可以看到，引入社区信息的方法（$\lambda_2 > \lambda_1$）表现均好于未引入社区信息的方法（$\lambda_2 = \lambda_1$）. 以 $n = 100$ 为例，比较 $\lambda_2 = 4\lambda_1$ 和 $\lambda_2 = \lambda_1$，前者的 TPR（0.92）高于后者（0.86），而 FPR 相当（分别为 0.12 和 0.13）；在准确率和召回率方面，前者也高于后者. 其次，当 n 下降时，所有方法的表现变差. 另外，值得注意的是，当 n 增加时，$\lambda_2 = \lambda_1$ 与 $\lambda_2 > \lambda_1$ 对应结果相比，差距变小，这是因为当 n 足够大时，Lasso 即可将网络结构估计准确.

5.3 $PM_{2.5}$ 数据的应用

本节用具有社区结构的动态图模型来构建中国除香港、澳门、台湾之外的 31 个省会城市的 $PM_{2.5}$ 污染网络. 2015 年 9 月 3 日，在北京天安门广场举行了纪念中国人民抗日战争胜利 70 周年大阅兵. 为了保障阅兵期间北京的空气质量，北京市政府制定了一系列关于机动车、工业企业、施工工地等方面的临时性管控措施，全力保障活动期间的空气质量，协调周边六省（区、市）包括天津、河北、内蒙古、山西、山东、河南协同减排. 为了研究减排期间 $PM_{2.5}$ 网络结构是否发生变化，采用中国 31 个省会城市从 2015 年 8 月 1 日到 2015 年 10 月 29 日共大约三个月的每日 $PM_{2.5}$ 浓度数据. 每个城市的 $PM_{2.5}$ 浓度将被视为一个随机变量，因此城市对应 $PM_{2.5}$ 网络的节点.

为得到社区结构，用 Graphical lasso[25] 构建一个初始网络，在单个图模型估计问题中，Foygel 和 Dorton[100] 提出了用 eBIC 选择调控参数并用理论和实验证明了它的优势，所以用 eBIC 选择调控参数. 需要说明的是，这里使用了 2015 年全年（11 天缺失）的 $PM_{2.5}$ 数据来提高社区的可用性. 在估计初始网络之后，用快速求解 Modularity 的贪婪算法[101] 来对 Graphical lasso 所对应的加权网络进行社区发现. 结果表明，31 个城市被分为 5 个社区，除了拉萨所在社区外，其余社区均与地理位置保持高度的一致性. 通过研究拉萨所在社区的网络结构，发现在该社区的 10 个城市中，拉萨与该社区中其余 9 个城市的连接强度最小. 基于 Modularity 的思想，有理由相信社区之间的网络的边少于社区内部网络的边，所以可将此先验信息用于图模型的估计.

接下来，应用社区信息来估计 31 个城市之间的 $PM_{2.5}$ 污染的动态网络. 将 3 个月的数据等分成 18 个阶段，每个阶段包括连续的 5 天，从而使得减排对应时段被分为 3 个阶段，初期（8 月 21 日至 8 月 25 日）、中期（8 月 26 日至 8 月 30 日）和后期（8 月 31 日至 9 月 4 日）. 使用 AIC 选择调控参数. 特别地，独立地改变 λ_1 和 λ_3 的取值，而 λ_2 满足 $\lambda_2 = \nu\lambda_1$. 尝试了多种 ν 的取值 $\{1, 4, 6, 8, 10, 12\}$. 结果显示，$\nu = 1$ 即未引入社区先验的模型对应的 AIC 取值最大，侧面说明了网络具有社区结构. 结果显示，$\nu = 1$ 对应的网络没有明显的社区特征（为节省空间，结果省略）.

下面聚焦于“北京”来研究 $\nu = 6$ 对应的网络结构的变化. 统计北京对应节点在 18 个时间段的网络中的邻居个数，呈现于图5.2. 结果显示，北京对应节点的度在节能减排初期达到了最小，同样的现象发生在 $\nu = \{4, 8, 10, 12\}$ 时. 对此可解释如下. 在减排期间，北京及其周边城市的污染被控制，因此与其他城市之间的相互作用减少. 而若污染不受控制，那么由于北京及其周边城市具有相似的工业、经济、气象结构，所以会导致其 $PM_{2.5}$ 相互“作用”. 本节分析表明，大阅兵期间的保障措施可以短期改变网络的结构，减少北京与周边城市之间的相互影响，但是要想让好的空气质量得以持续，需要建立更完善的空气质量监督管理体系.

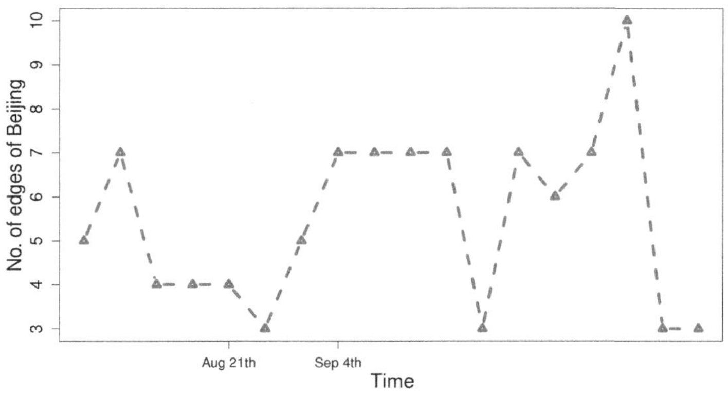

图 5.2　北京对应节点在 18 个时间段对应网络中的邻居个数

第 6 章 随机块模型及网络社区发现

社区发现是网络数据分析的基本问题，其旨在基于已知的网络结构，寻找节点所形成的社区. 一般来讲，社区缺乏严格的定义，一个直观的描述是同一社区内节点之间的连接多于它们与其余节点的连接. 社区发现属于非监督学习问题，统计学家关心的问题是如何对真实网络进行统计建模，并在该潜在的统计模型的假设下进行社区发现和理论分析. 随机块模型是一类能够生成具有社区的网络数据的概率模型. 本章将介绍随机块模型的基本概念，并简要介绍网络社区发现方法.

6.1 随机块模型

随机块模型[102-103] 是一种生成具有社区结构的网络数据的概率模型. 在随机块模型中，节点被划分为不同社区. 给定节点所在社区，节点之间的边由伯努利分布生成，而伯努利分布的参数即边的连接概率完全由节点所在社区决定. 一般地，同一社区之间边的连接概率大于不同社区之间边的连接概率.

在给出随机块模型的严格定义之前，需进行如下符号说明. 为方便，本章仅考虑无向网络. 假设网络数据有 n 个节点，K 个社区. 记 $\Theta \in [0,1]^{n\times K}$ 为社区归属矩阵，每行对应一个节点的社区归属情况. 记 $B \in [0,1]^{K\times K}$ 为连接概率矩阵，当每个节点属于且仅属于一个社区时，其对角线反映同社区节点对之间的连接概率，非对角线反映相应异社区节点对之间的连接概率. 记 $A \in \{0,1\}^{n\times n}$ 为网络邻接矩阵，在无向网络中 A 为对称矩阵.

定义 6.1 (随机块模型 [102-103]) 假设每个节点属于且仅属于一个社区，第 i 个节点所在社区为 $g_i \in \{1,\cdots,K\}$. 假设 $\Theta \in \{0,1\}^{n\times}$ 为社区归属矩阵，即 Θ 的每行有且仅有一个元素为 1（$\Theta_{ig_i}=1$），其余位置为 0. 假设 $B \in [0,1]^{K\times K}$ 为连接概率矩阵. 给定 Θ 和 B，$A_{ij} \sim \text{Bernoulli}(B_{g_ig_j})(i<j)$；$A_{ij}=0(i=j)$；$A_{ij}=A_{ji}(i>j)$.

上述随机块模型中，每个社区内部的节点都是随机等价的. 然而，在实际中，网络节点的度（边的条数）存在异质性，如网络中中心点的边数远多于非中心节点的边数[104]. 为建模这种度异质性，度修正随机块模型[104] 引入了表示节点生成边的倾向性的参数 $\theta=(\theta_1,\cdots,\theta_n)^\intercal$.

定义 6.2 (度修正随机块模型 [104]) 假设每个节点属于且仅属于一个社区，第 i 个节点所在社区为 $g_i \in \{1,\cdots,K\}$. 假设 $\Theta \in \{0,1\}^{n\times}$ 为社区归属矩阵，即 Θ 的每行有且仅有一个元素为 1（$\Theta_{ig_i}=1$），其余位置为 0. 假设 $B \in [0,1]^{K\times K}$ 为连接概率矩阵. 假设倾向性参数为 θ. 给定 Θ、B 和 θ，$A_{ij} \sim \text{Bernoulli}(\theta_i\theta_jB_{g_ig_j})(i<j)$；$A_{ij}=0(i=j)$；$A_{ij}=A_{ji}(i>j)$.

引入参数 θ 带来了模型可识别性问题. 为避免这一问题，需要添加额外假设[105-106]，如对于所有 $k \in \{1, \cdots, K\}$，$\max\limits_{i \in G_k} \theta_i = 1$，其中 G_k 表示社区 k 对应的节点集合.

上述模型中假设每个节点属于且仅属于一个社区. 在实际中，往往存在一个节点按不同程度同时属于不同社区的情形. 为建模此种情形，可对每个节点 i 引入混合成员归属向量 $\pi_i = (\pi_{i1}, \cdots, \pi_{iK})^\intercal$，其中 $\pi_{ik} \geqslant 0$ 且 $\sum\limits_{i=1}^{K} \pi_{ik} = 1$，$\pi_{ik}$ 表示节点 i 归属于社区 k 的程度. 引入该参数的模型称为混合成员归属块模型[107-108].

定义 6.3 (混合成员归属块模型 [107-108]) 假设每个节点同时属于多个社区，第 i 个节点的混合成员归属向量为 $\pi_i = (\pi_{i1}, \cdots, \pi_{iK})^\intercal$. 假设 $B \in [0,1]^{K \times K}$ 为连接概率矩阵. 给定 $\pi_i (i = 1, \cdots, n)$ 和 B, $A_{ij} \sim \text{Bernoulli}(\pi_i^\intercal B \pi_j)(i < j)$; $A_{ij} = 0(i = j)$; $A_{ij} = A_{ji}(i > j)$.

混合成员归属块模型也存在可识别性问题. 通常，可假设 B 的对角线元素为 1 来保证模型可识别[108].

除上述模型外，还有诸多随机块模型的变体[103, 109]. 特别是用于建模多层带社区结构的网络的多层随机块模型[110-112] 在近年来受到了诸多关注. 多层网络是一个相当宽泛的概念. 本书中，多层网络指由一组具有相同节点的网络组成，每个（层）网络表示节点间不同类型的交互关系. 每一层都在自己的规则和动态下运行，反映了系统内交互的多样性. 例如，在多层社交网络中，个体作为共同节点，社交关系用边表示，不同层表示不同社交关系，其中一层可能表示个人友谊，另一层表示学术合作，其他层可能捕捉共同兴趣或活动[113]. 多层随机块模型将在后续章节中进行介绍.

6.2 网络社区发现

社区发现旨在基于网络数据的结构，检测节点所形成的类（社区），从而提取高维网络数据的低维信息，揭示网络的功能、组织结构和潜在模式. 网络社区发现的方法众多，如基于算法的标签传播算法[114]、继承聚类算法[115]、边消去算法[116] 等；基于准则的边切割方法[117-118]、最大化 Modularity 方法[119] 等；基于矩阵分解的矩方法[120]、半正定规划[121-122]、谱聚类[105, 123-125] 及似然方法[126-128]. 主要介绍以下方法：

• **谱聚类方法** 谱聚类是使用最广的聚类算法之一[129-130]. 谱聚类计算效率高，且在随机块模型假设下具有理论解释性[105, 124]. 谱聚类可归纳为如下两个步骤：

步骤 1：对邻接矩阵 A 进行特征值分解，记为 $A = U_{n \times K} D_{K \times K} U_{K \times n}^\intercal$.

步骤 2：对所得到的特征向量矩阵 U 进行 K- 均值聚类，所得类即为谱聚类检测的社区.

在随机块模型假设下，谱聚类具有良好的解释性. 事实上，可以证明，总体邻接矩阵 $\mathbb{E}(A)$ 的前 K 个特征向量（记为 $\bar{U} \in \mathbb{R}^{n \times K}$）揭示了真实的社区结构：$\bar{U}$ 有 K 种不同的行，其中两行取值相同当且仅当行对应的两个节点属于同一社区[105, 124].

• **最大似然估计** 最大似然估计是数据分布形式已知情形下最自然的参数估计方法. 在随机块模型假设下，网络社区发现的最大似然方法受到了广泛研究[126-128]. 假设待估

社区向量为 $g=(g_1,\cdots,g_n)$，其中 $g_i\in\{1,\cdots,K\}$，待估连接概率矩阵为 $B^{K\times K}$. 假设观测到的网络邻接矩阵为 $A^{n\times n}$. 最大似然估计的似然函数可写为

$$P(A|B,g)=\prod_{i<j}B_{g_ig_j}^{A_{ij}}(1-B_{g_ig_j})^{1-A_{ij}}.$$

最大似然估计即为

$$\hat{B},\hat{g}\in\arg\max_{B,g}\log P(A|B,g).$$

由于 g 是离散变量，因此求解最大似然估计的解非常耗时. 为了提高计算效率，伪似然方法[126] 和变分推断[127] 被提出，以近似最大似然估计的解.

• **最大化模块度方法** 模块度是用于衡量网络中社区结构质量的指标. 它反映了网络划分为多个社区后，社区内部的连边密度与随机连接情况下的期望值之间的差异. 模块度越高，说明社区结构越明显. 假设待估社区向量为 $g=(g_1,\cdots,g_n)$，其中 $g_i\in\{1,\cdots,K\}$. 对于任意 g，模块度的一般形式定义如下:

$$Q(g)=\sum_{ij}[A_{ij}-\bar{A}_{ij}]I(g_i=g_j),\tag{6.1}$$

其中，$\bar{A}_{ij}$ 为在零模型 $(K=1)$ 假设下，节点 i 和 j 之间的有边的概率的估计；I 为示性函数. 随机块模型的零模型即为 Erdős–Rényi 网络模型，因此 $\bar{A}_{ij}=\sum_{ij}A_{ij}/n^2$. 度修正随机块模型的零模型为 Configuration 模型，因此 $\bar{A}_{ij}=d_id_j/\sum_{ij}A_{ij}$，其中 d_i 表示节点 i 的度，即 $d_i=\sum_j A_{ij}$.

最大化模块度方法指通过最大化(6.1)式得到节点的社区. 由于 g 是离散变量，要得到使模块度最大的精确解计算非常耗时，通常可使用 Louvain 算法、谱聚类算法进行近似.

虽然网络社区发现为非监督学习问题，即社区无真实标签，但是在随机块模型假设下，可研究各种社区发现方法的理论性质. 假设 $\hat{\Theta}$ 为社区发现方法所估计的社区归属矩阵，Θ 为随机块模型的总体社区归属矩阵. 那么，$\hat{\Theta}$ 的好坏可以用如下聚类错误率衡量:

$$L(\hat{\Theta},\Theta)=\frac{1}{2n}\|\hat{\Theta}J-\Theta\|_0,$$

其中，J 为 $K\times K$ 的置换矩阵，$\|\hat{\Theta}J-\Theta\|_0$ 为 $\hat{\Theta}J-\Theta$ 中非零元素个数. 可以看出，L 表示在置换意义下，聚类错误的节点所占的比例. 在随机块模型假设下，社区发现算法的强相合性和弱相合性被广泛研究. 社区发现的强相合性和弱相合性定义如下:

- 强相合性：$P(L(\hat{\Theta},\Theta)=0)=1-o(1)$；
- 弱相合性：$P(L(\hat{\Theta},\Theta)=o(1))=1-o(1)$.

此外，研究者从信息理论角度研究随机块模型的相变理论[103]. 对于节点数为 n 的网络，存在聚类算法在随机块模型下满足的强相合性和弱相合性的边的连接概率 ρ 的临界阈

值分别为 $\rho \asymp \log n/n$ 和 $\rho \asymp \omega(1/n)$. 另有研究者从统计学角度研究在最小最大意义下社区发现算法所能达到的最优的聚类错误率[131]. 结果表明，在随机块模型假设下，聚类错误率的最小最大风险随节点数 n 以指数速率衰减.

第 7 章　大规模网络数据的高效社区发现

网络数据的社区发现方法众多. 尽管现如今计算能力越来越强，然而，大规模网络，即节点数或边数极大的网络，仍然对现有的社区发现方法带来巨大挑战. 以本章将要讨论的谱聚类方法为例，当网络节点数或边数变多时，谱聚类中的特征分解是非常耗时的. 随机化是现代大规模数据分析的最受欢迎的方法之一，参见 Mahoney 等[132]、Drineas 和 Mahoney[133] 的研究. 它的基本思想是，根据所面对的问题，使用一定程度的随机性构造全部数据的一个 Sketch，其中 Sketch 可以简单理解为能够代表原始数据的比原始数据量小的数据集, 然后基于这个压缩或缩小的数据集而不是全部数据来研究原始问题从而减少计算负担. 一般地，Sketch 矩阵可以通过随机投影和随机抽样这两种方法来构造. 简单来说，随机投影通过将数据利用一定程度的随机性投影到维度更小的空间上来减轻计算负担，而随机抽样通过对数据进行采样然后根据某种方式改变尺度来减轻计算负担. 本章将详细介绍如何利用随机化技术减轻谱聚类算法的计算负担，同时深入探讨随机块模型下随机化谱聚类的理论性质[106, 134]，并用实例说明随机化谱聚类的高效性.

首先给出如下符号说明. 令 $\mathbb{M}_{n,K}$ 表示所有 $n\times K$ 的矩阵集合，其中每一行包含一个 1 和 $K-1$ 个 0. 对于任意矩阵 $A_{n\times n}$ 和 $I,J\subseteq[n]$，A_{I*} 和 A_{*J} 分别表示矩阵 A 的对应行和列所组成的子矩阵. $\|A\|_{\rm F}$ 和 $\|A\|_\infty$ 分别表示矩阵 A 的 Frobenious 范数和绝对值最大的元素的绝对值. $\|\cdot\|_2$ 表示向量的欧几里得范数和矩阵的谱范数. 此外，$\mathrm{diag}(A)$ 表示一个对角矩阵，其对角元素与 A 相同，非对角元素为 0.

考虑定义6.1中所介绍的随机块模型. 假设有 n 个节点和 K 个社区. 对于成员矩阵 $\Theta\in\mathbb{M}_{n,K}$，节点 i 属于社区 $g_i\in\{1,\cdots,K\}$ 当且仅当 $\Theta_{ig_i}=1$. 对于 $1\leqslant k\leqslant K$，令 $G_k=G_k(\Theta)=\{i\in[n]:g_i=k\}$，其中 $[n]:=\{1,2,\cdots,n\}$. 显然，G_k 由社区为 k 的节点组成，并记 $n_k=|G_k|$. 连接概率矩阵 $B\in[0,1]^{K\times K}$，其中 B 是对称矩阵. 这里，$\mathrm{rank}(B)=K'\leqslant K$，因此 B 不要求为满秩. 给定 Θ 和 B，网络的邻接矩阵 $A=(a_{ij})_{1\leqslant i,j\leqslant n}\in\{0,1\}^{n\times n}$ 由以下公式生成:

$$a_{ij}=\begin{cases}\mathrm{Bernoulli}(B_{g_ig_j}), & \text{如果 } i<j,\\ 0, & \text{如果 } i=j,\\ a_{ji}, & \text{如果 } i>j.\end{cases}$$

定义 $P=\Theta B\Theta^{\intercal}$，则可以看出，$P$ 是 A 的总体版本，即 $\mathbb{E}(A)=P-\mathrm{diag}(P)$. 在随机块模型下，社区发现的目标是利用邻接矩阵 A 在置换意义下估计成员矩阵 Θ.

谱聚类由于其形式简便性和计算高效性近年来受到了广泛关注[130]. 它通常包含两个步骤. 第一步是对一个可表示网络信息的矩阵进行特征值分解，这里考虑邻接矩阵 A，将对应 K' 个最大特征值的 A 的特征向量构建为 $n\times K'$ 的矩阵 $\hat{U}$. 第二步是利用 k- 均

值聚类算法将 $\hat{U}$ 的每一行聚成 K 类. 将聚类标签记为成员矩阵的形式 $\hat{\Theta} \in \mathbb{M}_{n,K}$，并记 $\hat{X} \in \mathbb{R}^{K\times K}$，其中 $\hat{X}$ 的第 i 行对应第 i 个类的中心. 详细步骤见算法2.

如下引理揭示了谱聚类在随机块模型下有效的原因.

引理 7.1 假设随机块模型的参数为 $\Theta \in \mathbb{M}_{n,K}$ 和 $B \in [0,1]^{K\times K}$, 且

$$\mathrm{rank}(B) = K'(K' \leqslant K).$$

假设 $P = \Theta B \Theta^{\intercal}$ 的特征值分解为 $U_{n\times K'}\Sigma_{K'\times K'}U^{\intercal}_{K'\times n}$. 定义

$$\Delta = \mathrm{diag}(\sqrt{n_1}, \cdots, \sqrt{n_K}),$$

并记 $\Delta B \Delta$ 的特征值分解为 $L_{K\times K'}D_{K'\times K'}L^{\intercal}_{K'\times K}$，则以下结论成立：

(1) 如果 B 是满秩的，即 $K' = K$，则对于 $\Theta_{i*} = \Theta_{j*}$，可得 $U_{i*} = U_{j*}$；而对于 $\Theta_{i*} \neq \Theta_{j*}$，可得

$$\|U_{i*} - U_{j*}\|_2 = \sqrt{(n_{g_i})^{-1} + (n_{g_j})^{-1}}.$$

(2) 如果 B 是非满秩的，即 $K' < K$，则对于 $\Theta_{i*} = \Theta_{j*}$，可得 $U_{i*} = U_{j*}$；而对于 $\Theta_{i*} \neq \Theta_{j*}$，如果 $\Delta^{-1}L$ 的行是彼此不同的，并且存在一个确定的序列 $\{\xi_n\}_{n\geqslant 1}$ 满足

$$\min_{k,l}\left\|\frac{L_{k*}}{\sqrt{n_k}} - \frac{L_{l*}}{\sqrt{n_l}}\right\|_2 \geqslant \xi_n > 0, \tag{7.1}$$

则可得 $\|U_{i*} - U_{j*}\|_2 = \left\|\frac{L_{g_i*}}{\sqrt{n_{g_i}}} - \frac{L_{g_j*}}{\sqrt{n_{g_j}}}\right\|_2 \geqslant \xi_n > 0.$

引理 7.1说明，当 B 满秩时，U 的两行相等当且仅当对应的节点在同一个社区中. 而当 B 非满秩时，需要额外假设 (7.1) 式，以确保当对应节点属于不同社区时，U 的两行是可分的. 下述引理给出了关于 B 的一个显式条件，这个条件是 (7.1) 式成立的充分条件.

引理 7.2 假设随机块模型的参数为 $\Theta \in \mathbb{M}_{n,K}$ 和 $B \in [0,1]^{K\times K}$，且

$$\mathrm{rank}(B) = K' < K.$$

假设 $P = \Theta B \Theta^{\intercal}$ 的特征值分解为 $U\Sigma U^{\intercal}$. 若存在两个确定性序列 $\{\eta_n\}_{n\geqslant 1}$ 和 $\{\iota_n\}_{n\geqslant 1}$，使得

$$\min_{1\leqslant k<l\leqslant K} B_{kk} + B_{ll} - 2B_{kl} \geqslant \eta_n > 0,$$

且对于任意 $1 \leqslant i \leqslant K'$，有 $0 < \Sigma_{ii} \leqslant \iota_n$, 则 (7.1) 式成立，且

$$\xi_n = \sqrt{\eta_n/\iota_n}$$

. 引理 7.1 和引理 7.2 表明，总体矩阵 P 的特征向量的行与节点所在类一一对应. 因此，如果 A 的 K' 个主特征向量与总体矩阵 P 的特征向量接近，则谱聚类表现良好.

算法 2 网络数据的谱聚类算法

输入：

聚类数量 K，秩 K'，邻接矩阵 $A \in \mathbb{R}^{n\times n}$；

输出：

估计的成员矩阵 $\hat{\Theta} \in \mathbb{M}_{n,K}$ 和质心 $\hat{X} \in \mathbb{R}^{K\times K'}$；

估计的特征向量 $\hat{\hat{U}} = \hat{\Theta}\hat{X}$；

1: 对 A 进行特征值分解，并将前 K' 个最大特征值对应的 K' 个特征向量记为 $\hat{U}$.

2: 对 $\hat{U}$ 按行进行 k- 均值聚类，结果记为 $(\hat{\Theta}, \hat{X})$.

7.1 随机化谱聚类

7.1.1 基于随机投影的随机化谱聚类

在随机块模型框架下，邻接矩阵 A 为低秩矩阵 $P = \Theta B \Theta^\intercal$ 的一个采样，故 A 自然地具有低秩结构. 因此，若可以构造一个比 A 维度低的矩阵来提取 A 的本质信息，那么可以借助于这个低维矩阵的特征分解来近似得到原始矩阵 A 的特征分解，从而大大减轻 A 的特征分解计算负担. 事实上，随机投影技术为上述低秩矩阵近似提供了有力工具[135-137].

下面利用随机投影技术来对 A 进行低秩近似. 主要思想是寻找列正交的随机矩阵 $Q \in \mathbb{R}^{n\times K'}$，使得

$$A \approx QQ^\intercal AQQ^\intercal \equiv \tilde{A}^{\mathrm{rp}},$$

其中，$\tilde{A}^{\mathrm{rp}}$ 为 A 的随机低秩近似. 在构造 Q 之前，对其进行如下说明. 容易看出，Q 实际上为 A 的列（行）空间的一个近似. 特别地，记 A 的特征分解为 $A = \hat{U}_{n\times m}\hat{\Sigma}_{m\times m}\hat{U}^\intercal_{m\times n}$，其中，假设 m 是 A 的秩. 那么，当 $Q = \hat{U}$ 且 $m = K'$ 时，可得 $A = QQ^\intercal AQQ^\intercal$. 此外，$QQ^\intercal$ 是一个投影算子，其将任意向量 $x \in \mathbb{R}^n$ 投影到 Q 的列空间，即 $\|x - QQ^\intercal x\|_2^2 = \min_{y\in\mathbb{R}^K} \|x - Qy\|_2^2$. 下面讨论如何构造 Q 来近似 A 的列（行）空间[135].

步骤 1： 生成随机测试矩阵 $\Omega = (\omega_1, \cdots, \omega_{K'}) \in \mathbb{R}^{n\times K'}$，其中 $\{\omega_i\}_{i=1}^{K'}$ 为从某个分布独立抽取的 n 维随机向量.

步骤 2： 构造 Sketch 矩阵 $Y = (y_1, \cdots, y_K) = A\Omega \in \mathbb{R}^{n\times K'}$.

步骤 3： 对 Y 进行 QR 分解得到 Q，即 $Y := QR$.

得到 Q 之后，可以对比 A 维度更低的矩阵 $C := Q^\intercal AQ \in \mathbb{R}^{K'\times K'}$ 进行特征值分解，然后将所得特征向量左乘 Q 从而得到 A 的近似特征向量. 最后对近似特征向量进行 k- 均值聚类得到社区发现结果. 上述步骤详见算法 3. 将此算法称为基于随机投影的谱聚类.

随机测试矩阵 Ω 可以通过多种方式生成，具体来说，ω_i 的元素可以是独立同分布的标准高斯分布、均匀分布或 Rademacher 分布等. 过采样策略通常用于提高随机低秩近似的准确率 [135-137]. 由于大多数数据矩阵的秩并非恰好为 K'，因此通常希望使用 $l := K' + r$ 个随机投影，而不是 K' 个投影来构造 A 的 Sketch. 在实践中，$r = \{5, 10\}$ 通常足够保证得到的基 Q 以高概率接近最优基，即 A 的 K' 个主特征向量 [137]. 除了过采样策略，幂迭代是另一种提高低秩近似质量的方法. 对于某些数据矩阵，特征值衰减较慢，可能会导致信息丢失. 因此，在构造 Sketch Y 时，可以先对 A 进行 q 步的幂迭代，即

$$Y := (AA^{\mathsf{T}})^q A\Omega = A^{2q+1}\Omega.$$

在实际应用中，$q = 1$ 或 $q = 2$ 通常足以使谱快速衰减 [135]. 带有幂迭代和过采样策略的基于随机投影的谱聚类算法详见算法 3.

注释 7.1 算法 3 的时间复杂度主要由第 2 步和第 4 步中构成矩阵 Y 和 C 时的矩阵乘法所主导，其时间复杂度分别为 $O((2q+1)n^2(K'+r))$ 和 $O(n^2(K'+r))$. 特别地，通过使用结构化随机测试矩阵，例如子采样随机傅里叶变换 [135, 138]，第 2 步的时间复杂度可以减少为 $O((2q+1)n^2\log(K'+r))$. 此外，第 2 步中的矩阵 – 向量乘法可以并行化，以进一步减少计算成本.

算法 3 基于随机投影的随机化谱聚类

输入：

类数 K，秩 K'，邻接矩阵 $A \in \mathbb{R}^{n\times n}$，过采样参数 r，以及幂迭代指数 q；

输出：

成员矩阵 $\hat{\hat{\Theta}}^{\mathrm{rp}} \in \mathbb{M}_{n,K}$ 和类中心 $\hat{\hat{X}}^{\mathrm{rp}} \in \mathbb{R}^{K\times K'}$；

$\hat{\hat{U}}^{\mathrm{rp}} = \hat{\hat{\Theta}}^{\mathrm{rp}}\hat{\hat{X}}^{\mathrm{rp}}$；

1: 生成 $n \times (K + r)$ 的随机测试矩阵 Ω.

2: 构造矩阵 $Y = A^{2q+1}\Omega$.

3: 通过正交化 Y 的列构造 Q，即 $Y := QR$.

4: 构造 $C = Q^{\mathsf{T}}AQ$ 并记 $\tilde{A}^{\mathrm{rp}} \equiv QCQ^{\mathsf{T}}$.

5: 对 C 执行特征值分解：$C = U_s\Sigma_s U_s^{\mathsf{T}}$.

6: 记 $\tilde{U}^{\mathrm{rp}}$ 为 QU_s 的列子集，对应 Σ_s 的 K' 个最大值.

7: 将 $\tilde{U}^{\mathrm{rp}}$ 的每一行视为 $\mathbb{R}^{K'}$ 中的一个点，进行 k- 均值聚类，聚类个数为 K. 令 $(\hat{\hat{\Theta}}^{\mathrm{rp}}, \hat{\hat{X}}^{\mathrm{rp}})$ 为最终解.

7.1.2　基于随机抽样的随机化谱聚类

随机抽样首先从邻接矩阵 A 中抽取元素，然后使用快速的迭代方法，例如正交迭代或 Lanczos 迭代，来找到 A 的近似最佳秩 K' 的低秩近似. 详解其动机如下. 在谱聚类中，目标是找到 A 的前 K' 个特征向量，或者是 A 的最佳秩 K' 近似. 实际上，有许多快速的迭代方法可以用来计算低秩矩阵近似，例如，文献 [139-142] 等. 迭代方法的时间复杂度通常与 A 中非零元素的数量和迭代次数成正比. 因此，如果以某种方式抽样 A 的元素，从而获得一个稀疏的矩阵，那么计算其秩 K' 近似的时间将大大减少. 同时，希望抽样方案不会过多地影响精度. 接下来，将介绍随机抽样过程及相应的随机化谱聚类.

采用一种简单的抽样策略来获得 A 的稀疏版本，即以概率 p_{ij} 独立地从邻接矩阵 A 中随机选择一对 $(i,j)(i<j)$，得到随机化的稀疏矩阵 $\tilde{A}^{\mathrm{s}}_{ij}$：

$$\tilde{A}^{\mathrm{s}}_{ij}=\begin{cases}\dfrac{A_{ij}}{p_{ij}}, & \text{如果 } (i,j) \text{ 被抽到,}\\ 0, & \text{如果 } (i,j) \text{ 未被抽到.}\end{cases}$$

当 $i>j$ 时，令 $\tilde{A}^{\mathrm{s}}_{ji}=\tilde{A}^{\mathrm{s}}_{ij}$. 得到 $\tilde{A}^{\mathrm{s}}$ 后，可应用迭代算法来对 $\tilde{A}^{\mathrm{s}}$ 进行特征值分解，从而获得 $\tilde{A}^{\mathrm{s}}$ 的近似最佳秩 K' 近似，使得

$$\tilde{A}^{s}\approx \tilde{U}^{\mathrm{rs}}_{n\times K'}\tilde{\Sigma}^{\mathrm{rs}}_{K'\times K'}(\tilde{U}^{\mathrm{rs}})^{\intercal}_{K'\times n}:=\tilde{A}^{\mathrm{rs}}.$$

然后，可对 $\tilde{U}^{\mathrm{rs}}$ 的行进行 k- 均值聚类. 令 $(\hat{\tilde{\Theta}}^{\mathrm{rs}},\hat{\tilde{X}}^{\mathrm{rs}})$ 为最终解. 详见算法4.

算法 4 基于随机抽样的谱聚类

输入：

类数 K，秩 K'，邻接矩阵 $A\in\mathbb{R}^{n\times n}$，采样概率矩阵 $\bar{P}=(p_{ij})$；

输出：

成员矩阵 $\hat{\tilde{\Theta}}^{\mathrm{rs}}\in\mathbb{M}_{n,K}$ 和类中心 $\hat{\tilde{X}}^{\mathrm{rs}}\in\mathbb{R}^{K\times K'}$；

$\hat{\tilde{U}}^{\mathrm{rs}}=\hat{\tilde{\Theta}}^{\mathrm{rs}}\hat{\tilde{X}}^{\mathrm{rs}}$；

1: 对每一对 (i,j) $(i<j)$，以概率 p_{ij} 随机选择 A 的 (i,j) 元素. 构造稀疏矩阵 $\tilde{A}^{\mathrm{s}}$.

2: 使用迭代算法获得 $\tilde{A}^{\mathrm{s}}$ 的近似最优秩 K' 近似，满足

$$\tilde{A}^{\mathrm{s}}\approx \tilde{U}^{\mathrm{rs}}_{n\times K'}\tilde{\Sigma}^{\mathrm{rs}}_{K'\times K'}(\tilde{U}^{\mathrm{rs}})^{\intercal}_{K'\times n}:=\tilde{A}^{\mathrm{rs}}.$$

3: 将 $\tilde{U}^{\mathrm{rs}}$ 的每一行视为 $\mathbb{R}^{K'}$ 中的一个点，并对这些点进行 k- 均值聚类. 令 $(\hat{\tilde{\Theta}}^{\mathrm{rs}},\hat{\tilde{X}}^{\mathrm{rs}})$ 为最终解.

7.2 随机化谱聚类的理论性质

本节将从理论上证明在随机块模型假设下两种随机化方案在谱聚类中的表现. 具体而言，对于每种方法，从以下三个方面评估其性能. 首先，给出随机矩阵 $\tilde{A}^{\mathrm{rp}}$（或 $\tilde{A}^{\mathrm{rs}}$）与随机块模型的总体邻接矩阵之间的上界. 然后，利用此结果来控制随机化谱聚类算法的聚类错误率. 最后，利用聚类结果构造 B 的估计，并证明其理论误差界.

7.2.1 随机投影

以下注释和符号将在本小节中使用. 设 A 为一个 $n\times n$ 的邻接矩阵，来自一个具有 K 个社区的随机块模型，参数为 $\Theta\in\mathbb{M}_{n,K}$ 和 $B\in[0,1]^{K\times K}$，并且 $\mathrm{rank}(B)=K'(K'\leqslant K)$. 记 $P=\Theta B\Theta^{\intercal}$ 的特征值分解为 $U_{n\times K'}\Sigma_{K'\times K'}U_{K'\times n}^{\intercal}$. 令 σ_n 和 γ_n 分别为 P 的最大和最小非零特征值. 令 $\hat{\tilde{\Theta}}^{\mathrm{rp}}$ 为算法 3 的输出，秩为 K'，过采样和幂参数分别为 r 和 q，测试矩阵 Ω 的元素来自于独立同分布的标准正态分布. 以下定理给出了 $\tilde{A}^{\mathrm{rp}}$ 与 P 之间的误差界.

定理 7.1 如果

$$\max_{kl} B_{kl}\leqslant\alpha_n,\quad \alpha_n\geqslant c_0\,\mathrm{log}n/n, \tag{7.2}$$

且

$$r\geqslant 4,\ r\mathrm{log}r\leqslant n,\ K'+r\leqslant n,\ q=c_1\cdot n^{1/\tau}, \tag{7.3}$$

其中，$c_0,c_1>0$，$\tau>0$ 均为常数，则对于任意 $s>0$，存在常数 $c_2=c_2(s,c_0,c_1)$，使得

$$\|\tilde{A}^{\mathrm{rp}}-P\|_2\leqslant c_2\sqrt{n\alpha_n}, \tag{7.4}$$

成立的概率至少为 $1-6r^{-r}-2n^{-s}$.

$\tilde{A}^{\mathrm{rp}}$ 与 P 的误差界可用于证明算法 3 的聚类性能. 具体地，考虑以下度量，衡量每个社区内误聚类节点的比例之和，

$$L_1(\hat{\tilde{\Theta}},\Theta)=\min_{J\in E_K}\sum_{1\leqslant k\leqslant K}(2n_k)^{-1}\|(\hat{\tilde{\Theta}}J)_{G_k*}-\Theta_{G_k*}\|_0, \tag{7.5}$$

其中，$\hat{\tilde{\Theta}}$ 是 Θ 的估计，E_K 表示所有 $K\times K$ 排列矩阵的集合. 以下定理给出了 L_1 的上界.

定理 7.2 假设 (7.1) 式、(7.2) 式和 (7.3) 式成立，并且存在一个绝对常数 $c_3>0$，使得，

$$\frac{K'n\alpha_n}{\gamma_n^2\delta_n^2\min n_k}\leqslant c_3, \tag{7.6}$$

其中当 $K'=K$ 时，$\delta_n:=\delta_{1n}$；当 $K'<K$，$\delta_n:=\delta_{2n}$，其中

$$\delta_{1n}:=\min_{l\neq k}\sqrt{n_k^{-1}+n_l^{-1}}, \tag{7.7}$$

$$\delta_{2n} := \xi_n, \tag{7.8}$$

那么，对于任意 $s > 0$，以大于 $1 - 6r^{-r} - 2n^{-s}$ 的概率，存在子集 $S_k \in G_k$，对于 $k = 1, \cdots, K$，使得

$$L_1(\hat{\hat{\Theta}}^{\mathrm{rp}}, \Theta) \leqslant \sum_{k=1}^{K} \frac{|S_k|}{n_k} \leqslant c_3^{-1} \frac{K' n \alpha_n}{\gamma_n^2 \delta_n^2 \min n_k} \tag{7.9}$$

此外，对于 $G = \cup_{k=1}^{K}(G_k \backslash S_k)$，存在一个 $K \times K$ 排列矩阵 J，使得

$$\hat{\hat{\Theta}}^{\mathrm{rp}}_{G*} J = \Theta_{G*}. \tag{7.10}$$

接下来，讨论如何利用估计的成员矩阵 $\hat{\hat{\Theta}}^{\mathrm{rp}}$ 和 $\tilde{A}^{\mathrm{rp}}$ 来估计链接概率矩阵 B. 不失一般性，假设 (7.10) 式中的置换矩阵 J 是 $I_{K \times K}$. 注意到

$$B_{ql} := \frac{\sum\limits_{1 \leqslant i,j \leqslant n} P_{ij} \Theta_{iq} \Theta_{jl}}{\sum\limits_{1 \leqslant i,j \leqslant n} \Theta_{iq} \Theta_{jl}}, \quad 1 \leqslant q, l \leqslant K,$$

因此，通过以下 $\hat{B}^{\mathrm{rp}} = (\hat{B}^{\mathrm{rp}}_{ql})_{1 \leqslant q,l \leqslant K}$ 估计 B,

$$\hat{B}^{\mathrm{rp}}_{ql} := \frac{\sum\limits_{1 \leqslant i,j \leqslant n} \tilde{A}^{\mathrm{rp}}_{ij} \hat{\hat{\Theta}}^{\mathrm{rp}}_{iq} \hat{\hat{\Theta}}^{\mathrm{rp}}_{jl}}{\sum\limits_{1 \leqslant i,j \leqslant n} \hat{\hat{\Theta}}^{\mathrm{rp}}_{iq} \hat{\hat{\Theta}}^{\mathrm{rp}}_{jl}}, \quad 1 \leqslant q, l \leqslant K.$$

以下定理给出了估计量 $\hat{B}^{\mathrm{rp}}$ 的理论误差.

定理 7.3 假设 (7.2) 式、(7.3) 式和 (7.6) 式成立，则以大于 $1 - 6r^{-r} - 2K^2 n^{-s}$ 的概率，对于任意 $s > 0$，存在常数 $c_4 > 0$，使得

$$\|\hat{B}^{\mathrm{rp}} - B\|_\infty \leqslant c_4 \frac{\sqrt{K' + r}\sqrt{n\alpha_n} + \sqrt{K'}\sigma_n}{\min n_k} \cdot \left(1 + S_n^{-1} + \frac{2 \max n_k}{\min n_k} S_n^{-2}\right), \tag{7.11}$$

其中，$S_n := 1 - \Phi_n$，$\Phi_n := c_3^{-1} \dfrac{K' n \alpha_n}{\gamma_n^2 \delta_n^2 \min n_k}$，当 $K' = K$ 时，$\delta_n = \delta_{1n}$[见 (7.7) 式]，当 $K' < K$ 时，$\delta_n = \delta_{2n}$[见 (7.8) 式].

7.2.2 随机抽样

设 $\tilde{A}^{\mathrm{rs}}$ 为算法4中的中间输出，秩为 K'，即 $\tilde{A}^{\mathrm{s}}$ 的最佳秩 K' 近似，其中元素 (i, j) 是从 A 中按概率 p_{ij} 抽样的. 以下定理给出了 $\tilde{A}^{\mathrm{rs}}$ 与 P 之间的误差上界.

定理 7.4 假设 (7.2) 式成立，且

$$p_{ij} \geqslant p_{\min}, \quad 1 \leqslant i < j \leqslant n. \tag{7.12}$$

定义

$$I_1=\min\left\{\sqrt{\frac{n\alpha_n}{p_{\min}}},\sqrt{\max_i\sum_j\frac{1}{p_{ij}}}\right\},$$

则存在常数 $c_5>0$ 和 $c_6>0$，使得

$$\|\tilde{A}^{\rm rs}-P\|_2\leqslant c_5\max\left\{I_1,\ \frac{\sqrt{\log n}}{p_{\min}},\ \sqrt{n\alpha_n^2(\frac{1}{p_{\min}}-1)},\ T_n\right\}:=\Psi_n,\tag{7.13}$$

其中，$T_n:=\sqrt{\alpha_n^2\log n\max\{1,\dfrac{1}{p_{\min}}-1\}^2}$，此不等式成立的概率大于 $1-c_6n^{-\nu}$，其中常数 $\nu>0$ 依赖于 c_5.

下述定理给出了基于随机抽样的随机化谱聚类（算法4）的聚类性能.

定理 7.5 假设 (7.1) 式、(7.2) 式和 (7.12) 式成立，并假设存在常数 $c_7>0$，使得

$$\frac{K'\Psi_n^2}{\gamma_n^2\delta_n^2\min n_k}\leqslant c_7,\tag{7.14}$$

其中，当 $K'=K$ 时，$\delta_n:=\delta_{1n}$[见 (7.7) 式]，当 $K'<K$ 时，$\delta_n:=\delta_{2n}$[见 (7.8) 式]. 则在概率大于 $1-c_6n^{-\nu}$ 的情况下，存在子集 $S_k\in G_k$，其中 $k=1,\cdots,K$，使得

$$L_1(\hat{\bar{\Theta}}^{\rm rs},\Theta)\leqslant\sum_{k=1}^{K}\frac{|S_k|}{n_k}\leqslant c_7^{-1}\frac{K'\Psi_n^2}{\gamma_n^2\delta_n^2\min n_k},\tag{7.15}$$

其中，Ψ_n 的定义见 (7.13) 式. 此外，对于 $G=\cup_{k=1}^K(G_k\backslash S_k)$，存在一个 $K\times K$ 的置换矩阵 J，使得

$$\hat{\bar{\Theta}}^{\rm rs}_{G*}J=\Theta_{G*}.\tag{7.16}$$

接下来，讨论概率矩阵 B 的估计. 类似随机投影，定义以下估计量

$$\hat{B}^{\rm rs}=(\hat{B}^{\rm rs}_{ql})_{1\leqslant q,l\leqslant K},$$

$$\hat{B}^{\rm rs}_{ql}:=\frac{\sum\limits_{1\leqslant i,j\leqslant n}\tilde{A}^{\rm rs}_{ij}\hat{\bar{\Theta}}^{\rm rs}_{iq}\hat{\bar{\Theta}}^{\rm rs}_{jl}}{\sum\limits_{1\leqslant i,j\leqslant n}\hat{\bar{\Theta}}^{\rm rs}_{iq}\hat{\bar{\Theta}}^{\rm rs}_{jl}},\quad 1\leqslant q,l\leqslant K.$$

下述定理提供了 $\hat{B}^{\rm rs}=(\hat{B}^{\rm rs}_{ql})_{1\leqslant q,l\leqslant K}$ 与 B 之间误差上界.

定理 7.6 假设 (7.2) 式、(7.12) 式和 (7.14) 式成立，则在概率大于 $1-c_6Kn^{-\nu}$ 的情况下，存在常数 $c_8>0$，使得

$$\|\hat{B}^{\rm rs}-B\|_\infty\leqslant c_8\Big(\frac{\sqrt{K'+r}\sqrt{n\alpha_n}+\sqrt{K'}\sigma_n}{\min\limits_k n_k}\Big)\left(1+R_n^{-1}+\frac{2\max\limits_k n_k}{\min\limits_k n_k}R_n^{-2}\right),\tag{7.17}$$

其中，$R_n=1-\Psi_n$，Ψ_n 的定义见 (7.13) 式.

7.3 随机化球面谱聚类及其理论

本节将随机块模型下随机块模型的算法和理论扩展至度修正的随机块模型下随机化球面谱聚类.

7.3.1 度修正随机块模型的代数性质

与随机块模型类似，度修正随机块模型[104] 包含成员矩阵 $\Theta \in \mathbb{M}_{n,K}$ 和连接概率矩阵 $B \in [0,1]^{K\times K}$，其中 B 不一定是满秩的，令 $\operatorname{rank}(B) = K'(K' \leqslant K)$. 为了考虑度的异质性，度修正随机块模型引入了节点倾向参数 $\vartheta \in \mathbb{R}_+^n$. 那么，邻接矩阵的总体矩阵可写为 $P := \operatorname{diag}(\vartheta)\Theta B\Theta^\intercal \operatorname{diag}(\vartheta)$. 为使模型可识别，设 $\max\limits_{i\in G_k}\vartheta_i = 1$. 为了便于进一步分析，令 ϕ_k 为 $n\times 1$ 的向量，它在 G_k 上的值与 ϑ 一致，其他位置为零. 令 $\Omega = \operatorname{diag}(\|\phi_1\|_2, \cdots, \|\phi_K\|_2)$，并令 $\tilde{B} = \Omega B\Omega$. 以下引理给出了总体矩阵 P 的特征空间的结构.

引理 7.3 假设度修正的随机块模型中参数为 $\Theta \in \mathbb{M}_{n,K}$，$B \in [0,1]^{K\times K}$ 和 $\vartheta \in \mathbb{R}_+^n$，其中 $\operatorname{rank}(B) = K'(K' \leqslant K)$，且 $P = \operatorname{diag}(\vartheta)\Theta B\Theta^\intercal \operatorname{diag}(\vartheta)$ 的特征值分解为

$$U_{n\times K'}\Sigma_{K'\times K'}U_{K'\times n}^\intercal.$$

令 $\tilde{B}$ 的特征值分解为 $H_{K\times K'}D_{K'\times K'}H_{K'\times K}^\intercal$. 对于任意两个向量 a 和 b，定义 $\cos(a,b)$ 为 $a^\intercal b/\|a\|_2\|b\|_2$. 则以下结论成立.

(1) 如果 B 是满秩的，即 $K' = K$，则对于任何 $\Theta_{i*} = \Theta_{j*}$，$\cos(U_{i*}, U_{j*}) = 1$；对于 $\Theta_{i*} \neq \Theta_{j*}$，$\cos(U_{i*}, U_{j*}) = 0$.

(2) 如果 B 是非满秩的，即 $K' < K$，则对于任何 $\Theta_{i*} = \Theta_{j*}$，$\cos(U_{i*}, U_{j*}) = 1$；对于任何 $\Theta_{i*} \neq \Theta_{j*}$，如果 H 的行不是成比例的，即存在一个确定性序列 $\{\xi_n'\}_{n\geqslant 1} < 1$，使得

$$\max_{k,l} \cos(H_{k*}, H_{l*}) \leqslant \xi_n', \tag{7.18}$$

则 $\cos(U_{i*}, U_{j*}) = \cos(H_{g_i*}, H_{g_j*}) \leqslant \xi_n' < 1$.

以下引理给出了关于 B 的显式条件，其满足 (7.18) 式.

引理 7.4 假设度修正的随机块模型中的参数为 $\Theta \in \mathbb{M}_{n,K}$，$B \in [0,1]^{K\times K}$ 和 $\vartheta \in \mathbb{R}_+^n$，其中 $\operatorname{rank}(B) = K'(K' < K)$，且 $P = \operatorname{diag}(\vartheta)\Theta B\Theta^\intercal \operatorname{diag}(\vartheta)$ 的特征值分解为 $U_{n\times K'}\Sigma_{K'\times K'}U_{K'\times n}^\intercal$. $\Omega = \operatorname{diag}(\|\phi_1\|_2, \cdots, \|\phi_K\|_2)$，$\tilde{B} = \Omega B\Omega$. 如果存在确定性正序列 $\{\eta_n'\}_{n\geqslant 1}$，$\{\underline{\iota}_n\}_{n\geqslant 1}$，$\{\bar{\iota}_n\}_{n\geqslant 1}$ 和 $\{\beta_n\}_{n\geqslant 1}$，使得

$$\min_{1\leqslant k<l\leqslant K} \tilde{B}_{kk}\tilde{B}_{ll} - \tilde{B}_{kl}^2 \geqslant \eta_n' > 0, \tag{7.19}$$

并且对于任何 $1 \leqslant i \leqslant K'$，$0 < \underline{\iota}_n < \Sigma_{ii} < \bar{\iota}_n$，以及 $0 < \min\limits_{1\leqslant k\leqslant K} \tilde{B}_{kk} \leqslant \max\limits_{1\leqslant k\leqslant K} \tilde{B}_{kk} \leqslant \beta_n$，

则 (7.18) 式成立，并且

$$\xi_n' = \sqrt{1 - \frac{\eta_n'}{\overline{\iota}_n \beta_n^2 / \underline{\iota}_n}}.$$

7.3.2 随机化球面谱聚类

根据引理7.3，为了使度修正的随机块模型上的谱聚类有效，需要在 k- 均值算法之前对特征向量的行进行归一化. 通过这种方式，引理7.3中的基于角度的结论可以转化为基于距离的结论，从而使得基于距离的 k- 均值聚类有效. 最终得到的算法被称为球面谱聚类，见算法5.

算法 5 球面谱聚类

输入：

类数 K，秩 K'，邻接矩阵 $A \in \mathbb{R}^{n\times n}$；

输出：

成员矩阵的估计 $\hat{\Theta} \in \mathbb{M}_{n,K}$ 和类中心 $\hat{X} \in \mathbb{R}^{K\times K'}$；

特征向量的估计 $\hat{\hat{U}} = \hat{\Theta}\hat{X}$；

1: 对 A 进行特征分解得到其 K' 个主特征向量 $\hat{U}$，对应 A 的 K' 个最大特征值.

2: 对 $\hat{U}$ 的每一行进行归一化，并将归一化后的矩阵记为 $\hat{U}'$，其中欧几里得范数为 0 的行保持不变.

3: 将每一行 $\hat{U}'$ 视为 $\mathbb{R}^{K'}$ 中的一个点，并对这些点进行 k- 均值聚类. 记 $(\hat{\Theta}, \hat{X})$ 为聚类结果.

随机化球面谱聚类只需将算法5中的输入邻接矩阵 A 替换为对应的随机化矩阵 $\tilde{A}(\tilde{A}^{\mathrm{rp}}$ 或 $\tilde{A}^{\mathrm{rs}}$. 为了简化记法，输出记为 $\hat{\tilde{\Theta}}(\hat{\tilde{\Theta}}^{\mathrm{rp}}$ 或 $\hat{\tilde{\Theta}}^{\mathrm{rs}})$.

7.3.3 聚类性能分析

值得注意的是，$\|\tilde{A} - P\|_2$ [$\tilde{A}$ 可以是 $\tilde{A}^{\mathrm{rs}}$ 或 $\tilde{A}^{\mathrm{rp}}$，见 (7.4) 式和 (7.13) 式] 仅利用了 P 的低秩性质，因此在度修正随机块模型下仍然保持不变. 以下定理给出了随机化球形谱聚类在度修正随机块模型上的聚类错误率，其中输出 $\hat{\tilde{\Theta}}$ 分别表示当 $\tilde{A} = \tilde{A}^{\mathrm{rp}}$ 和 $\tilde{A} = \tilde{A}^{\mathrm{rs}}$ 时的估计成员矩阵 $\hat{\tilde{\Theta}}^{\mathrm{rp}}$ 和 $\hat{\tilde{\Theta}}^{\mathrm{rs}}$.

定理 7.7 假设度修正随机块模型的参数为 $\Theta \in \mathbb{M}_{n,K}$，$B \in [0,1]^{K\times K}$，$\vartheta \in \mathbb{R}_+^n$，其中 $\mathrm{rank}(B) = K' \leqslant K$. 设 $\tilde{\vartheta}$ 为 $n\times 1$ 的向量，其中第 i 个元素为 $\vartheta_i/\|\phi_{g_i}\|_2$，$\phi_k$ 是 $n\times 1$ 的向量，其在 G_k 上与 ϑ 一致，否则为零. 以下结论成立.

(1) 对于 $K' = K$，假设存在常数 $c_9 > 0$，使得

$$\frac{1}{\min\limits_i \tilde{\vartheta}_i^2} \cdot \frac{K'\|\tilde{A} - P\|_2^2}{\gamma_n^2 \min n_k} \leqslant c_9, \tag{7.20}$$

则存在子集 $S_k \in G_k$，其中 $k=1,\cdots,K$，使得

$$L_1(\hat{\hat{\Theta}},\Theta) \leqslant \sum_{k=1}^{K}\frac{|S_k|}{n_k} \leqslant c_9^{-1}\frac{1}{\min\limits_i \tilde{\vartheta}_i^2}\cdot\frac{K'\|\tilde{A}-P\|_2^2}{\gamma_n^2 \min n_k}. \tag{7.21}$$

此外，对于 $G=\cup_{k=1}^{K}(G_k\backslash S_k)$，存在一个 $K\times K$ 排列矩阵 J，使得

$$\hat{\hat{\Theta}}_{G*}J=\Theta_{G*}.$$

(2) 对于 $K'<K$，假设 (7.18) 式成立，$\max\limits_i \Sigma_{ii}<\bar{\iota}_n$，且 $\min\limits_{1\leqslant k\leqslant K} B_{kk}>0$. 并假设存在常数 $c_{10}>0$，使得

$$\frac{\bar{\iota}_n}{\min\limits_i \tilde{\vartheta}_i^2 \min \tilde{B}_{kk}}\cdot\frac{K'\|\tilde{A}-P\|_2^2}{(1-\xi_n')\gamma_n^2 \min n_k} \leqslant c_{10}, \tag{7.22}$$

则存在子集 $S_k \in G_k$，其中 $k=1,\cdots,K$，使得

$$L_1(\hat{\hat{\Theta}},\Theta) \leqslant \sum_{k=1}^{K}\frac{|S_k|}{n_k} \leqslant c_{10}^{-1}\frac{\bar{\iota}_n}{\min\limits_i \tilde{\vartheta}_i^2 \min \tilde{B}_{kk}}\cdot\frac{K'\|\tilde{A}-P\|_2^2}{(1-\xi_n')\gamma_n^2 \min n_k}. \tag{7.23}$$

此外，对于 $G=\cup_{k=1}^{K}(G_k\backslash S_k)$，存在一个 $K\times K$ 排列矩阵 I，使得

$$\hat{\hat{\Theta}}_{G*}I=\Theta_{G*}.$$

7.4　真实数据实例

本节评估基于随机化方法的部分特征值分解在四个大规模真实无向网络上的计算效率，包括 DBLP 协作网络、Youtube 社交网络、Internet 拓扑网络、LiveJournal 社交网络 [143-144]. 这四个网络规模较大，包含多达数百万个节点和千万级别的边. 表 7.1 展示了这些网络的基本统计信息，其中秩 k 用碎石图方法选择. 将随机化算法与迭代方法进行了比较，包括 Lanczos 算法 [139]（R 包 RSpectra 中的 svds [145]）、Lanczos 双对角化算法 [140]（R 包 irlba 中的 irlba 和 partial_eigen [146]）. 此外，还将本章所介绍的随机化算法与 svdr（R 包 irlba 中的实现）中的随机化算法进行了比较. 值得注意的是，在大规模数据背景下，完全特征值分解无法完成.

表 7.1　四个大规模无向网络的基本统计信息

网络	节点数	边数	秩
DBLP 协作网络	317 080	1 049 866	3
Youtube 社交网络	1 134 890	2 987 624	7
Internet 拓扑网络	1 696 415	11 095 298	4
LiveJournal 社交网络	3 997 962	34 681 189	4

表 7.2 展示了每种方法在 20 次重复计算中的时间中位数，所有计算均在配置为 Intel Core i9-9900K CPU 3.60 GHz，32 GB 内存，64 位操作系统，R 版本 4.0.4 的机器上完成. 对于基于随机投影的方法，幂参数为 2，过采样参数为 10. 对于基于随机抽样的方法，抽样概率为 0.7. 从表 7.2 可以看出，在网络规模较大的情况下，所介绍的随机化方法相较于其他方法具有显著的优势. 特别地，基于随机抽样的方法无论是否包括抽样时间都非常高效.

表 7.2　每种方法在 20 次重复实验中计算 4 个真实网络邻接矩阵（近似）特征向量的时间中位数（秒）

网络	随机投影	随机抽样	irlba	svds	svdr	partial_eigen
DBLP	0.369	0.280(0.248)	0.341	0.411	6.132	0.346
Youtube	2.037	2.302(2.204)	2.487	3.043	35.595	9.111
Internet	2.773	2.072(1.774)	3.404	3.332	30.900	7.706
LiveJournal	13.213	7.207(6.216)	15.179	20.077	106.166	15.080

图 7.1 展示了 6 种方法在这 4 个网络上的聚类结果的成对比较. 相对聚类性能通过 ARI 进行衡量. 结果表明，基于随机投影和基于随机抽样的方法与其他比较方法的结果相似.

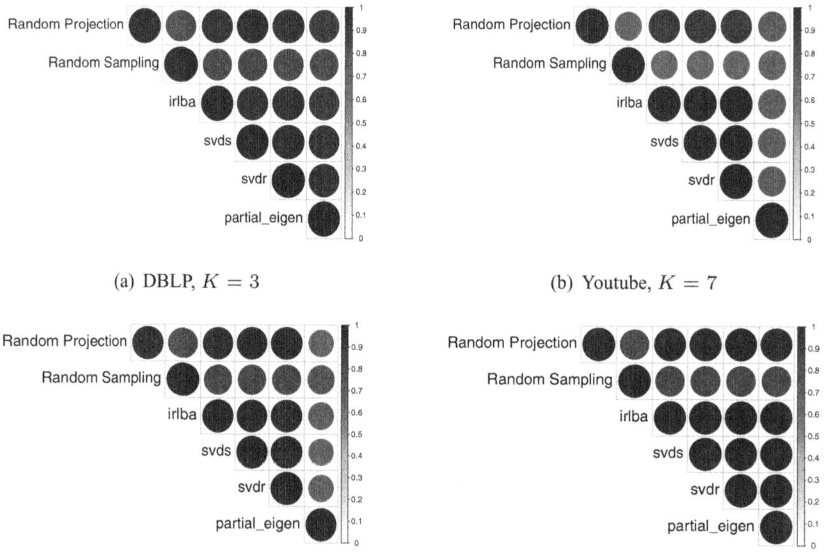

(a) DBLP, $K=3$　(b) Youtube, $K=7$

(c) Internet, $K=4$　(d) LiveJournal, $K=4$

图 7.1　6 种方法在 4 个大规模网络上的聚类结果的成对比较

[更大的 ARI（图中的较大圆圈）表示两种方法的聚类结果更接近]

7.5 本章附录

7.5.1 引理 7.1 的证明

设 $\mathrm{rank}(B)=K'$，定义 $\Delta=\mathrm{diag}(\sqrt{n_1},\cdots,\sqrt{n_K})$. 显然，$\Theta\Delta^{-1}$ 的列是正交的. 将 P 表示为

$$P=\Theta B\Theta^{\mathsf{T}}=\Theta\Delta^{-1}\Delta B\Delta\Delta^{-1}\Theta^{\mathsf{T}}=\Theta\Delta^{-1}LDL^{\mathsf{T}}\Delta^{-1}\Theta^{\mathsf{T}}, \tag{7.24}$$

其中，用 $L_{K\times K'}D_{K'\times K'}L^{\mathsf{T}}_{K'\times K}$ 表示 $\Delta B\Delta$ 的特征值分解. P 的特征值分解是 $U\Sigma U^{\mathsf{T}}$, 并且注意到 $\Theta\Delta^{-1}L$ 的列是正交的，因此得到 $\Sigma=D$ 且

$$U=\Theta\Delta^{-1}L. \tag{7.25}$$

接下来分别讨论当 B 为满秩（$K'=K$）和非满秩（$K'<K$）时，U 的结构.

(1) 当 $K'=K$ 时，$\Delta^{-1}L$ 是可逆的. 因此，在这种情况下，$U_{i*}=U_{j*}$ 当且仅当 $\Theta_{i*}=\Theta_{j*}$. 此外，可以验证 $\Delta^{-1}L$ 的行是垂直的，第 k 行的长度是 $\sqrt{1/n_k}$，这意味着

$$\|U_{i*}-U_{j*}\|_2=\sqrt{(n_{g_i})^{-1}+(n_{g_j})^{-1}}.$$

(2) 当 $K'<K$ 时，$\Delta^{-1}L$ 是不可逆的. 在这种情况下，$\Theta_{i*}=\Theta_{j*}$ 可以通过 (7.25) 式推导出 $U_{i*}=U_{j*}$. 另一方面，依据 (7.25) 式，可得 $\|U_{i*}-U_{j*}\|_2:=\|\frac{L_{g_i*}}{\sqrt{n_{g_i}}}-\frac{L_{g_j*}}{\sqrt{n_{g_j}}}\|_2$. 因此，如果 $\Delta^{-1}L$ 的行是互不相同的，并且它们的最小欧几里得距离大于某个确定性序列 $\{\xi_n\}_{n\leqslant 1}$，则对于任何 $\Theta_{i*}\neq\Theta_{j*}$，都有 $\|U_{i*}-U_{j*}\|_2\geqslant\xi_n$.

7.5.2 引理 7.2 的证明

假设 $g_i=k$ 且 $g_j=l$（$l\neq k$），且注意到 $B=\Delta^{-1}L_{K\times K'}D_{K'\times K'}L^{\mathsf{T}}_{K'\times K}\Delta^{-1}$，其中 $D=\Sigma$，且 $P=U\Sigma U^{\top}$. 那么，可得

$$\begin{aligned}
&\iota_n\|U_{i*}-U_{j*}\|_2^2 &(7.26)\\
=&\sum_{k_1=1}^{K'}\iota_n\left(\frac{L_{kk_1}}{\sqrt{n_k}}-\frac{L_{lk_1}}{\sqrt{n_l}}\right)^2\\
\geqslant&\sum_{k_1=1}^{K'}D_{k_1k_1}\left(\frac{L_{kk_1}}{\sqrt{n_k}}-\frac{L_{lk_1}}{\sqrt{n_l}}\right)^2\\
=&\sum_{k_1=1}^{K'}D_{k_1k_1}\left(\frac{L_{kk_1}}{\sqrt{n_k}}\right)^2+\sum_{k_1=1}^{K'}D_{k_1k_1}\left(\frac{L_{lk_1}}{\sqrt{n_l}}\right)^2-2\sum_{k_1=1}^{K'}D_{k_1k_1}\frac{L_{kk_1}L_{lk_1}}{\sqrt{n_kn_l}}\\
=&B_{kk}+B_{ll}-2B_{kl}\\
\geqslant&\eta_n. &(7.27)
\end{aligned}$$

因此，对于 $\Theta_{i*} \neq \Theta_{j*}$，可得

$$\|U_{i*} - U_{j*}\|_2 \geqslant \sqrt{\frac{\eta_n}{\iota_n}}.$$

7.5.3 定理 7.1 的证明

首先给出如下分解：

$$\begin{aligned}\|\tilde{A}^{\text{rp}} - P\|_2 &= \|QQ^{\intercal}AQQ^{\intercal} - P\|_2 \\ &\leqslant \|A - P\|_2 + \|QQ^{\intercal}AQQ^{\intercal} - A\|_2 \\ &=: \mathcal{I}_1 + \mathcal{I}_2. \end{aligned} \tag{7.28}$$

对于 $\mathcal{I}_1$，文献 [105] 给出以下假设成立时，

$$\max_{kl} B_{kl} \leqslant \alpha_n,\ \ \alpha_n \geqslant c_0 \log n/n,$$

那么对于任意 $s > 0$，存在常数 c 使得

$$\|A - P\|_2 \leqslant c\sqrt{n\alpha_n}, \tag{7.29}$$

其中，上式成立的概率至少为 $1 - n^{-s}$.

其次，对于 $\mathcal{I}_2$，进行如下分析：

$$\begin{aligned}\|A - QQ^{\intercal}AQQ^{\intercal}\|_2 &= \|A - QQ^{\intercal}A + QQ^{\intercal}A - QQ^{\intercal}AQQ^{\intercal}\|_2 \\ &\leqslant \|A - QQ^{\intercal}A\|_2 + \|QQ^{\intercal}(A - AQQ^{\intercal})\|_2 \\ &\leqslant 2\|A - QQ^{\intercal}A\|_2. \end{aligned} \tag{7.30}$$

根据文献 [135] 中的推论 10.9 和定理 9.2，当 $r \geqslant 4$，$r\log r \leqslant n$ 且 $q \geqslant 1$ 时，以下不等式以概率至少为 $1 - 6 \cdot r^{-r}$ 成立，

$$\|A - QQ^{\intercal}A\|_2 \leqslant \sigma_{K'+1}(A)\left(1 + 11\sqrt{K'+r} \cdot \sqrt{n}\right)^{\frac{1}{2q+1}}, \tag{7.31}$$

其中，$\sigma_{K'+1}(\cdot)$ 表示对称矩阵的第 $K'+1$ 大特征值. 现在分析 $\sigma_{K'+1}(A)$. 事实上 $P = \Theta B \Theta^{\intercal}$ 是秩为 K' 的矩阵，故

$$\sigma_{K'+1}(A) = \sigma_{K'+1}(A) - \sigma_{K'+1}(P) \leqslant \|A - P\|_2. \tag{7.32}$$

因此，以概率至少为 $1 - 6 \cdot r^{-r} - n^{-s}$，下式成立：

$$\begin{aligned}\|A - QQ^{\intercal}A\|_2 &\leqslant c'\sqrt{n\alpha_n}\left(1 + 11\sqrt{K'+r} \cdot \sqrt{n}\right)^{\frac{1}{2q+1}} &(7.33)\\ &\leqslant c''\sqrt{n\alpha_n}\left(\sqrt{K'+r} \cdot \sqrt{n}\right)^{\frac{1}{2q+1}}. &(7.34)\end{aligned}$$

当 $q = cn^{1/\tau}$（$\tau > 0$ 为任意正常数），容易证明当 $n \to \infty$ 时，

$$\left(\sqrt{K' + r} \cdot \sqrt{n}\right)^{\frac{1}{2q+1}} = O(1).$$

因此，可得

$$\mathcal{I}_2 \leqslant c\sqrt{n\alpha_n}. \tag{7.35}$$

最后，将 (7.35) 式和 (7.29) 式结合，即可得到定理 7.1 的结果.

7.5.4 定理 7.2 的证明

首先，讨论 $\tilde{U}^{\mathrm{rp}}$ 与 U 的误差界. Davis-Kahan $\sin\Theta$ 定理（文献 [147] 中定理 VII.3.1）是特征向量的扰动理论的有力工具. 具体而言，根据文献 [148] 中命题 2.2，存在一个 $K' \times K'$ 的正交矩阵 O，使得

$$\|\tilde{U}^{\mathrm{rp}} - UO\|_{\mathrm{F}} \leqslant \frac{2\sqrt{2K'}}{\gamma_n}\|\tilde{A}^{\mathrm{rp}} - P\|_2. \tag{7.36}$$

接下来控制 $\hat{\tilde{U}}^{\mathrm{rp}}$ 的 Frobenius 误差界. 注意到

$$\begin{aligned}
\|\hat{\tilde{U}}^{\mathrm{rp}} - UO\|_{\mathrm{F}}^2 &= \|\hat{\tilde{U}}^{\mathrm{rp}} - \tilde{U}^{\mathrm{rp}} + \tilde{U}^{\mathrm{rp}} - UO\|_{\mathrm{F}}^2 \\
&\leqslant \|UO - \tilde{U}^{\mathrm{rp}}\|_{\mathrm{F}}^2 + \|\tilde{U}^{\mathrm{rp}} - UO\|_{\mathrm{F}}^2 \\
&= 2\|\tilde{U}^{\mathrm{rp}} - UO\|_{\mathrm{F}}^2,
\end{aligned} \tag{7.37}$$

其中，第一个不等式基于 $\hat{\tilde{U}}^{\mathrm{rp}}$ 是以下 k-means 目标的全局解最小值的假设，以及 UO 是一个可行解，

$$(\hat{\tilde{\Theta}}^{\mathrm{rp}}, \hat{\tilde{X}}^{\mathrm{rp}}) = \mathop{\arg\min}_{\Theta \in \mathbb{M}_{n,K}, X \in \mathbb{R}^{K \times K'}} \|\Theta X - \tilde{U}^{\mathrm{rp}}\|_{\mathrm{F}}^2. \tag{7.38}$$

结合 (7.37) 式与 (7.36) 式，并结合定理 7.1 中 $\|\tilde{A}^{\mathrm{rp}} - P\|_2$ 的上界，可得下式以大于 $1 - 6r^{-r} - n^{-s}$ 的概率成立：

$$\|\hat{\tilde{U}}^{\mathrm{rp}} - UO\|_{\mathrm{F}}^2 \leqslant \frac{cK'n\alpha_n}{\gamma_n^2}. \tag{7.39}$$

为记号方便，在接下来的部分中将 (7.39) 式右侧记为 $\mathrm{err}(K', n, \alpha_n, \gamma_n)$. 定义

$$S_k = \left\{ i \in G_k(\Theta) : \|(\hat{\tilde{U}})_{i*}^{\mathrm{rp}} - (UO)_{i*}\|_{\mathrm{F}} > \frac{\delta_n}{2} \right\}, \tag{7.40}$$

其中，δ_n 在定理 7.2 中已定义，在后面的证明中可以看到，S_k 本质上是经过某些置换后，真实类 k 中的聚类错误的节点数. 根据 S_k 的定义，

$$\sum_{k=1}^{K} |S_k|\delta_n^2/4 \leqslant \|\hat{\tilde{U}}^{\mathrm{rp}} - UO\|_{\mathrm{F}}^2 = \mathrm{err}(K', n, \alpha_n, \gamma_n). \tag{7.41}$$

因此，

$$\sum_{k=1}^{K}\frac{|S_k|}{n_k}\leqslant c\frac{\mathrm{err}(K',n,\alpha_n,\gamma_n)}{\delta_n^2\min n_k}. \tag{7.42}$$

接下来证明在 S_k 的补集的节点聚类正确. 首先证明 $|S_k|<n_k$. 根据 (7.42) 式，有

$$\frac{|S_k|}{n_k}\leqslant c\frac{\mathrm{err}(K',n,\alpha_n,\gamma_n)}{\delta_n^2\min n_k}. \tag{7.43}$$

因此，只需证明

$$c\frac{\mathrm{err}(K',n,\alpha_n,\gamma_n)}{\delta_n^2\min n_k}<1. \tag{7.44}$$

这实际上可由假设 (7.6) 式得出. 因此，得到对于每个 $1\leqslant k\leqslant K$，有 $|S_k|<n_k$. 从而 $T_k\equiv G_k\backslash S_k\neq\emptyset$. 令 $T=\cup_{k=1}^K T_k$，接下来证明 $(UO)_{T*}$ 中的行与 $\hat{\hat{U}}^{\mathrm{rp}}_{T*}$ 中的行一一对应. 一方面，对于 $i\in T_k$ 和 $j\in T_l$，当 $l\neq k$ 时，有 $\hat{\hat{U}}^{\mathrm{rp}}_{i*}\neq\hat{\hat{U}}^{\mathrm{rp}}_{j*}$，否则，得到以下矛盾：

$$\begin{aligned}\delta_n&\leqslant\|(UO)_{i*}-(UO)_{j*}\|_2\\&\leqslant\|(UO)_{i*}-\hat{\hat{U}}^{\mathrm{rp}}_{i*}\|_2+\|(UO)_{j*}-\hat{\hat{U}}^{\mathrm{rp}}_{j*}\|_2\\&<\frac{\delta_n}{2}+\frac{\delta_n}{2},\end{aligned} \tag{7.45}$$

其中，第一个不等式由引理 7.1得到. 另一方面，对于 $i,j\in T_k$，有 $\hat{\hat{U}}^{\mathrm{rp}}_{i*}=\hat{\hat{U}}^{\mathrm{rp}}_{j*}$，否则，$U_{T*}$ 会有超过 K 个不同的行，这与输出类的个数为 K 矛盾.

至此，已经证明在 T_k 中且不在 S_k 中的节点聚类正确，且 S_k 中错误聚类的节点的比例的上界如 (7.42) 式所示. 证明完毕.

7.5.5 定理 7.3 的证明

首先对每一对 $\hat{B}^{\mathrm{rp}}_{ql}$ 与 B_{ql} 的误差进行分析，然后使用布尔不等式得到 $\|\hat{B}^{\mathrm{rp}}-B\|_\infty$ 的界. 令 $\mathcal{E}$ 为事件，表示定理 7.2 中的 (7.9) 式和 (7.10) 式成立，对于任意 $s>0$，该事件发生的概率大于 $1-6r^{-r}-n^{-s}$. 接下来的推导中，假设事件 $\mathcal{E}$ 成立.

对任何 $1\leqslant q,l\leqslant K$，

$$\begin{aligned}|\hat{B}^{\mathrm{rp}}_{ql}-B_{ql}|=&\left|\frac{\sum\limits_{1\leqslant i,j\leqslant n}\tilde{A}^{\mathrm{rp}}_{ij}\hat{\hat{\Theta}}^{\mathrm{rp}}_{iq}\hat{\hat{\Theta}}^{\mathrm{rp}}_{jl}}{\sum\limits_{1\leqslant i,j\leqslant n}\hat{\hat{\Theta}}^{\mathrm{rp}}_{iq}\hat{\hat{\Theta}}^{\mathrm{rp}}_{jl}}-\frac{\sum\limits_{1\leqslant i,j\leqslant n}P_{ij}\Theta_{iq}\Theta_{jl}}{\sum\limits_{1\leqslant i,j\leqslant n}\Theta_{iq}\Theta_{jl}}\right|\\ \leqslant&\left|\frac{\sum\limits_{1\leqslant i,j\leqslant n}\tilde{A}^{\mathrm{rp}}_{ij}\hat{\hat{\Theta}}^{\mathrm{rp}}_{iq}\hat{\hat{\Theta}}^{\mathrm{rp}}_{jl}}{\sum\limits_{1\leqslant i,j\leqslant n}\hat{\hat{\Theta}}^{\mathrm{rp}}_{iq}\hat{\hat{\Theta}}^{\mathrm{rp}}_{jl}}-\frac{\sum\limits_{1\leqslant i,j\leqslant n}\tilde{A}^{\mathrm{rp}}_{ij}\Theta_{iq}\Theta_{jl}}{\sum\limits_{1\leqslant i,j\leqslant n}\Theta_{iq}\Theta_{jl}}\right|\\ &+\left|\frac{\sum\limits_{1\leqslant i,j\leqslant n}\tilde{A}^{\mathrm{rp}}_{ij}\Theta_{iq}\Theta_{jl}}{\sum\limits_{1\leqslant i,j\leqslant n}\Theta_{iq}\Theta_{jl}}-\frac{\sum\limits_{1\leqslant i,j\leqslant n}P_{ij}\Theta_{iq}\Theta_{jl}}{\sum\limits_{1\leqslant i,j\leqslant n}\Theta_{iq}\Theta_{jl}}\right|=:\mathcal{I}_1+\mathcal{I}_2.\end{aligned} \tag{7.46}$$

首先，对于 $\mathcal{I}_2$，有

$$\begin{aligned}\mathcal{I}_2 &\leqslant \frac{\|\tilde{A}^{\mathrm{rp}}-P\|_{\mathrm{F}}(\sum(\Theta_{iq}\Theta_{jl})^2)^{1/2}}{n_q n_l}=\frac{\|\tilde{A}^{\mathrm{rp}}-P\|_{\mathrm{F}}}{(n_q n_l)^{1/2}}\\ &\leqslant \frac{\sqrt{K'+r}\|\tilde{A}^{\mathrm{rp}}-P\|_2}{(n_q n_l)^{1/2}}\\ &\leqslant \frac{c\sqrt{K'+r}\sqrt{n\alpha_n}}{(n_q n_l)^{1/2}},\end{aligned}\tag{7.47}$$

其中，第一个不等式由柯西 – 施瓦茨不等式及 $\sum\limits_{1\leqslant i,j\leqslant n}\Theta_{iq}\Theta_{jl}=n_q n_l$ 可得，第二个不等式成立的原因是对任意矩阵 A 满足 $\|A\|_{\mathrm{F}}\leqslant\sqrt{\mathrm{rank}(A)}\|A\|_2$，及 $\tilde{A}^{\mathrm{rp}}-P$ 的秩最多为 $K'+r$，最后一个不等式可由 $\tilde{A}^{\mathrm{rp}}-P$ 的谱范数误差 [见 (7.4) 式] 得出. 接下来，对 $\mathcal{I}_1$ 进行分析.

$$\begin{aligned}\mathcal{I}_1 &\leqslant\left|\frac{\sum\limits_{1\leqslant i,j\leqslant n}\tilde{A}^{\mathrm{rp}}_{ij}\hat{\tilde{\Theta}}^{\mathrm{rp}}_{iq}\hat{\tilde{\Theta}}^{\mathrm{rp}}_{jl}}{\sum\limits_{1\leqslant i,j\leqslant n}\hat{\tilde{\Theta}}^{\mathrm{rp}}_{iq}\hat{\tilde{\Theta}}^{\mathrm{rp}}_{jl}}-\frac{\sum\limits_{1\leqslant i,j\leqslant n}\tilde{A}^{\mathrm{rp}}_{ij}\Theta^{\mathrm{rp}}_{iq}\Theta^{\mathrm{rp}}_{jl}}{\sum\limits_{1\leqslant i,j\leqslant n}\hat{\tilde{\Theta}}^{\mathrm{rp}}_{iq}\hat{\tilde{\Theta}}^{\mathrm{rp}}_{jl}}\right|\\ &\quad+\left|\frac{\sum\limits_{1\leqslant i,j\leqslant n}\tilde{A}^{\mathrm{rp}}_{ij}\Theta^{\mathrm{rp}}_{iq}\Theta^{\mathrm{rp}}_{jl}}{\sum\limits_{1\leqslant i,j\leqslant n}\hat{\tilde{\Theta}}^{\mathrm{rp}}_{iq}\hat{\tilde{\Theta}}^{\mathrm{rp}}_{jl}}-\frac{\sum\limits_{1\leqslant i,j\leqslant n}\tilde{A}^{\mathrm{rp}}_{ij}\Theta^{\mathrm{rp}}_{iq}\Theta^{\mathrm{rp}}_{jl}}{\sum\limits_{1\leqslant i,j\leqslant n}\Theta^{\mathrm{rp}}_{iq}\Theta^{\mathrm{rp}}_{jl}}\right|\\ &=:\mathcal{I}_{11}+\mathcal{I}_{12}.\end{aligned}\tag{7.48}$$

对于 $1\leqslant q\leqslant K$，记 $\hat{n}_q$ 为第 q 个类估计中的节点数，即 $\sum\limits_i\hat{\tilde{\Theta}}^{\mathrm{rp}}_{iq}=\hat{n}_q$. 那么，对于 $\mathcal{I}_{11}$，有

$$\begin{aligned}\mathcal{I}_{11}&\leqslant\frac{1}{\hat{n}_q\hat{n}_l}\|\tilde{A}^{\mathrm{rp}}\|_{\mathrm{F}}(\sum_{i,j}(\Theta^{\mathrm{rp}}_{iq}\Theta^{\mathrm{rp}}_{jl}+\hat{\tilde{\Theta}}^{\mathrm{rp}}_{iq}\hat{\tilde{\Theta}}^{\mathrm{rp}}_{jl})^2)^{1/2}\\ &\leqslant\frac{1}{\hat{n}_q\hat{n}_l}\|\tilde{A}^{\mathrm{rp}}\|_{\mathrm{F}}((n_q n_l)^{1/2}+(\hat{n}_q\hat{n}_l)^{1/2})\\ &=\|\tilde{A}^{\mathrm{rp}}\|_{\mathrm{F}}(\frac{1}{(\hat{n}_q\hat{n}_l)^{1/2}}+\frac{(n_q n_l)^{1/2}}{\hat{n}_q\hat{n}_l}),\end{aligned}\tag{7.49}$$

其中，第一和第二个不等式分别由柯西 - 施瓦茨不等式和三角不等式得到.

对于 $\mathcal{I}_{12}$，再次使用柯西 – 施瓦茨不等式，有

$$\mathcal{I}_{12}\leqslant\left|\sum_{ij}\tilde{A}^{\mathrm{rp}}_{ij}\Theta^{\mathrm{rp}}_{iq}\Theta^{\mathrm{rp}}_{jl}\right|\left|\frac{1}{n_q n_l}-\frac{1}{\hat{n}_q\hat{n}_l}\right|\leqslant\|\tilde{A}^{\mathrm{rp}}\|_{\mathrm{F}}\left(\frac{1}{(n_q n_l)^{1/2}}+\frac{(n_q n_l)^{1/2}}{\hat{n}_q\hat{n}_l}\right).\tag{7.50}$$

将 (7.50) 式和 (7.49) 式结合起来，可得

$$\begin{aligned}\mathcal{I}_1 &\leqslant \|\tilde{A}^{\mathrm{rp}}\|_{\mathrm{F}}\left(\frac{1}{(n_q n_l)^{1/2}}+\frac{1}{(\hat{n}_q\hat{n}_l)^{1/2}}+2\frac{(n_q n_l)^{1/2}}{\hat{n}_q\hat{n}_l}\right)\\ &\leqslant (\|\tilde{A}^{\mathrm{rp}}-P\|_{\mathrm{F}}+\|P\|_{\mathrm{F}})\left(\frac{1}{(n_q n_l)^{1/2}}+\frac{1}{(\hat{n}_q\hat{n}_l)^{1/2}}+2\frac{(n_q n_l)^{1/2}}{\hat{n}_q\hat{n}_l}\right)\\ &\leqslant (c\sqrt{K'+r}\sqrt{n\alpha_n}+\sqrt{K'}\sigma_n)\left(\frac{1}{(n_q n_l)^{1/2}}+\frac{1}{(\hat{n}_q\hat{n}_l)^{1/2}}+2\frac{(n_q n_l)^{1/2}}{\hat{n}_q\hat{n}_l}\right),\end{aligned}\tag{7.51}$$

其中，最后一个不等式由以下事实得出：对于任意矩阵 A，$\|A\|_{\mathrm{F}} \leqslant \sqrt{\mathrm{rank}(A)}\|A\|_2$，$\tilde{A}^{\mathrm{rp}}-P$ 的秩至多为 $K'+r$，P 的秩为 K'，$\tilde{A}^{\mathrm{rp}}-P$ 的谱范数误差界 [见 (7.4) 式]，以及 P 的最大特征值为 σ_n.

为了进一步分析 (7.51) 式，讨论 n_k 与 $\hat{n}_k$ 之间的关系. 由于 S_k 是第 k 个真实类中错误聚类的节点数，因此有

$$\hat{n}_k \geqslant n_k - S_k \geqslant n_k - n_k c_3^{-1}\frac{K' n\alpha_n}{\gamma_n^2} = n_k\left(1-c_3^{-1}\frac{K' n\alpha_n}{\gamma_n^2\delta_n^2\min n_k}\right),\tag{7.52}$$

其中，第二个不等式来自 (7.10) 式. 将 (7.52) 式与 (7.51) 式结合，可得：

$$\mathcal{I}_1 \leqslant c\left(\frac{\sqrt{K'+r}\sqrt{n\alpha_n}}{\min n_k}+\frac{\sqrt{K'}\sigma_n}{\min n_k}\right)\left(1+(1-\Phi_n)^{-1}+\frac{2\max n_k}{\min n_k}(1-\Phi_n)^{-2}\right),\tag{7.53}$$

其中，$\Phi_n := c_3^{-1}\dfrac{K' n\alpha_n}{\gamma_n^2\delta_n^2\min n_k}$. 将 (7.53) 式与 (7.48) 式结合，可得 $|\hat{B}_{ql}^{\mathrm{rp}}-B_{ql}|$ 的误差界.

最后，考虑事件 $\mathcal{E}$ 并使用布尔不等式，可得 $\|\hat{B}^{\mathrm{rp}}-B\|_\infty$ 的上界.

7.5.6 定理 7.4 的证明

首先给出一些符号. $\tilde{A}^{\mathrm{rs}}$ 通过如下两步获得：(1) 对于每一对 $(i,j)(i<j)$，A_{ij} 以 p_{ij} 的概率被选择；定义对称的稀疏化矩阵 $\tilde{A}^{\mathrm{s}}$ 如下：如果 A_{ij} 被选择，则 $\tilde{A}^{\mathrm{s}}_{ij}=\dfrac{A_{ij}}{p_{ij}}$；否则，$\tilde{A}^{\mathrm{s}}_{ij}=0$. (2) 利用迭代算法得到 A^{s} 的秩为 K' 的近似 $\tilde{A}^{\mathrm{rs}}$. 令 G 是一个由 Erdős-Rényi 模型生成的邻接矩阵，其中边 (i,j) 的存在概率为 $0<p_{ij}<1$. 定义 $\bar{P}=\left(\dfrac{1}{p_{ij}}\right)\in\mathbb{R}^{n^2}$. 显然，(1) 中的 $\tilde{A}_s$ 可以写为 $\tilde{A}_s=\bar{P}\circ G\circ A$，其中 $\circ$ 表示逐元素相乘. 为了简化证明，假设 (2) 找到了 $\tilde{A}^{\mathrm{s}}$ 的最优秩 K' 近似 $\tilde{A}^{\mathrm{rs}}$，即

$$\tilde{A}^{\mathrm{rs}} = \arg\min_{\mathrm{rank}(M)\leqslant K'}\|\tilde{A}_s-M\|_2 = \arg\min_{\mathrm{rank}(M)\leqslant K'}\|\bar{P}\circ G\circ A-M\|_2.\tag{7.54}$$

现在推导 $\tilde{A}^{\mathrm{rs}}$ 与 P 的误差界. 有

$$\begin{aligned}\|\tilde{A}^{\mathrm{rs}}-P\|_2 &\leqslant \|\tilde{A}^{\mathrm{rs}}-\bar{P}\circ G\circ A\|_2+\|\bar{P}\circ G\circ A-P\|_2\\ &\leqslant 2\|\bar{P}\circ G\circ A-P\|_2 = 2\|\bar{P}\circ G\circ(A-P)+\bar{P}\circ G\circ P-P\|_2\\ &\leqslant 2\|\bar{P}\circ G\circ(A-P)\|_2+2\|\bar{P}\circ G\circ P-P\|_2,\\ &=\mathcal{I}_1+\mathcal{I}_2,\end{aligned}$$

其中，第二个不等式由 (7.54) 式和 $\text{rank}(P) = K'$ 可得.

下列随机矩阵的谱范数误差界的结果（参见文献 [149] 中的命题 1；文献 [150] 中的推论 3.6 和推论 3.12）有助于分析 $\mathcal{I}_1$ 和 $\mathcal{I}_2$ 的界.

命题 7.1 设 X 是一个 $n \times n$ 的对称随机矩阵，其元素 X_{ij} 是独立的对称有界随机变量，使得 $\max\limits_{ij}|X_{ij}| \leqslant \sigma_1$. 定义

$$\sigma_2 = \max_i \sqrt{\mathbb{E}\sum_j X_{ij}^2}.$$

则存在常数 c 和 c'，使得

$$\begin{aligned}
&\mathbb{E}\|X\|_2 \leqslant 3\sigma_2 + c\sigma_1\sqrt{\log n},\\
&\mathbb{P}(\|X\|_2 \geqslant 3\sigma_2 + t) \leqslant n \cdot \exp\left(-\frac{t^2}{c'\sigma_1^2}\right), \quad t \geqslant 0.
\end{aligned} \tag{7.55}$$

首先在给定 $A - P \equiv W$ 的条件下控制 $\mathcal{I}_1 = 2\|\bar{P} \circ G \circ (A-P)\|_2$，其中 $\bar{P} \circ G \circ W$ 是命题7.1中的 X. 有 $(\bar{P} \circ G \circ W)_{ij} = b_{ij}\dfrac{W_{ij}}{p_{ij}}$，其中 $b_{ij} \sim \text{Bernoulli}(p_{ij})$. 容易得到，$\max\limits_{ij}|b_{ij}\dfrac{W_{ij}}{p_{ij}}| \leqslant \dfrac{2}{p_{\min}}$，因此可以设 $\sigma_1 = \dfrac{2}{p_{\min}}$. 此外，可以得到

$$\begin{aligned}
\sigma_2 &= \max_i \sqrt{\mathbb{E}\left(\sum_j b_{ij}^2 \frac{W_{ij}^2}{p_{ij}^2}|W\right)} = \max_i \sqrt{\sum_j \frac{W_{ij}^2}{p_{ij}^2}\mathbb{E}(b_{ij}^2|W)}\\
&\leqslant \max_i\ p_{\min}^{-1/2}\sqrt{\|W_{i*}\|_2^2} = p_{\min}^{-1/2}\sqrt{\|W\|_{2,\infty}^2} \leqslant p_{\min}^{-1/2}\|W\|_2,
\end{aligned} \tag{7.56}$$

其中，对于任何矩阵 B，$\|B\|_{2,\infty} := \max\limits_i(\sum\limits_j B_{ij}^2)^{1/2}$，最后一个不等式可由 $\|W\|_{2,\infty} \leqslant \|W\|_2$ 推出. 另一方面，如果对 (7.56) 式重复步骤并对 $\mathbb{E}(b_{ij}^2|W)/p_{ij}^2$ 求和，那么可以得到 $\sigma_2 \leqslant c\sqrt{\max\limits_i \sum\limits_j \dfrac{1}{p_{ij}}}$. 因此，

$$\sigma_2 \leqslant c\min\{p_{\min}^{-1/2}\|W\|_2, \sqrt{\max_i \sum_j \frac{1}{p_{ij}}}\}.$$

令 $t = c\sigma_1\sqrt{\log n}$, 对于足够大的常数 $c > 0$, 则存在常数 $\nu_1 > 0$, 使得下式以大于 $1-n^{\nu_1}$ 的概率成立：

$$\begin{aligned}
\mathcal{I}_1 &= 2\|\bar{P} \circ G \circ (A-P)\|_2\\
&\leqslant c\max\left\{\min\{p_{\min}^{-1/2}\|W\|_2, \sqrt{\max_i \sum_j p_{ij}^{-1}}\}, \frac{\sqrt{\log n}}{p_{\min}}\right\}.
\end{aligned} \tag{7.57}$$

为了进一步分析 $\mathcal{I}_1$，使用文献 [105] 中给出的 $A-P$ 的谱范数误差界. 即当假设 (7.2) 式成立时，下式以大于 $1-n^{-\nu_1}$ 的概率成立：

$$\|W\|_2=\|A-P\|_2\leqslant c\sqrt{n\alpha_n}, \tag{7.58}$$

其中，ν_1 与 (7.57) 式中对应的值相同. 因此，下式以大于 $1-2n^{-\nu_1}$ 的概率成立：

$$\mathcal{I}_1\leqslant c\max\left\{\min\left\{p_{\min}^{-1/2}\sqrt{n\alpha_n},\sqrt{\max_i\sum_j p_{ij}^{-1}}\right\},\ \frac{\sqrt{\log n}}{p_{\min}}\right\}. \tag{7.59}$$

接下来，再次利用命题7.1来分析 $\mathcal{I}_2=2\|\bar{P}\circ G\circ P-P\|_2$ 的上界. 首先有

$$\max_{ij}|\frac{1}{p_{ij}}G_{ij}P_{ij}-P_{ij}|\leqslant\max\{1,\frac{1}{p_{\min}}-1\}\cdot\alpha_n. \tag{7.60}$$

因此，令 $\sigma_1=\max\{1,\dfrac{1}{p_{\min}}-1\}\cdot\alpha_n$. 对于 σ_2，有

$$\begin{aligned}\sigma_2&=\max_i\sqrt{\mathbb{E}\sum_j\left[\left((\frac{1}{p_{ij}}G_{ij}-1)^2P_{ij}^2\right)\right]} \qquad (7.61)\\ &=\max_i\sqrt{\sum_j\alpha_n^2\mathbb{E}\left(\frac{1}{p_{ij}}G_{ij}-1\right)^2}\leqslant\sqrt{\alpha_n^2\max_i\sum_j\left(\frac{1}{p_{ij}}-1\right)}.\end{aligned}$$

令 $t=c\sigma_1\sqrt{\log n}$，对于足够大的常数 $c>0$，则存在常数 $\nu_2>0$，使得下式以大于 $1-n^{-\nu_2}$ 的概率成立：

$$\mathcal{I}_2\leqslant c\max\left(\sqrt{\alpha_n^2\max_i\sum_j\left(\frac{1}{p_{ij}}-1\right)},\ \max\left\{1,\frac{1}{p_{\min}}-1\right\}\cdot\alpha_n\sqrt{\log n}\right). \tag{7.62}$$

因此，将 (7.59) 式与 (7.62) 式结合，下面结论以大于 $1-c_6n^{-\nu}$ 的概率成立：

$$\begin{aligned}&\|\tilde{A}^{\rm rs}-P\|_2\leqslant\mathcal{I}_1+\mathcal{I}_2\\ &\qquad\leqslant c\max\left\{I_1,\ \frac{\sqrt{\log n}}{p_{\min}},\ \sqrt{n\alpha_n^2\left(\frac{1}{p_{\min}}-1\right)},\ \sqrt{\alpha_n^2\log n\max\left\{1,\frac{1}{p_{\min}}-1\right\}^2}\right\},\end{aligned}$$

其中，$\nu=\min\{\nu_1,\nu_2\}$, 且 $I_1:=\min\left\{\sqrt{\dfrac{n\alpha_n}{p_{\min}}},\sqrt{\max_i\sum_j\dfrac{1}{p_{ij}}}\right\}$. 证明完毕.

7.5.7 引理 7.3 的证明

设 $\tilde{\vartheta}$ 为一个 $n\times 1$ 向量，其中第 i 个元素为 $\vartheta_i/\|\phi_{g_i}\|_2$，$\phi_k$ 是一个与 ϑ 在 G_k 上一致的 $n\times 1$ 向量，其他位置为零. 设 $\tilde{\Theta}$ 为归一化的成员矩阵，当 $i\in G_k$ 时，$\tilde{\Theta}(i,k)=\tilde{\vartheta}_i$，否则 $\tilde{\Theta}(i,k)=0$. 容易得出 $\tilde{\Theta}^{\intercal}\tilde{\Theta}=I$. 注意到 $\Omega=\mathrm{diag}(\|\phi_1\|_2,\cdots,\|\phi_K\|_2)$. 那么，有

$$\mathrm{diag}(\vartheta)\Theta=\tilde{\Theta}\Omega. \tag{7.63}$$

因此，

$$P = \mathrm{diag}(\vartheta)\Theta B\Theta^\intercal\mathrm{diag}(\vartheta) = \tilde{\Theta}\Omega B\Omega\tilde{\Theta}^\intercal = \tilde{\Theta}HDH^\intercal\tilde{\Theta}^\intercal, \tag{7.64}$$

其中，将 $\Omega B\Omega$ 的特征值分解表示为

$$\Omega B\Omega = H_{K\times K'}D_{K'\times K'}H^\intercal_{K'\times K}, \tag{7.65}$$

其中，H 的列是正交的. 另外，注意到 $P = U\Sigma U^\intercal$，因此通过 $\tilde{\Theta}$ 和 H 的正交性，有

$$U = \tilde{\Theta}H, \quad \Sigma = D. \tag{7.66}$$

具体地，当 $i \in G_k$ 时，$U_{i*} = \tilde{\vartheta}_i H_{k*}$.

接下来分别讨论当 B 为满秩（$K' = K$）和非满秩（$K' < K$）时 U 的结构.

(1) 当 $K' = K$ 时，H 是一个正方形矩阵，且其列是正交的，这意味着 H 的行彼此垂直. 因此，当 $g_i \neq g_j$ 时，$\cos(U_{i*}, U_{j*}) = 0$；当 $g_i = g_j$ 时，$\cos(U_{i*}, U_{j*}) = 1$.

(2) 当 $K' < K$ 时，容易看出，当 $g_i = g_j$ 时，$\cos(U_{i*}, U_{j*}) = 1$. 对于 $g_i \neq g_j$，不失一般性地假设 $g_i = k, g_j = l(l \neq k)$. 在这种情况下，容易看出 $\cos(U_{i*}, U_{j*}) = \cos(H_{k*}, H_{l*})$. 因此，根据条件 $\max\limits_{k,l}\cos(H_{k*}, H_{l*}) < \xi'_n < 1$，得出引理 7.3 的结论.

7.5.8　引理 7.4 的证明

首先，证明对于任何 $1 \leqslant k \leqslant K$，$\|H_{k*}\|_2 \neq 0$，这排除了 $k \neq l$ 时 $\cos(H_{k*}, H_{l*}) = 1$ 的平凡情况. 为此，根据 (7.65) 式、(7.66) 式，以及对于任何 $1 \leqslant i \leqslant K'$，$0 < \Sigma_{ii} < \bar{\iota}_n$ 的条件，有

$$\bar{\iota}_n\|H_{k*}\|_2^2 \geqslant \sum_{k_1=1}^{K'} D_{k_1k_1}H^2_{kk_1} = \tilde{B}_{kk} > 0,$$

其中，最后的不等式来自于假设 $B_{kk} > 0$ 及 $\tilde{B}$ 的定义.

其次，证明对于任何 λ 和任意 $1 \leqslant k < l \leqslant K$，在引理条件下，$\|H_{k*} - \lambda H_{l*}\|_2^2 > 0$，这表明 $\cos(H_{k*}, H_{l*}) < 1$. 事实上，容易看出

$$\bar{\iota}_n\|H_{k*} - \lambda H_{l*}\|_2^2 \geqslant \sum_{k_1=1}^{K'} D_{k_1k_1}(H_{kk_1} - \lambda H_{lk_1})^2 = \lambda^2\tilde{B}_{ll} - 2\lambda\tilde{B}_{kl} + \tilde{B}_{kk}. \tag{7.67}$$

注意到 (7.67) 式右侧是一个形如 $a\lambda^2 + b\lambda + c$ 的二次方程，其中 $a := \tilde{B}_{ll}$，$b := -2\tilde{B}_{kl}$，$c := \tilde{B}_{kk}$. 还注意到 $\tilde{B}_{ll} > 0$，因此如果判别式 $b^2 - 4ac := 4\tilde{B}^2_{kl} - 4\tilde{B}_{kk}\tilde{B}_{ll} < 0$，则 (7.67) 式的右侧总是大于 0，而判别式小于 0 实际上就是引理的条件.

接下来，给出 $\cos(H_{k*}, H_{l*})$ 的界. 令 $\lambda = -\dfrac{2a}{b}$，可得

$$\lambda^2\tilde{B}_{ll} - 2\lambda\tilde{B}_{kl} + \tilde{B}_{kk} \geqslant \frac{-b^2 + 4ac}{4a} := \frac{-\tilde{B}^2_{kl} + \tilde{B}_{kk}\tilde{B}_{ll}}{\tilde{B}_{ll}} \geqslant \frac{\eta'_n}{\beta_n} > 0,$$

其中，最后的不等式来自于引理的条件. 因此，根据 (7.67) 式，对于任何 λ，有

$$\|H_{k*}-\lambda H_{l*}\|_2^2 \geqslant \frac{\eta_n'}{\bar{\iota}_n\beta_n}. \tag{7.68}$$

注意到 (7.68) 式的左侧也是一个二次方程. 令 $\lambda=\dfrac{H_{k*}H_{l*}^{\intercal}}{\|H_{l*}\|_2^2}$，则有

$$\frac{-(H_{k*}H_{l*}^{\intercal})^2+\|H_{l*}\|_2^2\|H_{k*}\|_2^2}{\|H_{l*}\|_2^2} \geqslant \frac{\eta_n'}{\bar{\iota}_n\beta_n},$$

这意味着

$$\cos(H_{k*},H_{l*}) \leqslant \sqrt{1-\frac{\eta_n'}{\bar{\iota}_n\beta_n\|H_{k*}\|_2^2}} \leqslant \sqrt{1-\frac{\eta_n'}{\bar{\iota}_n\beta_n^2/\underline{\iota}_n}},$$

其中最后的不等式使用了以下事实：

$$\underline{\iota}_n\|H_{k*}\|_2^2 \leqslant \sum_{k_1=1}^{K'} D_{k_1k_1}H_{kk_1}^2=\tilde{B}_{kk}<\beta_n.$$

证明完毕.

7.5.9 定理 7.7 的证明

该证明与定理 7.2 的证明类似，区别在于需要处理归一化的特征向量和零范数特征向量. 为了明确起见，对符号做如下说明. U 和 $\tilde{U}$ 分别表示 $P=\Theta B\Theta^{\intercal}$ 和 $\tilde{A}$ 的前 K' 个特征向量. $\hat{\tilde{U}}$ 表示随机化球面谱聚类的输出. U' 表示归一化后的 U，即 $U_{i*}'=U_{i*}/\|U_{i*}\|_2$. $\tilde{U}'$ 表示归一化后的 $\tilde{U}$，即 $\tilde{U}_{i*}'=\tilde{U}_{i*}/\|\tilde{U}_{i*}\|_2$，如果 $\|\tilde{U}_{i*}\|_2=0$，则 $\tilde{U}_{i*}':=0$.

首先，按照与定理 7.2 相同的证明，存在 $K'\times K'$ 的正交矩阵 O，使得

$$\|\tilde{U}-UO\|_{\mathrm{F}}^2 \leqslant \frac{cK'\|A-P\|_2^2}{\gamma_n^2}. \tag{7.69}$$

为了简化符号，在下面的推导中假设正交矩阵 O 为单位矩阵. 注意到 U 的行都是非零的. 在 (7.65) 式中，已经证明了 $U_{i*}=\tilde{\vartheta}_iH_{k*}$，其中 $i\in G_k$，$H_{K\times K'}$ 的列是正交的. 当 $K'=K$ 时，H 是一个正交矩阵，因此有

$$\|U_{i*}\|_2^2=\tilde{\vartheta}_i^2. \tag{7.70}$$

当 $K'<K$ 时，根据关于 $0<\Sigma_{ii}<\bar{\iota}_n$ 和 $B_{kk}>0$ 的条件，可得

$$\bar{\iota}_n\|H_{k*}\|_2^2 \geqslant \sum_{k_1=1}^{K'} D_{k_1k_1}H_{kk_1}^2=\tilde{B}_{kk}>0,$$

这意味着

$$\|U_{i*}\|_2^2=\tilde{\vartheta}_i^2\|H_{k*}\|_2^2 \geqslant \tilde{\vartheta}_i^2\tilde{B}_{kk}/\bar{\iota}_n. \tag{7.71}$$

对于任意向量 a 和 b，有如下不等式成立：

$$\left\|\frac{a}{\|a\|_2}-\frac{b}{\|b\|_2}\right\|_2\leqslant 2\frac{\|a-b\|_2}{\max(\|a\|_2,\|b\|_2)},$$

而对于任意 $a=0$, $\left\|0-\frac{b}{\|b\|_2}\right\|_2\leqslant 2\frac{\|0-b\|_2}{\|b\|_2}$ 显然也成立. 因此，有

$$\|\tilde{U}'-U'\|_{\mathrm{F}}^2\leqslant c\sum_{i=1}^n\frac{\|\tilde{U}_{i*}-U_{i*}\|_2^2}{\|U_{i*}\|_2^2}\leqslant\frac{\|\tilde{U}-U\|_{\mathrm{F}}^2}{\min\limits_i\|U_{i*}\|_2^2}\leqslant c\frac{K'\|A-P\|_2^2}{\gamma_n^2\min\limits_i\|U_{i*}\|_2^2},\tag{7.72}$$

其中最后一个不等式来自 (7.69) 式，$\min\limits_i\|U_{i*}\|_2^2$ 可以用 $K'=K$ [见 (7.70) 式] 或 $K'<K$ [见 (7.71) 式] 时的下界. 进一步，由于 $\hat{\tilde{U}}$ 是 $\tilde{U}'$ 的 k- 均值解，有

$$\|\hat{\tilde{U}}-U'\|_{\mathrm{F}}^2\leqslant\|\hat{\tilde{U}}-\tilde{U}'\|_{\mathrm{F}}^2+\|\tilde{U}'-U'\|_{\mathrm{F}}^2\leqslant 2\|\tilde{U}'-U'\|_{\mathrm{F}}^2\leqslant c\frac{K'\|A-P\|_2^2}{\gamma_n^2\min\limits_i\|U_{i*}\|_2^2}.$$

接下来，控制错误聚类的节点的比例. 定义

$$S_k=\left\{i\in G_k(\Theta):\ \|\hat{\tilde{U}}'_{i*}-U'_{i*}\|_2>\frac{\mu_n}{2}\right\},\tag{7.73}$$

其中, 如果 $K'=K$，$\mu_n=\sqrt{2}$，而如果 $K'<K$，则 $\mu_n=\sqrt{2(1-\xi_n')}$，其中 ξ_n' 的定义见 (7.18) 式. 根据 S_k 的定义，容易看出

$$\sum_{k=1}^K|S_k|\mu_n^2/4\leqslant\|\hat{\tilde{U}}'-U'\|_{\mathrm{F}}^2\leqslant c\frac{K'\|A-P\|_2^2}{\gamma_n^2\min\limits_i\|U_{i*}\|_2^2},\tag{7.74}$$

其中最后一个不等式来自 (7.72) 式. 因此，

$$\sum_{k=1}^K\frac{|S_k|}{n_k}\leqslant c\frac{K'\|A-P\|_2^2}{\gamma_n^2\min\limits_i\|U_{i*}\|_2^2\cdot\mu_n^2\min n_k}.\tag{7.75}$$

现在，证明 S_k 外的节点被正确地聚类. 首先，注意到，$\hat{\tilde{U}}$ 的零行对应的节点属于 S_k. 因此，S_k 外的节点对应非零的 $\hat{\tilde{U}}_{i*}$. 根据 (7.75) 式和 (7.20) 式、(7.22) 式，首先有 $|S_k|<n_k$. 因此，$T_k\equiv G_k\backslash S_k\neq\emptyset$, 其中, G_k 表示真实类 k 中的节点. 令 $T=\cup_{k=1}^K T_k$，现在证明 U'_{T*} 中的行与 $\hat{\tilde{U}}'_{T*}$ 中的行一一对应. 一方面，对于 $i\in T_k$ 和 $j\in T_l$ 且 $l\neq k$，有 $\hat{\tilde{U}}'_{i*}\neq\hat{\tilde{U}}'_{j*}$，否则得到如下矛盾：

$$\begin{aligned}\mu_n&\leqslant\sqrt{2-2\cos(U'_{i*},U'_{j*})}\\&=\|U'_{i*}-U'_{j*}\|_2\\&\leqslant\|U'_{i*}-\hat{\tilde{U}}'_{i*}\|_2+\|\hat{\tilde{U}}'_{j*}-U'_{j*}\|_2\\&<\frac{\mu_n}{2}+\frac{\mu_n}{2},\end{aligned}\tag{7.76}$$

其中第一个不等式来自引理 7.3. 另一方面，对于 $i,j\in T_k$，可得 $\hat{\tilde{U}}'_{i*}=\hat{\tilde{U}}'_{j*}$，否则 U'_{T*} 会有超过 K 个不同的行，这与输出类的大小为 K 矛盾.

至此，得到了定理 7.7 的结论.

第 8 章　基于高阶模体的网络数据的社区发现

现有社区发现方法大多是基于边的，换句话说，这些方法利用网络邻接矩阵或拉普拉斯矩阵来构造算法得到社区. 然而，诸多研究表明，网络的高阶结构在网络的构建和组织中发挥着关键性作用，它们可以帮助人们了解并洞察网络的构建和组织. 具体来讲，网络的高阶结构指的是网络的子图或称为网络模体，这里的“阶”指的是子图中节点个数，所以相比于网络的边，将大于等于 3 个节点的子图称为网络的高阶结构. 模体邻接矩阵可有效利用网络中的高阶信息. 特别地，模体邻接矩阵中元素表示节点和节点共同参与的某种模体的个数. 本章介绍基于模体邻接矩阵的谱聚类算法，并从理论上探讨该算法相对于基于边的谱聚类的优势[151].

8.1　加权随机块模型

首先，介绍一些本章中所用的符号和记号，部分符号与前面章节一致. $\mathbb{M}_{n,K}$ 表示所有 $n\times K$ 矩阵的集合，每行恰好有一个 1 和 $K-1$ 个 0. 任何 $\Theta\in\mathbb{M}_{n,K}$ 称为成员矩阵，其中每一行对应相应节点的社区. 例如，节点 i 属于社区 $g_i\in\{1,\cdots,K\}$ 当且仅当 $\Theta_{ig_i}=1$. 对于 $1\leqslant k\leqslant K$，定义 $G_k=G_k(\Theta)=\{1\leqslant i\leqslant n: g_i=k\}$ 和 $n_k=|G_k|$，其中 G_k 由社区为 k 的节点组成. 对于任何矩阵 $A_{n\times n}$ 和 $I,J\subseteq\{1,\cdots,n\}$，$A_{I*}$ 和 A_{*J} 分别表示 A 的子矩阵, 包含相应的行和列. $\|A\|_{\mathrm{F}}$, $\|A\|_2$ 和 $\|A\|_\infty$ 分别表示 A 的 Frobenius 范数、谱范数和逐元素的最大绝对值. $\mathrm{diag}(A)$ 表示一个对角矩阵，其对角元素与 A 的对角元素相同. 另外，使用 $\|a\|_2$ 来表示任何向量 a 的欧几里得范数.

下面介绍加权随机块模型，该模型是随机块模型的推广，使得网络可以具有加权边，而不是二元边. 对于具有 n 个节点和 K 个社区的潜在网络, WSBMs 的两个主要参数矩阵是成员矩阵 $\Theta\in\mathbb{M}_{n,K}$ 和连接概率矩阵 $B\in[0,1]^{K\times K}$，其中 B 是满秩的、对称的，且 B 的元素 B_{kl} 表示社区 l 中任何节点与社区 k 中任何节点之间有边的概率. 为简便起见，假设网络的每个社区大小相同，含有 n/K 个节点，且社区内部的节点的边连接概率为 p_n，不同社区的节点之间的连接概率为 $p_n(1-\lambda)$, 其中 λ 是 $(0,1)$ 中的常数. 在该结构假设下，连接概率矩阵 B 形式如下:

$$B=p_n\lambda I_K+p_n(1-\lambda)1_K1_K^{\intercal},\tag{8.1}$$

其中，1_K 表示一个 K 维的每个位置均为 1 的向量. 进一步，假设概率分布 f, 其支撑为正实数范围. 该分布用于生成边的权重. 不指定 f 的具体分布，仅假设其对应的随机变量的期望为 α_n，且方差大于 0.

给定 Θ、B 和 f, 加权网络邻接矩阵 $W=(W_{ij})_{1\leqslant i,j\leqslant n}$ 生成如下：

$$W_{ij}=\begin{cases}\text{Bernoulli}(B_{g_ig_j})\cdot V_{ij} & \text{如果} i<j,\\ 0, & \text{如果} i=j,\\ W_{ji}, & \text{如果} i>j.\end{cases}$$

其中，$\text{Bernoulli}(p)$ 表示伯努利随机变量，其值为 1 的概率为 p，值为 0 的概率为 $1-p$，V_{ij} 表示从分布 f 中生成的随机变量，V_{ij} 之间是相互独立的，且它们与 $B_{g_ig_j}$ 之间也独立. 定义 $\mathcal{W}=\alpha_n\Theta B\Theta^{\intercal}$，容易看出，$\mathcal{W}$ 是 W 的总体，即 $\mathbb{E}(W)=\mathcal{W}-\text{diag}(\mathcal{W})$. 为了捕捉加权网络的高阶连接模式，定义以下加权模体 (三角形) 邻接矩阵 (简称为模体邻接矩阵)

$$W_{ij}^M=\sum_{k=1}^{n}\mathbf{1}(W_{ij}\cdot W_{ik}\cdot W_{jk}>0)(W_{ij}+W_{ik}+W_{jk}),\tag{8.2}$$

其中，$\mathbf{1}(\cdot)$ 表示示性函数. 在文献 [152-153] 中，模体 (三角形) 邻接矩阵的 (i,j) 元素表示节点 i 和 j 共同参与的三角形的数量. 因此，(8.2) 式是文献 [152-153] 中提出的模体邻接矩阵的推广，用于处理加权网络. 为了便于进一步分析，现计算 W^M 的期望值. 具体地，当 $g_i=g_j$ 时，

$$\mathbb{E}(W_{ij}^M)=3\alpha_n\cdot p_n\left\{\left(\frac{n}{K}-2\right)p_n^2+(K-1)\frac{n}{K}p_n^2(1-\lambda)^2\right\}:=\equiv h_1,\tag{8.3}$$

而当 $g_i\neq g_j$ 时，

$$\mathbb{E}(W_{ij}^M)=3\alpha_n\cdot p_n(1-\lambda)\left\{2\left(\frac{n}{K}-1\right)p_n^2(1-\lambda)+(K-2)\frac{n}{K}p_n^2(1-\lambda)^2\right\}:=h_2.\tag{8.4}$$

定义

$$\mathcal{W}^M=\Theta((h_1-h_2)I_K+h_2 1_K 1_K^{\intercal})\Theta^{\intercal},\tag{8.5}$$

则 $\mathcal{W}^M$ 是 W^M 的总体，即

$$\mathbb{E}(W^M)=\mathcal{W}^M-\text{diag}(\mathcal{W}^M).$$

8.2 高阶谱聚类及其理论性质

社区发现的目标是估计成员矩阵 Θ. 本章聚焦于谱聚类 [130]，它通常包括两个步骤. 第一步是对一个表示网络信息的矩阵进行特征值分解. 第二步是对得到的 K 个主特征向量进行 k- 均值聚类. 考虑两种谱聚类. 详见算法 6为高阶谱聚类或基于模体的谱聚类; 同时，本章将其与基于边的谱聚类进行比较，即在算法 6 中去掉步骤 1，并将步骤 2 替换为加权邻接矩阵 W 的特征值分解. 目标是研究高阶谱聚类在加权随机块模型下的表现，并将其与基于边的谱聚类比较.

下述引理表明，W^M 的总体版本 $\mathcal{W}^M$ 的特征向量揭示了真实的社区.

算法 6 高阶谱聚类算法

输入：

社区数 K，加权邻接矩阵 $W \in \mathbb{R}^{n\times n}$；

输出：

社区成员关系；

1: **模体矩阵构建：** 根据 (8.2) 式构建加权模体邻接矩阵 W^M.
2: **特征分解：** 找到 W^M 的 K 个主特征向量，并记为 $n\times K$ 的特征矩阵.
3: **k- 均值：** 将特征矩阵的每一行视为 $\mathbb{R}^K$ 中的一个点，并对这些点进行 k- 均值聚类.

引理 8.1 对于一个具有 K 个社区且 B 结构如 (8.1) 式所示的加权随机块模型，假设 $\mathcal{W}^M = U\Sigma U^\intercal$ 是 $\mathcal{W}^M$ 的特征值分解 [参见 (8.5) 式]，则 $U=\Theta X$. 具体地，对于 $\Theta_{i*}=\Theta_{j*}$，有 $U_{i*}=U_{j*}$；而对于 $\Theta_{i*}\neq\Theta_{j*}$，有 $\|U_{i*}-U_{j*}\|_2=\sqrt{(n_{g_i})^{-1}+(n_{g_j})^{-1}}$.

引理 8.1表明，总体特征向量有 K 个不同的行 (总共 n 行)，当且仅当相应的节点属于同一社区时，两行完全相同. 因此，如果估计的特征向量与总体特征向量接近，则高阶谱聚类将能够很好地进行聚类.

下面的定理给出了加权模体邻接矩阵与其期望值的误差界. 回忆上节中加权随机块模型的定义可知，p_n 是加权随机块模型中两个节点之间的最大连接概率 [参见 (8.1) 式]，而 α_n 是给定边存在的条件下，边的期望值. 为了简化证明步骤，假设对于任何 $1\leqslant i,j\leqslant n, W_{ij}\leqslant 1$. 这是合理的，因为读者将在后面的分析中看到，要求 α_n 趋于零. 另一方面，也可以指定权重的分布，并利用集中不等式推导出 $\log n$ 类型的界.

定理 8.1 假设$p_n\geqslant c'\sqrt{\dfrac{\log n}{n}}$ 对于某个常数 $c'>0$，并且$\alpha_n p_n\geqslant c''\dfrac{(\log n)^\beta}{n}$ 对于某些常数 $c''>0$ 和任意 $0<\beta<1$. 设 $\tau_{\max}=np_n^2$ 和

$$D=\tau_{\max}^2 n\alpha_n p_n = n^3\alpha_n p_n^5.$$

那么，对于某个常数 $r>0$，存在常数 c，使得以至少 $1-n^{-r}-\exp(-r(\log n)^\beta)$ 的概率，满足

$$\|W^M-\mathbb{E}(W^M)\|_2\leqslant c\sqrt{D}, \tag{8.6}$$

其中，c 依赖于 r 和 β.

定理 8.1 要求网络不能过于稀疏，即 $p_n\geqslant c'\sqrt{\dfrac{\log n}{n}}$ 对于某个常数 $c'>0$，这一条件实际上保证网络模体在网络中不过于稀少. 定理还要求整体信号强度有下界，即 $\alpha_n p_n\geqslant c''\dfrac{(\log n)^\beta}{n}$，对于某些常数 $c''>0$ 和 $0<\beta<1$. 定理 8.1 表明，加权模体邻接矩阵与其总体版本的误差界为 $\sqrt{n^3\alpha_n p_n^5}$. 对于基于边的邻接矩阵，其邻接矩阵与其总体版本的误差界是最大期望度数的平方根 [105]. 将这一规律应用到加权模体邻接矩阵时，其

误差界将为最大期望“模体度数”的平方根，即 $\sqrt{n^2\alpha_n p_n^3}$. 与 $\sqrt{n^2\alpha_n p_n^3}$ 相比，(8.6) 式中的界 $\sqrt{n^3\alpha_n p_n^5}$ 较大，如果注意到 $p_n \geqslant c'\sqrt{\frac{\log n}{n}}$，对于某个常数 $c' > 0$.

接下来讨论高阶谱聚类的聚类性能，使用以下度量来评估聚类质量

$$L(\hat{\Theta}, \Theta) = \min_{J \in E_K} \sum_{1 \leqslant k \leqslant K} (2n_k)^{-1} \|(\hat{\Theta}J)_{G_{k*}} - \Theta_{G_{k*}}\|_0, \tag{8.7}$$

其中，$\hat{\Theta}$ 表示通过高阶谱聚类估计得到的成员矩阵，E_K 表示所有 $K \times K$ 排列矩阵的集合. 显然，L 测量了每个社区中错误聚类的节点比例之和. 以下定理提供了 L 的上界.

定理 8.2 设 $\hat{\Theta}$ 为通过高阶谱聚类估计得到的成员矩阵，且记 $\mathcal{W}^M$ 的最小非零特征值为 $\lambda_K(\mathcal{W}^M)$. 假设定理 8.1 中的假设成立，并且存在常数 $c > 0$，使得，如果

$$\frac{K^3}{n\alpha_n p_n} \leqslant 1/c, \tag{8.8}$$

那么，以至少 $1 - n^{-r} - \exp(-r(\log n)^\beta)$ 的概率 (对于某个常数 $r > 0$ 和任意 $0 < \beta < 1$)，存在子集 $S_k \subseteq G_k$ 对于 $k = 1, \cdots, K$，使得

$$L(\hat{\Theta}, \Theta) \leqslant \sum_{k=1}^{K} \frac{|S_k|}{n_k} \leqslant c\frac{K\|W^M - \mathcal{W}^M\|_2^2}{\lambda_K^2(\mathcal{W}^M)} \leqslant c\frac{K^3}{n\alpha_n p_n}. \tag{8.9}$$

此外，对于 $G = \cup_{k=1}^{K}(G_k \backslash S_k)$，存在一个 $K \times K$ 排列矩阵 J，使得

$$\hat{\Theta}_{G_*} J = \Theta_{G_*}, \tag{8.10}$$

其中，$\hat{\Theta}_{G_*}$ 和 Θ_{G_*} 分别表示由 G 索引的行组成的 $\hat{\Theta}$ 和 Θ 的子矩阵.

定理 8.2 表明，高阶谱聚类的错误聚类率的上界为 $O(\frac{K^3}{n\alpha_n p_n})$. (8.8) 式是一个技术性条件，它提供了结论成立时参数 (K, n, α_n, p_n) 的范围. (8.9) 式中的 S_k 为属于真实社区 G_k 的错误聚类节点集合. (8.9) 式中的结果是高维的，每个参数都可能随着节点数 n 的变化而变化. 在某些参数设置下，这个误差将趋于 0. 例如，当 $\alpha_n \asymp \log n/n$ 且 $p_n \asymp 1/(\log n)^{1-\beta}$，其中 $\beta \in (0,1)$，且 $f(n) \asymp g(n)$ 如果存在常数 $0 < c < C < \infty$ 使得 $cg(n) \leqslant f(n) \leqslant Cg(n)$，则 $K = o((\log n)^{\beta/3})$ 可以保证错误聚类的上界趋于 0.

8.2.1 与基于边的谱聚类的比较

为了理解高阶谱聚类如何增强聚类性能，将其错误聚类率的上界与基于边的谱聚类的错误聚类率上界进行比较. 值得注意的是，基于边的谱聚类是在无权随机块模型下进行研究的[105, 124]. 基于无权随机块模型的结果，容易得到加权随机块模型下的相应结果，因此省略了细节. 从定理 8.2 中得出，错误聚类率 L 与谱范数误差界 ($\|A - \mathcal{A}\|_2$) 和总体矩阵的最小非零特征值 ($\lambda_K(\mathcal{A})$) 有以下关系：

$$L \leqslant c\frac{K\|A - \mathcal{A}\|_2^2}{\lambda_K(\mathcal{A})^2}, \tag{8.11}$$

其中，c 是某个常数，A 可以是 W 或 W^M, $\mathcal{A}$ 可以是 $\mathcal{W}$ 或 $\mathcal{W}^M$. 表 8.1 中列出了这两种谱聚类方法的 3 种度量.

表 8.1 显示，当以下条件成立时，

$$\frac{cK^3}{n\alpha_n p_n} \leqslant \frac{c''K^3\log n}{n^2\alpha_n^2 p_n^2}, \tag{8.12}$$

高阶谱聚类的错误聚类率比基于边的谱聚类低. 将 (8.12) 式与定理 8.1 中的参数假设结合，可以得到以下参数范围:

$$\begin{cases} \alpha_n \leqslant c\dfrac{\log n}{n}/p_n, \\ p_n \geqslant c'\sqrt{\dfrac{\log n}{n}}, \\ \alpha_n p_n \geqslant c''\dfrac{(\log n)^\beta}{n}. \end{cases}$$

第一个不等式要求信号强度较弱，第二个不等式要求网络密度较大，而第三个不等式可以被视为对权重和网络密度的整体信号强度的要求. 因此，当网络密度较高且权重信号较弱时，高阶谱聚类的聚类错误率低于基于边的谱聚类. 上述范围内参数的选择众多，例如，$\alpha_n \asymp \log n/n$ 且 $p_n \asymp 1/(\log n)^{1-\beta}$ 时，其中 $\beta \in (0,1)$ 是定理 8.1 中出现的任意常数.

表 8.1　两种谱聚类方法在随机块模型下的主要结果汇总

误差	基于边的谱聚类	基于模体的谱聚类
谱范数误差	$O_p(\sqrt{\max\{n\alpha_n p_n, c\log n\}})$	$O_p(\sqrt{n^3\alpha_n p_n^5})$
λ_K	$O(\frac{n\alpha_n p_n}{K})$	$O(\frac{n^2\alpha_n p_n^3}{K})$
错误聚类率	$O_p(\max\{\frac{K^3}{n\alpha_n p_n}, \frac{K^3\log n}{n^2\alpha_n^2 p_n^2}\})$	$O_p(\frac{K^3}{n\alpha_n p_n})$

8.3　真实数据实例

在本节中，分析 3 个真实数据集以展示高阶谱聚类的优势，包括统计学家引用网络、统计学家合作网络及 $PM_{2.5}$ 数据集. 接下来，分别介绍数据集及其对应的聚类结果.

统计学家引用网络　该数据集最初由 Ji 和 Jin [154] 基于 2003 年至 2012 年上半年顶级统计学期刊，如 *Annals of Statistics*、*Biometrika*、*Journal of American Statistical Association* 和 *Journal of Royal Statistical Society (Series B)* 中所有已发表的论文收集，涵盖了 3248 篇论文和 3607 位作者. 在此研究一个引用网络，其中每个节点代表一位作者，任意一对节点之间的边的数量等于两位作者之间的单向引用次数. 考虑该网络的最大连通子图，该子图包含 2654 个节点. 与 Ji 和 Jin[154] 一致, 令 $K = 3$. 结果显示，基于边的谱聚类和基于模体的谱聚类都找到了两个小社区和一个大社区，其中大社区可视为背景社区. 对于两个小社区，基于模体的谱聚类的结果中包含许多三角形. 一个社区由从事高维统计学的统计学家组成，包括但不限于 lasso、组 lasso、自适应 lasso、SCAD、图形模型的作者，这些都是过去 20 年高维统计学的开创性工作. 另一个社区由 5 位从事函数型数据分析或非参数统计学的统计学家组成. 对于基于边的谱聚类，一个社区包括 7 位从事函数型数据分析和非参数统计学的统计学家，这与基于模体的谱聚类所找到的非参数统计学社区非常相似，只多了两位统计学家. 另一个社区由两组统计学家组成，即高维统计学家和贝叶斯统计学家，而统计学家 Michael Jordan 像桥梁一样连接了这两组统计学家. 这个结果非常有趣，但从聚类的角度来看，基于模体的谱聚类的结果由于其得到的社区更纯，故其优于基于边的谱聚类.

统计学家合著者网络 该网络同样基于上述数据集 [154] 生成. 具体而言，每个节点代表一位作者，任意一对节点之间的边的数量等于他们共同作者的论文数. 考虑该网络的最大连通子图，共包括 2263 个节点. 与 Ji 和 Jin[154] 一致，令 $K = 3$. 结果表明，两个方法都检测到了两个主要社区，剩余的社区较大，故将其视为背景. 特别地，基于模体的谱聚类检测到的两个社区分别包括从事生物统计学 / 医学统计学和贝叶斯统计学的统计学家. 相比之下，基于边的谱聚类检测到一个社区包含 3 位曾在哈佛工作或学习的生物统计学家，另一个社区包括两个不连通的部分，其中一个由生物统计学 / 医学统计学的统计学家组成，另一个则包括非参数统计学的统计学家. 因此，基于模体的谱聚类检测到的社区比基于边的谱聚类更为合理.

$PM_{2.5}$ 污染数据 考虑 2015 年 31 个中国省会城市的每日平均 $PM_{2.5}$ 浓度数据集. 具体地，除了包含缺失数据的 11 天外，该数据集包含每个城市 354 天的每日平均 $PM_{2.5}$ 浓度数据. 旨在研究各城市在 $PM_{2.5}$ 污染方面的社区结构. 为此，首先需要构建 $PM_{2.5}$ 污染网络. 图模型为从此类数据中构建网络提供了有用的工具. 具体而言，将每个城市的 $PM_{2.5}$ 浓度视为一个随机变量 (即生成网络中的节点)，并使用图 lasso [23, 25] 得到加权网络，其中调控参数通过 eBIC [100] 选择. 令 $K = 5$，这与快速贪婪模块度优化算法 [101] 自动决定的社区数一致. 两种方法检测到的社区具有相似性，即每个社区内的城市地理位置较为接近. 这可以解释为相邻城市共享类似的气象、经济和产业模式，从而导致它们的 $PM_{2.5}$ 污染具有条件依赖性. 然而，这两种方法检测到的社区也有所不同. 主要有两个差异. 第一个差异是，基于模体的方法检测到的两个社区被基于边的方法合并为一个社区. 进行了两样本 t 检验，检验基于模体的方法检测到的两个社区 (基于模式的社区) 之间的 $PM_{2.5}$ 平均值是否存在显著差异. 结果显示，p 值小于 2.2×10^{-16}，即存在显著差异. 第二个差异是，基于模体的方法检测到的一个社区被基于边的方法划分为两个社区. 检验了基于边的方法所得到的这两个社区之间的 $PM_{2.5}$ 平均值差异. 结果显示，p 值为 0.819，差异不显著. 上述分析表明，基于模体的方法比基于边的方法得出了更合理的社区划分.

模块度比较 上述分析表明，基于模体的谱聚类比基于边的谱聚类能够得到更具可解释性的社区. 此外，还计算了两种方法得到社区的模块度. 图 8.1 展示了两种方法在 3

个数据集上经过 100 次重复实验的模块度箱线图. 结果表明, 在后两个数据集上, 基于模体的方法的模块度略大于基于边的方法, 而在第一个数据集上, 基于模体的方法略逊色于基于边的方法. 此外, 基于模体的方法比基于边的方法更加稳定, 这使得基于模体的方法在实际应用中更具有优势.

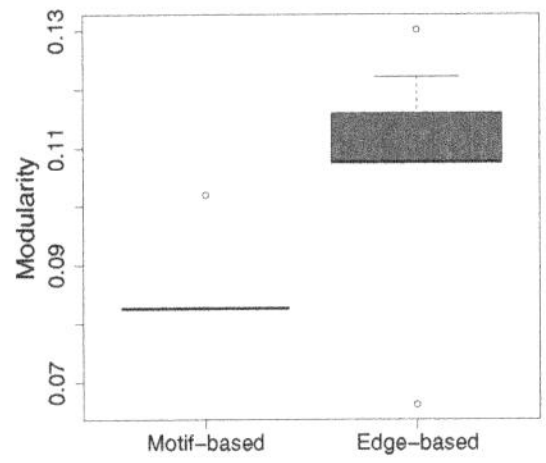

(a) 引用网络

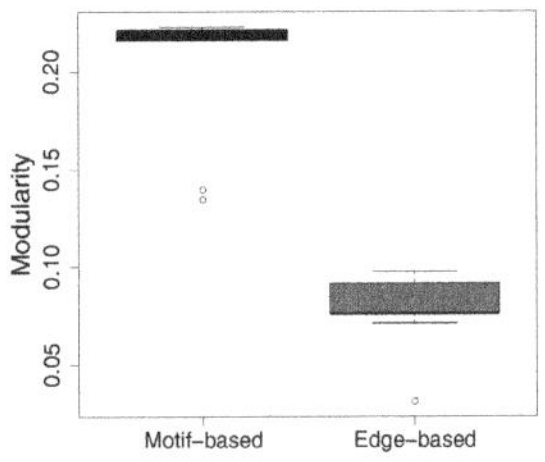

(b) 合作网络

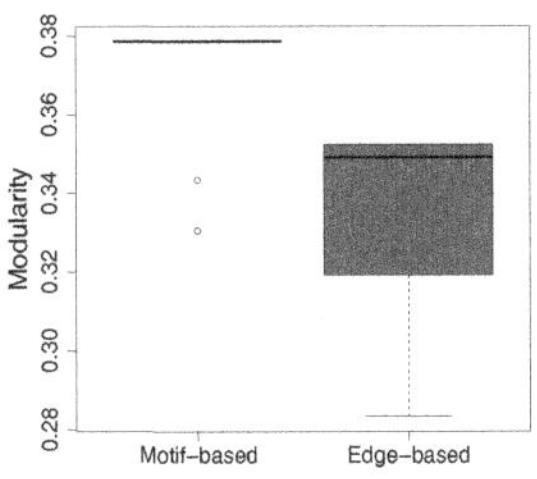

(c) 污染网络

图 8.1　两种方法在 3 个数据集上经过 100 次重复实验的模块度箱线图
(模块度的计算基于模体邻接矩阵)

8.4　本章附录

8.4.1　引理 8.1 的证明

令 $\Delta = \mathrm{diag}(\sqrt{n_1}, \cdots, \sqrt{n_K})$ 并结合 (8.5) 式, 则有

$$\begin{aligned}\mathcal{W}^M &= \Theta((h_1 - h_2)I_K + h_2 1_K 1_K^\intercal)\Theta^\intercal \\ &= \Theta\Delta^{-1}\Delta((h_1 - h_2)I_K + h_2 1_K 1_K^\intercal)\Delta(\Theta\Delta^{-1})^\intercal,\end{aligned}$$

其中 $h_1 > h_2 > 0$. 容易证明 $\Theta\Delta^{-1}$ 是列正交的. 令 $\Delta(h_1 - h_2)I_K + h_2 1_K 1_K^\intercal \Delta$ 的特征分解为

$$Z\Sigma Z^\intercal = \Delta((h_1 - h_2)I_K + h_2 1_K 1_K^\intercal)\Delta.$$

则有

$$\mathcal{W}^M = \Theta\Delta^{-1}Z\Sigma(\Theta\Delta^{-1}Z)^\intercal = U\Sigma U^\intercal.$$

因为 $\Theta\Delta^{-1}$ 和 Z 的列均为正交且欧式范数一, 因此, $U = \Theta\Delta^{-1}Z = \Theta X$, 其中 $X := \Delta^{-1}Z$. 此外, 由于 Z 是正交归一的且 $\Delta^{-1}Z$ 是方阵, 可以验证 $\Delta^{-1}Z$ 的行是互相垂直的, 并且第 k 行的长度为 $\sqrt{1/n_k}$, 这意味着 $\|X_{k*} - X_{l*}\|_2 = \sqrt{n_k^{-1} + n_l^{-1}}$. 证明完毕.

8.4.2　定理 8.1 的证明

以下证明包含 3 个主要步骤.

步骤 1: 离散化　首先将控制 $\|W^M - \mathbb{E}(W^M)\|_2$ 的问题简化为对所有在有限网格点集中

的向量对 x, y，计算 $|x^\intercal(W^M - \mathbb{E}(W^M))y|$ 的上确界. 对于网格中的任意向量对 (x, y)，$x^\intercal(W^M - \mathbb{E}(W^M))y$ 可分解为两部分. 第一部分对应 x 和 y 的小元素，称为**轻对**，另一部分对应 x 或 y 的大元素，称为**重对**.

步骤 2：轻对的误差界 由于 W^M 中各元素是相关的，因此不能使用 Bernstein 不等式来控制轻对的贡献. 相反，利用文献 [155] 中建立的典型的有界误差不等式来对轻对进行分析.

步骤 3：重对的误差界 重对的误差界将拆分成多种情况对其进行分析，将利用加权 motif 邻接矩阵 W^M 的边的集中不等式证明.

需要注意的是，在整个证明过程中，将使用 c，c'，c'' 等常量来表示可能不同的常数. 现在继续证明定理 8.1. 令 S 表示 n 维欧几里得空间中的单位球体. 固定 $\epsilon \in (0, 1)$，例如 $\epsilon = \dfrac{1}{2}$，定义单位球的 ϵ- 网格如下：

$$\mathcal{N} = \{x = (x_1, \cdots, x_n) \in S : \forall i, \sqrt{n}x_i/\epsilon \in \mathbb{Z}\}, \tag{8.13}$$

其中，$\mathbb{Z}$ 表示所有整数的集合. 因此，$\mathcal{N}$ 由单位球内大小为 $\epsilon\sqrt{n}$ 的所有网格点组成. 文献 [105] 中的引理 2.1 给出，对于任何 $A \in \mathbb{R}^{n\times n}$，

$$\|A\|_2 \leqslant (1-\epsilon)^{-2} \sup_{x,y\in\mathcal{N}} |x^\intercal Ay|. \tag{8.14}$$

因此，为了分析 $\|W^M - \mathbb{E}(W^M)\|_2$，只需要对所有可能的向量对 $(x, y) \in \mathcal{N}$ 计算 $|x^\intercal(W^M - \mathbb{E}(W^M))y|$. 对于任意的向量对 (x, y)，有

$$x^\intercal(W^M - \mathbb{E}(W^M))y = \sum_{i,j} x_i y_j (W^M - \mathbb{E}(W^M))_{ij}. \tag{8.15}$$

将对 (x_i, y_j) 进行拆分，分为轻对

$$\mathcal{L} = \mathcal{L}(x, y) = \left\{(i, j) : |x_i y_j| \leqslant \frac{\sqrt{D}}{n\tau_{\max}}\right\}$$

和重对

$$\mathcal{H} = \mathcal{H}(x, y) = \left\{(i, j) : |x_i y_j| > \frac{\sqrt{D}}{n\tau_{\max}}\right\},$$

其中 D 和 $\tau_{\max}$ 在定理 8.1 中定义. 对于轻对，有以下结果.

引理 8.2 (轻对) 对于某常数 $r_1 > 0$，存在常数 $c_1(r_1) > 0$，使得以至少 $1 - n^{-r_1}$ 的概率，

$$\sup_{x,y\in\mathcal{N}} \left| \sum_{(i,j)\in\mathcal{L}} x_i y_j (W^M - \mathbb{E}(W^M))_{ij} \right| \leqslant c_1\sqrt{D}. \tag{8.16}$$

为了分析重对的贡献，首先有如下观察：

$$\begin{aligned}&\sup_{x,y\in\mathcal{N}}\left|\sum_{(i,j)\in\mathcal{H}}x_iy_j(W^M-\mathbb{E}(W^M))_{ij}\right|\\ \leqslant&\sup_{x,y\in\mathcal{N}}\left|\sum_{(i,j)\in\mathcal{H}}x_iy_jW_{ij}^M\right|+\sup_{x,y\in\mathcal{N}}\left|\sum_{(i,j)\in\mathcal{H}}x_iy_j\mathbb{E}(W_{ij}^M)\right|.\end{aligned}\tag{8.17}$$

注意到 $\mathbb{E}(W_{ij})\leqslant\alpha_np_n$，有

$$\mathbb{E}(W_{ij}^M)=\mathbb{E}\sum_k\mathbf{1}(W_{ij}\cdot W_{ik}\cdot W_{jk}>0)(W_{ij}+W_{ik}+W_{jk})\leqslant 3n\alpha_np_n^3.\tag{8.18}$$

那么 (8.17) 式中的第二项可以分析如下：

$$\begin{aligned}\left|\sum_{(i,j)\in\mathcal{H}}x_iy_j\mathbb{E}(W_{ij}^M)\right|&\leqslant\sum_{(i,j)\in\mathcal{H}}\frac{x_i^2y_j^2}{|x_iy_j|}\mathbb{E}(W_{ij}^M)\\&\leqslant\frac{n\tau_{\max}}{\sqrt{D}}\max_{ij}\mathbb{E}(W_{ij}^M)\sum_{(i,j)}x_i^2y_j^2\\&\leqslant\frac{n\tau_{\max}}{\sqrt{D}}3n\alpha_np_n^3\leqslant\frac{cD}{\sqrt{D}}\leqslant c\sqrt{D},\end{aligned}\tag{8.19}$$

其中，第二个不等式来自于重对 $\mathcal{H}$ 的定义，第三个不等式来自于 (8.18) 式和向量 x、y 在单位球内的事实，倒数第二个不等式由

$$n\tau_{\max}\cdot 3n\alpha_np_n^3\leqslant cn^3\alpha_np_n^5\leqslant cD\tag{8.20}$$

得出，其中注意到 $\tau_{\max}=np_n^2$.

对于 (8.17) 式中的第一项，有如下结果.

引理 8.3 (重对) 对于某常数 $r_2>0, r_3>0$, 以及任意 $0<\beta<1$, 存在常数 $c_2(r_2,r_3,\beta)>0$，使得以至少 $1-n^{-r_2}-\exp(-r_3(\log n)^\beta)$ 的概率，

$$\sup_{x,y\in\mathcal{N}}\left|\sum_{(i,j)\in\mathcal{H}}x_iy_jW_{ij}^M\right|\leqslant c_2\sqrt{D}.\tag{8.21}$$

联合轻对和重对的结果，并结合 (8.14) 式，得到

$$\|W^M-\mathbb{E}(W^M)\|_2\leqslant 4\sup_{x,y\in\mathcal{N}}\left|\sum x_iy_j(W^M-\mathbb{E}(W^M))_{ij}\right|\leqslant c\sqrt{D}.\tag{8.22}$$

证明完毕.

8.4.3 定理 8.2 的证明

首先给出一些符号定义. U 和 $\tilde{U}$ 分别表示 $\mathcal{W}^M$ 和 W^M 的 K 个主特征向量. $\hat{U} := \hat{\Theta}\hat{Y}$ 对应高阶谱聚类算法的解，其中，

$$(\hat{\Theta}, \hat{Y}) = \underset{\Theta \in \mathbb{M}_{n,K}, Y \in \mathbb{R}^{K\times K}}{\arg\min} \|\Theta Y - \tilde{U}\|_{\mathrm{F}}^2.$$

根据引理 8.1，在加权随机块模型中，两个节点属于同一社区当且仅当其对应的总体特征向量矩阵 U 的行相同. 接下来首先分析 $\hat{U}$ 与 U 之间的误差. 然后，在每个真实类中，控制 $\hat{U}$ 和 U 之间的误差较大的行对应的节点的数目. 之后，证明对于剩余节点，估计的社区与真实社区是一致的.

首先，分析 $\hat{U}$ 与 U 之间的误差. Davis-Kahan sinΘ 定理 (文献 [147] 第七章第 3.1 节) 为特征向量的扰动理论提供了一个有用的技术工具. 特别地，根据文献 [105] 中的定理 3.1，存在一个 $K \times K$ 的正交矩阵 O，使得

$$\|\tilde{U} - UO\|_{\mathrm{F}} \leqslant \frac{2\sqrt{2K}}{\lambda_K(\mathcal{W}^M)}\|W^M - \mathcal{W}^M\|_2, \tag{8.23}$$

其中，$\lambda_K(\mathcal{W}^M)$ 表示总体矩阵 $\mathcal{W}^M$ 的最小非零特征值. 现在讨论 $\hat{U}$ 与 U 之间的误差界. 注意到

$$\begin{aligned}\|\hat{U} - UO\|_{\mathrm{F}}^2 &= \|\hat{U} - \tilde{U} + \tilde{U} - UO\|_{\mathrm{F}}^2 \\ &\leqslant \|UO - \tilde{U}\|_{\mathrm{F}}^2 + \|\tilde{U} - UO\|_{\mathrm{F}}^2 \\ &= 2\|\tilde{U} - UO\|_{\mathrm{F}}^2,\end{aligned} \tag{8.24}$$

其中，第一个不等式来自假设 $\hat{U}$ 是高阶谱聚类算法的全局最优解，并且 UO 是一个可行解. 将 (8.24) 式与 (8.23) 式结合，得到

$$\|\hat{U} - UO\|_{\mathrm{F}}^2 \leqslant \frac{16K}{\lambda_K^2(\mathcal{W}^M)}\|W^M - \mathcal{W}^M\|_2^2. \tag{8.25}$$

现在分析 (8.25) 式右侧的项. 回顾 (8.5) 式中 $\mathcal{W}^M$ 的定义，以及 (8.3) 式和 (8.4) 式中 h_1 和 h_2 的定义，容易得到

$$\lambda_K(\mathcal{W}^M) = \frac{n}{K}(h_1 - h_2) \asymp \frac{n^2\alpha_n p_n^3}{K}, \tag{8.26}$$

以及

$$\|W^M - \mathcal{W}^M\|_2 = \|W^M - \mathbb{E}(W^M) - \mathrm{diag}(\mathcal{W}^M)\|_2 \asymp \|W^M - \mathbb{E}(W^M)\|_2. \tag{8.27}$$

结合 (8.26) 式、(8.27) 式和定理 8.1 式中的界，并将其与 (8.25) 式结合，得到

$$\|\hat{U} - UO\|_{\mathrm{F}}^2 \leqslant \frac{c16K^3}{n\alpha_n p_n} := \mathrm{err}(K, n, c, \alpha_n, p_n), \tag{8.28}$$

其中为方便记号，将 $c16K^3/n\alpha_n p_n$ 记为 $\mathrm{err}(K,n,c,\alpha_n,p_n)$.

接下来，分析每个真实类中错误聚类节点的比例. 由引理 8.1，可以得出 $U=\Theta X$，其中对所有 $1\leqslant k<l\leqslant K$, 有 $\|X_{k*}-X_{l*}\|_2=\sqrt{n_k^{-1}+n_l^{-1}}$. 因此, $UO=\Theta XO=\Theta X'$，其中 $X'=XO$, 且由 O 的正交性，有 $\|X'_{k*}-X'_{l*}\|_2=\sqrt{n_k^{-1}+n_l^{-1}}$. 定义

$$\delta_k=\min_{l\neq k}\|X'_{k*}-X'_{l*}\|_2=\sqrt{\frac{1}{n_k}+\frac{1}{\max\{n_l:l\neq k\}}},\tag{8.29}$$

以及

$$S_k=\left\{i\in G_k(\Theta):\ \|(\hat{U})-(UO)_{i*}\|_{\mathrm{F}}>\frac{\delta_k}{2}\right\},\tag{8.30}$$

其中，在稍后将会看出 S_k 实际上是指在真实类 k 中 (置换意义下) 错误聚类的节点. 根据 S_k 的定义，很容易看出

$$\sum_{k=1}^{K}|S_k|\delta_k^2/4\leqslant\|\hat{U}-UO\|_{\mathrm{F}}^2=\mathrm{err}(K,n,c,\alpha_n,p_n).\tag{8.31}$$

由于 $\delta_k=\min\limits_{l\neq k}\|X'_{k*}-X'_{l*}\|_2=\sqrt{\dfrac{1}{n_k}+\dfrac{1}{\max\{n_l:l\neq k\}}}$，故 $n_k\delta_k^2\geqslant 1$. 因此，(8.31) 式蕴含

$$\sum_{k=1}^{K}\frac{|S_k|}{n_k}\leqslant 4\cdot\|\hat{U}-UO\|_{\mathrm{F}}^2=4\cdot\mathrm{err}(K,n,c,\alpha_n,p_n).\tag{8.32}$$

最后，证明在真实社区 k 中 (置换意义下) 但不在 S_k 中的节点被分在正确的类中. 为此，首先证明 $|S_k|<n_k$. 根据 (8.31) 式，有

$$|S_k|\leqslant\frac{4}{\delta_k^2}\mathrm{err}(K,n,c,\alpha_n,p_n).\tag{8.33}$$

由于 $n_k\delta_k^2\geqslant 1$，因此只需证明

$$4\cdot\mathrm{err}(K,n,c,\alpha_n,p_n)<1.\tag{8.34}$$

实际上，(7.47) 式可由 (8.8) 式得出. 故证明了对于每个 $1\leqslant k\leqslant K$，$|S_k|<n_k$. 因此，$T_k\equiv G_k\backslash S_k\neq\emptyset$. 设 $T=\cup_{k=1}^{K}T_k$，现在证明 $(UO)_{T*}$ 中的行与 $\hat{U}_{T*}$ 中的行一一对应. 一方面，对于 $i\in T_k$ 和 $j\in T_l$, 当 $l\neq k$ 时，有 $\hat{U}_{i*}\neq\hat{U}_{j*}$，否则会产生以下矛盾:

$$\begin{aligned}\max\{\delta_k,\delta_l\}&\leqslant\|(UO)_{i*}-(UO)_{j*}\|_2\\&\leqslant\|(UO)_{i*}-\hat{U}_{i*}\|_2+\|(UO)_{j*}-\hat{U}_{j*}\|_2\\&<\frac{\delta_k}{2}+\frac{\delta_l}{2},\end{aligned}\tag{8.35}$$

其中，第一和最后的不等式分别来自于 (8.29) 式和 (8.30) 式. 另一方面，对于 $i,j\in T_k$，有 $\hat{U}_{i*}=\hat{U}_{j*}$，若不然，则 U_{T*} 会有超过 K 个不同的行，这与输出社区数为 K 的事实矛盾.

至此，证明了 $\cup_{k=1}^{K}S_k$ 外的节点被正确聚类，并且 S_k 中误聚类节点的比例的上界为 (8.32) 式，从而得出定理 8.2 的结论.

8.4.4 引理 8.2 的证明

将利用文献 [155] 中建立的典型有界差异不等式来控制轻对的贡献. 下列命题重述了将使用的结果.

命题 8.1 (文献 [155] 中定理 1.2) 设 $X=(X_1,\cdots,X_N)$ 为一组独立随机变量，其中 X_k 取值于集合 Λ_k. 设 $\Gamma\subseteq\prod_{j\in[N]}\Lambda_j$ 是一个事件，并假设函数 $f:\prod_{j\in[N]}\Lambda_j\to\mathbb{R}$ 满足以下典型 Lipschitz 条件.

(TL) 存在 $(c_k)_{k\in[N]}$ 和 $(d_k)_{k\in[N]}$，满足 $c_k\leqslant d_k$，使得当 $x,\tilde{x}\in\prod_{j\in[N]}\Lambda_j$ 仅在第 k 个坐标上不同的时候，

$$\left|f(x)-f(\tilde{x})\right|\leqslant\begin{cases}c_k, & \text{如果 }\Gamma\text{ 成立},\\ d_k, & \text{其他}.\end{cases}\tag{8.36}$$

那么，对于所有满足 $\gamma_k\in(0,1]$ 的 $(\gamma_k)_{k\in[N]}$，存在一个事件 $\mathcal{B}=\mathcal{B}(\Gamma,(\gamma_k)_{k\in[N]})$，满足

$$\mathbb{P}(\mathcal{B})\leqslant\mathbb{P}(X\notin\Gamma)\sum_{k\in[N]}\gamma_k^{-1}\quad\text{并且}\quad\neg\mathcal{B}\subseteq\Gamma,\tag{8.37}$$

使得对于所有 $t\geqslant 0$，

$$\mathbb{P}(f(X)\geqslant\mathbb{E}f(X)+t\text{ 并且 }\neg\mathcal{B})\leqslant\exp\left(-\frac{t^2}{2\sum_{k\in[N]}(c_k+e_k)^2}\right),\tag{8.38}$$

其中 $e_k=\gamma_k(d_k-c_k)$. (8.37) 式和 (8.38) 式可得出如下结论：

$$\mathbb{P}(f(X)\geqslant\mathbb{E}f(X)+t)\leqslant\exp\Big(-\frac{t^2}{2\sum_{k\in[N]}(c_k+\gamma_k(d_k-c_k))^2}\Big)+\mathbb{P}(X\notin\Gamma)\sum_{k\in[N]}\gamma_k^{-1}.\tag{8.39}$$

现在继续对轻对进行分析. 对于所有 $i,j=1,\cdots,n$，定义

$$u_{ij}=x_iy_j\mathbf{1}((i,j)\in\mathcal{L})+x_jy_i\mathbf{1}((j,i)\in\mathcal{L}).$$

那么

$$\sum_{(i,j)\in\mathcal{L}} x_i y_j (W^M - \mathbb{E}(W^M))_{ij} = \sum_{i<j}\sum_{k\neq i,j} \mathbf{1}(W_{ij}W_{ik}W_{jk}>0)(W_{ij}+W_{ik}+W_{jk})u_{ij}$$
$$-\sum_{i<j}\sum_{k\neq i,j} \mathbb{E}\big(\mathbf{1}(W_{ij}W_{ik}W_{jk}>0)(W_{ij}+W_{ik}+W_{jk})\big)u_{ij}. \tag{8.40}$$

为了使用命题 8.1 中的结果，定义

$$f(W) = \sum_{i<j}\sum_{k\neq i,j} \mathbf{1}(W_{ij}W_{ik}W_{jk}>0)(W_{ij}+W_{ik}+W_{jk})u_{ij}. \tag{8.41}$$

显然，f 是独立变量 $W_{ij}(i,j=1,\cdots,n)$ 的函数. 现在分析当仅改变一个 W_{ij} 元素时对 f 的影响，即具体化 (8.36) 式. 假设 W_{ij} 改变，那么在含 u_{ij} 的项上对 f 的影响是“大的”. 特别地，影响的上界为

$$\sum_{k\neq i,j} \mathbf{1}(W_{ik}\cdot W_{jk}>0)(1+W_{ik}+W_{jk})u_{ij}. \tag{8.42}$$

另一方面，在含 u_{ik} 或 u_{jk} 的项上对 f 的影响是“小的”. 特别地，影响的上界为 $3u_{ik}$ 或 $3u_{jk}$，其中 k 是 i 和 j 的共同邻居. 为了进一步界定“大的”影响和“小的”影响，定义

$$\tau_{ij} = \sum_{k\neq i,j} \mathbf{1}(W_{ik}\cdot W_{jk}>0)(1+W_{ik}+W_{jk}), \tag{8.43}$$

定义集合 Γ

$$\Gamma = \{(W_{ij}) : \max_{ij} \tau_{ij} \leqslant c\tau_{\max}\}, \tag{8.44}$$

其中 c 足够大. 希望证明当 n 趋近于无穷大时，W 不在集合 Γ 中的概率趋于零. 为此，首先控制

$$\delta_{ij}^k := \mathbf{1}(W_{ik}\cdot W_{jk}>0)(1+W_{ik}+W_{jk})$$

的期望. 特别地，

$$\mathbb{E}(\delta_{ij}^k) = \mathbb{E}\big(\mathbf{1}(W_{ik}\cdot W_{jk}>0)(1+W_{ik}+W_{jk})\big) \leqslant c' p_n^2. \tag{8.45}$$

现在使用 Bernstein 不等式来分析 W 不在集合 Γ 中的概率.

$$\begin{aligned}
&\mathbb{P}(W\notin\Gamma)\\
\leqslant & n^2\mathbb{P}(\tau_{ij} > c\tau_{\max})\\
\leqslant & n^2\mathbb{P}\Big(\sum_{k\neq i,j} \mathbf{1}(W_{ik}\cdot W_{jk}>0)(1+W_{ik}+W_{jk}) > c\tau_{\max}\Big)\\
\leqslant & n^2\mathbb{P}\Big(\sum_{k\neq i,j} \big[\mathbf{1}(W_{ik}\cdot W_{jk}>0)(1+W_{ik}+W_{jk}) - \mathbb{E}(\delta_{ij}^k)\big] > c\tau_{\max} - c' n p_{\max}\Big)
\end{aligned}$$

$$
\begin{aligned}
&\leqslant n^2\mathbb{P}\Big(\sum_{k\neq i,j}\big[\mathbf{1}(W_{ik}\cdot W_{jk}>0)(1+W_{ik}+W_{jk})-\mathbb{E}(\delta_{ij}^k)\big]>c''\tau_{\max}\Big)\\
&\leqslant n^2\exp\Big(-\frac{c\tau_{\max}^2}{c'np_n^2+c''\tau_{\max}}\Big)\leqslant n^2\exp\big(-c'''\tau_{\max}\big)\\
&\leqslant n^2\exp(-\log n^c)\leqslant n^{-c+2}\leqslant n^{-c'},
\end{aligned}
\tag{8.46}
$$

其中，使用了以下事实，$\tau_{\max}\geqslant c\log n$，$\tau_{\max}=np_n^2$，$p_n^2\geqslant c\log n/n$，$\mathbb{E}((\delta_{ij}^k)^2)\leqslant c\mathbb{E}(\delta_{ij}^k)$ 及 (8.45) 式.

接下来，继续分析改变 W 的一个元素 W_{ij} 对 $f(W)$ 的影响. 结合 (8.43) 式，给定事件 Γ，有

$$
\sum_{k\neq i,j}\mathbf{1}(W_{ik}\cdot W_{jk}>0)\leqslant\tau_{ij}=\sum_{k\neq i,j}\mathbf{1}(W_{ik}\cdot W_{jk}>0)(1+W_{ik}+W_{jk})\leqslant c\tau_{\max},\tag{8.47}
$$

这意味着事件 Γ 成立时，作为 i 和 j 的共同邻居的 k 的数量不大于 $c\tau_{\max}$. 在上段中给出，“大的”影响的上界为

$$
\sum_{k\neq i,j}\mathbf{1}(W_{ik}\cdot W_{jk}>0)(1+W_{ik}+W_{jk})u_{ij},
$$

而“小的”影响的界分别为 $3u_{ik}$ 或 $3u_{jk}$，k 是 i 和 j 的共同邻居. 因此，结合“大的”“小的”影响，当事件 Γ 成立时，改变 $f(W)$ 中一个元素 W_{ij} 对 $f(W)$ 的总影响的上界为

$$
c_{ij}\leqslant c\tau_{\max}u_{ij}+3\sum_{k:W_{ik}W_{jk}>0}u_{ik}\leqslant c\tau_{\max}u_{ij}+c'\tau_{\max}u_{ik}.\tag{8.48}
$$

另一方面，当事件 $\neg\Gamma$ 发生时，改变 $f(W)$ 中一个元素 W_{ij} 的总影响变为

$$
d_{ij}\leqslant 3nu_{ij}+3nu_{ik}.\tag{8.49}
$$

现在，将具体化公式 (8.38). 对所有的 i,j，定义 $\gamma_{ij}=\dfrac{1}{n}$. 那么，回顾 $\tau_{\max}$ 的定义，有 $e_{ij}=\gamma_{ij}(d_{ij}-c_{ij})=o(c_{ij})$. 并且

$$
\sum_{ij}c_{ij}^2\leqslant c\tau_{\max}^2\sum_{ij}u_{ij}^2,\tag{8.50}
$$

以及

$$
\mathbb{P}(\mathcal{B})\leqslant\mathbb{P}(W\notin\Gamma)\sum_{i,j}\gamma_{ij}^{-1}=n^3\mathbb{P}(W\notin\Gamma)\leqslant\exp\big(-(c'-3)\log n\big).\tag{8.51}
$$

因此，结合 (8.50) 式和 (8.38) 式，对于足够大的 c，得到

$$
\begin{aligned}
&\mathbb{P}(f(W)-\mathbb{E}f(W)>c\sqrt{D}\cap\neg\mathcal{B})\\
\leqslant&\exp\Big(-\frac{c^2D}{c'\tau_{\max}^2\sum_{ij}u_{ij}^2}\Big)\\
\leqslant&\exp\Big(-\frac{c^2\tau_{\max}^2n\alpha_np_n}{c'\tau_{\max}^2\sum_{ij}u_{ij}^2}\Big)\\
\leqslant&\exp(-cn\sqrt{n\alpha_np_n})\leqslant\exp(-c''n),
\end{aligned}
$$

其中第二个不等式来自以下事实：

$$
\sum_{ij}u_{ij}^2\leqslant c\max_{ij}|u_{ij}|\sum_{i,j}|x_iy_j|\leqslant c\frac{\sqrt{D}}{n\tau_{\max}}\|x\|_2\|y\|_2\leqslant c'\frac{\sqrt{D}}{n\tau_{\max}},
$$

最后一个不等式由$\alpha_np_n>c''(\log n)^{\beta}/n$ 推导得出，其中 c'' 为某个小常数. 最后，由于事件 $\{W\notin\Gamma\}$ 不依赖于向量 x 和 y 的选择，因此关于所有 x 和 y 取上确界，并结合公式 (8.51) 和公式 (8.4.4) 以及公式 (8.39)，得到

$$
\begin{aligned}
&\mathbb{P}\Big(\sup_{x,y\in\mathcal{N}}\Big|\sum_{(i,j)\in\mathcal{L}}x_iy_j(W^M-\mathbb{E}(W^M))_{ij}\Big|\geqslant c_1\sqrt{D}\Big)\\
\leqslant&\exp\Big(-(c''-\log 5)n\Big)+\exp\Big(-(c'-3)\log n\Big), \qquad (8.52)
\end{aligned}
$$

其中使用了 $|\mathcal{N}|\leqslant\exp(n\log 5)$. 由于 c'' 和 c' 足够大，公式 (8.52) 中的概率随 n 的增加而多项式衰减. 证明完毕.

8.4.5　引理 8.3 的证明

此处将重点讨论那些满足 $x_i>0,y_j>0$ 的重对 (i,j) 的集合

$$
\mathcal{H}_1=\{(i,j)\in\mathcal{H}:x_i>0,y_j>0\}.
$$

其他三种情况可以类似地处理. 将需要以下符号:

- $I_1=\{i:\frac{1}{2n^{1/2}}\leqslant x_i\leqslant\frac{1}{n^{1/2}}\}, J_1=\{j:\frac{1}{2n^{1/2}}\leqslant y_j\leqslant\frac{1}{n^{1/2}}\}$,

  $I_s=\{i:\frac{2^{s-1}}{2n^{1/2}}\leqslant x_i\leqslant\frac{2^s}{2n^{1/2}}\}$ 对于 $s=2,3,\cdots,\lceil\log_2 2n^{1/2}\rceil$.

  $J_t=\{j:\frac{2^{t-1}}{2n^{1/2}}\leqslant y_j\leqslant\frac{2^t}{2n^{1/2}}\}$ 对于 $t=2,3,\cdots,\lceil\log_2 2n^{1/2}\rceil$.
- 若 $I\cap J=\emptyset$，则 $e(I,J)=\sum_{i\in I}\sum_{j\in J}W_{ij}^M$；

  若 $I\cap J\neq\emptyset$，则 $\sum_{(i,j)\in I\times J\backslash(I\cap J)^2}W_{ij}^M+\sum_{(i,j)\in(I\cap J)^2,i<j}W_{ij}^M$.
- $\mu(I,J)=\mathbb{E}(e(I,J))$，$\bar{\mu}=|I||J|\frac{\Delta}{n}$，其中 $\Delta=n^2\alpha_np_n^3$.

- $\lambda_{st}=e(I_s,J_t)/\bar{\mu}_{st}$，其中 $\bar{\mu}_{st}=\bar{\mu}(I_s,J_t)$.
- $\alpha_s=|I_s|2^{2s}/n$，$\beta_t=|J_t|2^{2t}/n$，以及 $\sigma_{st}=\lambda_{st}\dfrac{\sqrt{D}}{\tau_{\max}}2^{-(s+t)}$.

首先给出以下两个引理，它们在证明中起着关键作用.

引理 8.4 令

$$d_i^M=\sum_j\sum_{k\neq i,j}(\mathbf{1}(W_{ij}\cdot W_{ik}\cdot W_{jk}>0)(W_{ij}+W_{ik}+W_{jk}))$$

表示节点 i 的加权三角度. 如果对于任意 $0<\beta<1$ 有 $\alpha_n p_n^2>c''(\log n)^\beta/n$，则对于所有的 i 和某些常数 $r_4,r_5>0$，存在常数 $c_3(r_4,r_5)>0$，使得

$$d_i^M\leqslant c_3\Delta,$$

上式发生的概率大于 $1-n^{-r_4}-\exp(-r_5(\log n)^\beta)$.

引理 8.5 对于常数 $r_6>0$，存在常数 $c_4=c_4(r_6)>0, c_5=c_5(r_6)>0$，使得在概率大于 $1-2n^{-r_6}$ 的情况下，对于任意的 $I,J\subseteq[n]$ 且满足 $[I]\leqslant[J]$，至少有以下一个结论成立：

(1) $\dfrac{e(I,J)}{\bar{\mu}(I,J)}\leqslant ec_4$,

(2) $e(I,J)\log\dfrac{e(I,J)}{\bar{\mu}(I,J)}\leqslant c_5\tau_{\max}|J|\log\dfrac{n}{|J|}$.

定义事件 $\mathcal{E}$ 表示引理 8.4 和引理 8.5 的结果成立. 在接下来的讨论中，将在事件 $\mathcal{E}$ 成立时进行分析. 首先以下结论成立：

$$\begin{aligned}&\sum_{(i,j)\in\mathcal{H}_1}x_iy_jW_{ij}^M\\
\leqslant&2\sum_{2^{(s+t)}\geqslant\frac{\sqrt{D}}{\tau_{\max}}}e(I_s,J_t)\frac{2^s}{2n^{1/2}}\frac{2^t}{2n^{1/2}}\\
\leqslant&2\frac{1}{4}\sum_{2^{(s+t)}\geqslant\frac{\sqrt{D}}{\tau_{\max}}}\frac{e(I_s,J_t)}{|I_s||J_t|n\alpha_np_{\max}^3}\frac{D}{\tau_{\max}}\frac{2^s|I_s|2^t|J_t|}{n^2}\\
=&\frac{1}{2}\sqrt{D}\sum_{2^{(s+t)}\geqslant\frac{\sqrt{D}}{\tau_{\max}}}\frac{e(I_s,J_t)}{\bar{\mu}(I_s,J_t)}\frac{\sqrt{D}}{\tau_{\max}}2^{-(s+t)}\frac{2^{2s}|I_s|2^{2t}J_t}{n^2}\\
=&\frac{1}{2}\sqrt{D}\sum_{2^{(s+t)}\geqslant\frac{\sqrt{D}}{\tau_{\max}}}\alpha_s\beta_t\sigma_{st}.\end{aligned}$$

下面将证明 $\sum\limits_{2^{(s+t)}\geqslant\frac{\sqrt{D}}{\tau_{\max}}}\alpha_s\beta_t\sigma_{st}$ 是有界的. 为此，参考文献 [105, 156-157] 中的处理，将对集合 $\mathcal{C}:\{(s,t):2^{(s+t)}\geqslant\dfrac{\sqrt{D}}{\tau_{\max}},|I_s|\leqslant|J_t|\}$ 进行分割，分成六个子集，并分别进行控制. 证明过程中将反复使用以下结论：

$$\sum_s\alpha_s\leqslant4(1/2)^{-2}=16,\qquad\sum_t\beta_t\leqslant4(1/2)^{-2}=16.$$

• $\mathcal{C}_1:\{(s,t)\in\mathcal{C},\sigma_{st}\leqslant 1\}$.

$$\sum_{s,t}\alpha_s\beta_t\sigma_{st}\mathbf{1}\{(s,t)\in\mathcal{C}_1\}\leqslant\sum_{s,t}\alpha_s\beta_t\leqslant 256.$$

• $\mathcal{C}_2:\{(s,t)\in\mathcal{C}\backslash\mathcal{C}_1,\lambda_{st}\leqslant ce\}$.

由于

$$\sigma_{st}=\lambda_{st}\frac{\sqrt{D}}{\tau_{\max}}2^{-(s+t)}\leqslant\lambda_{st}\leqslant ce,$$

因此

$$\sum_{s,t}\alpha_s\beta_t\sigma_{st}\mathbf{1}\{(s,t)\in\mathcal{C}_2\}\leqslant ce.$$

• $\mathcal{C}_3:\{(s,t)\in\mathcal{C}\backslash(\mathcal{C}_1\cup\mathcal{C}_2),2^{s-t}\geqslant\frac{\sqrt{D}}{\tau_{\max}}\}$.

根据引理 8.4，由于

$$\lambda_{st}=\frac{e(I_s,J_t)}{\bar{\mu}_{st}}\leqslant c\frac{|I_s|\Delta}{|I_s||J_t|\Delta/n}\leqslant c\frac{n}{|J_t|}.$$

故

$$\sigma_{st}=\lambda_{st}\frac{\sqrt{D}}{\tau_{\max}}2^{-(s+t)}\leqslant c\frac{n}{|J_t|}\frac{\sqrt{D}}{\tau_{\max}}2^{-(s+t)}.$$

因此，

$$\sum_t\beta_t\sigma_{st}\leqslant c\sum_t 2^{2t}\frac{|J_t|}{n}\cdot\frac{n}{|J_t|}\frac{\sqrt{D}}{\tau_{\max}}2^{-(s+t)}=c\sum_t\frac{\sqrt{D}}{\tau_{\max}2^{s-t}}\leqslant c,$$

其中最后的不等式来自几何级数的性质. 最后，得到

$$\sum_{s,t}\alpha_s\beta_t\sigma_{st}\mathbf{1}\{(s,t)\in\mathcal{C}_3\}\leqslant c\sum_s\alpha_s\leqslant c'.$$

• $\mathcal{C}_4:\{(s,t)\in\mathcal{C}\backslash(\mathcal{C}_1\cup\mathcal{C}_2\cup\mathcal{C}_3),\log\lambda_{st}>\frac{1}{4}[2t\log 2+\log(1/\beta_t)]\}$.

根据引理 8.5，

$$\lambda_{st}\log\lambda_{st}|I_s||J_t|\frac{\Delta}{n}=\frac{e(I_s,J_t)}{\bar{\mu}(I_s,J_t)}\log\frac{e(I_s,J_t)}{\bar{\mu}(I_s,J_t)}\bar{\mu}(I_s,J_t)\leqslant c_5\tau_{\max}|J_t|\log\frac{n}{|J_t|}.$$

根据 $\frac{\tau_{\max}}{\Delta}=\frac{\tau_{\max}^2}{D}$，$D,\Delta$ 和 $p_n\geqslant\frac{\log n}{n}$ 的定义，可得

$$\begin{aligned}\sigma_{st}\alpha_s&\leqslant\lambda_{st}\frac{\sqrt{D}}{\tau_{\max}}2^{-(s+t)}\frac{|I_s|2^{2s}}{n}\\&\leqslant c_5\frac{1}{\log\lambda_{st}}\frac{\tau_{\max}^2}{D}\log\left(\frac{n}{|J_t|}\right)\frac{\sqrt{D}}{\tau_{\max}}2^{s-t}\\&\leqslant c_5\frac{1}{\log\lambda_{st}}\frac{2^{s-t}}{\sqrt{D}/\tau_{\max}}\left[2t\log 2+\log(\frac{1}{\beta_t})\right]\\&\leqslant 4c_5\frac{2^{s-t}}{\sqrt{D}/\tau_{\max}}.\end{aligned}\tag{8.53}$$

那么

$$\begin{aligned}\sum_{s,t}\alpha_s\beta_t\sigma_{st}\mathbf{1}\{(s,t)\in\mathcal{C}_4\}&=\sum_t\beta_t\sum_s\sigma_{st}\alpha_s\mathbf{1}\{(s,t)\in\mathcal{C}_4\}\\&\leqslant 4c_5\sum_t\beta_t\sum_s\frac{2^{s-t}}{\sqrt{D}/\tau_{\max}}\mathbf{1}\{(s,t)\in\mathcal{C}_4\}\leqslant 4c_5\sum_t\beta_t\leqslant c',\end{aligned}$$

其中利用了 $(s,t)\notin\mathcal{C}_3$.

• $\mathcal{C}_5:\{(s,t)\in\mathcal{C}\backslash(\mathcal{C}_1\cup\mathcal{C}_2\cup\mathcal{C}_3\cup\mathcal{C}_4),2t\log2\geqslant\log(1/\beta_t)\}$.

由于 $(s,t)\notin\mathcal{C}_4$,

$$\log\lambda_{st}\leqslant\frac{1}{4}[2t\log2+\log\beta_t^{-1}]\leqslant ct\log2,$$

故 $\lambda_{st}\leqslant c2^t$. 由于 $(s,t)\notin\mathcal{C}_1$,

$$1\leqslant\sigma_{st}=\lambda_{st}\frac{\sqrt{D}}{\tau_{\max}}2^{-(s+t)}\leqslant c\frac{\sqrt{D}}{\tau_{\max}}2^{-s}.$$

并且由于 $(s,t)\notin\mathcal{C}_2$，可得 $\log\lambda_{st}\geqslant c'$. 因此根据公式 (8.53) 和 $\mathcal{C}_5$ 的定义，得到

$$\sigma_{st}\alpha_s\leqslant c\frac{2^{s-t}}{\sqrt{D}/\tau_{\max}}\cdot 4t\log2.$$

因此,

$$\begin{aligned}\sum_{s,t}\alpha_s\beta_t\sigma_{st}\mathbf{1}\{(s,t)\in\mathcal{C}_5\}&=\sum_t\beta_t\sum_s\sigma_{st}\alpha_s\mathbf{1}\{(s,t)\in\mathcal{C}_5\}\\&\leqslant c\sum_t\beta_t\sum_s\frac{2^{s-t}}{\sqrt{D}/\tau_{\max}}4t\\&\leqslant c\sum_t\beta_t t2^{-t}\sum_s\frac{2^s}{\sqrt{D}/\tau_{\max}}\\&\leqslant c\sum_t\beta_t\leqslant c',\end{aligned}$$

其中，最后的不等式来自几何级数的性质.

• $\mathcal{C}_6:\{(s,t)\in\mathcal{C}\backslash(\mathcal{C}_1\cup\mathcal{C}_2\cup\mathcal{C}_3\cup\mathcal{C}_4\cup\mathcal{C}_5)\}$.

由于 $(s,t)\notin\mathcal{C}_4\cup\mathcal{C}_2\cup\mathcal{C}_5$, 故

$$0<\log\lambda_{st}\leqslant\frac{1}{4}[2t\log2+\log\beta_t^{-1}]\leqslant\frac{1}{2}\log\beta_t^{-1}\leqslant\log\beta_t^{-1}.$$

那么

$$\begin{aligned}\sum_{s,t}\alpha_s\beta_t\sigma_{st}\mathbf{1}\{(s,t)\in\mathcal{C}_6\}&=\sum_s\alpha_s\sum_t\beta_t\lambda_{st}\frac{\sqrt{D}}{\tau_{\max}}2^{-(s+t)}\mathbf{1}((s,t)\notin\mathcal{C}_6)\\&\leqslant\sum_s\alpha_s\sum_t\frac{\sqrt{D}}{\tau_{\max}}2^{-(s+t)}\mathbf{1}((s,t)\notin\mathcal{C}_6)\\&\leqslant c\sum_s\alpha_s\leqslant c'.\end{aligned}$$

将上述结果结合，并结合 (8.18) 式，对于任何固定的 $x, y \in \mathcal{H}$，得到给定事件 $\mathcal{E}$，

$$\sum_{(i,j)\in\mathcal{H}} x_i y_j W_{ij}^M \leqslant c\sqrt{D}.$$

取上确界并结合引理 8.4 和引理 8.5 的结果，得出引理 8.3 的结论.

8.4.6　引理 8.4 的证明

将利用下述命题来证明.

命题 8.2 (文献 [158] 中的定理 9) 设 $(Y_i), i \in \mathcal{I}$ 是一组非负随机变量，满足 $\sum\limits_{i\in\mathcal{I}} \mathbb{E}(Y_i) \leqslant \mu$. 假设 $\sim$ 是 $\mathcal{I}$ 上的对称关系，使得对于 $i \in \mathcal{I}$，每个 Y_i 独立于 $\{Y_j : j \in \mathcal{I}, j \nsim i\}$. 设 $Z_C = \max \sum\limits_{i\in\mathcal{J}} Y_i$，其中最大值是在所有集合 $\mathcal{J} \subset \mathcal{I}$ 上取的，使得 $\max_{j\in\mathcal{J}} \sum\limits_{i\in\mathcal{J}, i\sim j} Y_i \leqslant C$. 则对于所有的 $C, t > 0$，有

$$\mathbb{P}(Z_C \geqslant \mu + t) \leqslant \min\left\{\exp\left(-\frac{t^2}{2C(\mu + t/3)}\right), \left(1 + \frac{t}{2\mu}\right)^{-t/2C}\right\}.$$

现在讨论分析度的上界. 首先，容易得到

$$\begin{aligned}\mathbb{E}d_i^M =& \mathbb{E}\left[\sum_j \sum_{k\neq i,j} (\mathbf{1}(W_{ij}W_{ik}W_{jk} > 0)(W_{ij} + W_{ik} + W_{jk}))\right] \\ \leqslant& 3n^2\alpha_n p_{\max}^3 \leqslant c\Delta,\end{aligned}$$

其中，$\Delta = n^2\alpha_n p_n^3$. 接下来，设 I_i 为包含节点 i 的所有三角形的集合，并定义

$$M_\theta := \mathbf{1}(W_{ij} \cdot W_{ik} \cdot W_{jk} > 0)(W_{ij} + W_{ik} + W_{jk})$$

其中，索引 $\theta = \{i, j, k\} \in I_i$. 在 (8.44) 式中定义事件 Γ 下，每对节点至多有 $C = c\tau_{\max}$ 个公共邻居，且该良好事件的发生概率大于 $1 - n^{-c''}$. 显然，如果属于集合 I_i 的两个三角形没有共享任何边，那么它们是独立的. 设 $\sim$ 表示一个关系，若 $\theta_1 \sim \theta_2$，则表示 θ_1 和 θ_2 共享一条边. 对于任意的 M_{ijk}，定义 $J_i \subseteq I_i$ 为

$$J_i = \{\theta : \max_{\theta_1 \in J_i} |\theta_2 \in J; \theta_1 \text{和 } \theta_2 \text{ 至少共享一条边}| \leqslant 2C\}.$$

那么，可得

$$\max_{\theta_2\in J_i} \sum_{\theta_1\in J_i:\theta_1\sim\theta_2} M_\theta \leqslant 3\cdot 2C \leqslant c\tau_{\max}, \quad \sum_{\theta\in\mathcal{I}_i} \mathbb{E}(M_\theta) \leqslant \Delta.$$

取 $t=\mu=\Delta$，那么命题 8.2蕴含

$$\begin{aligned}&\mathbb{P}(\max_{J_i}\sum_{\theta\in J_i}M_\theta\geqslant 2\Delta)\\ \leqslant&\min\Big\{\exp\Big(-\frac{\Delta^2}{6C(\Delta+\Delta/3)}\Big),\Big(1+\frac{\Delta}{2\Delta}\Big)^{-\Delta/6C}\Big\}\\ =&\min\Big\{\exp\Big(-\frac{\Delta}{c\tau_{\max}}\Big),(\frac{3}{2})^{-\Delta/c\tau_{\max}}\Big\}\\ \leqslant&\exp(-c'(\log n)^\beta),\end{aligned}$$

其中，最后的不等式是根据假设 $\dfrac{\Delta}{\tau_{\max}}\geqslant cn\alpha_np_n\geqslant c'(\log n)^\beta$ 得出的，且 $0<\beta<1$. 当事件 Γ 成立时，有 $J_i^*=I_i$，从而 $\max\limits_{J_i}\sum\limits_{\theta\in J_i}M_\theta=d_i^M$. 因此，

$$\begin{aligned}&\mathbb{P}(d_i^M\geqslant 2\Delta)\\ \leqslant&\exp(-c'(\log n)^\beta)+P(W\notin\Gamma)\\ \leqslant&n^{-c''}+\exp(-c'(\log n)^\beta).\end{aligned}$$

证明完毕.

8.4.7 引理 8.5 的证明

注意到 $\bar{\mu}=|I||J|\dfrac{\Delta}{n}$，其中 $\Delta=n^2\alpha_np_n^3$. 因此，如果 $|J|>\dfrac{n}{e}$，那么

$$\frac{e(I,J)}{\bar{\mu}(I,J)}=\frac{\sum\limits_{i\in I}\max\limits_i d_i^M}{|I|\Delta/e}\leqslant\frac{c|I|\Delta}{|I|\Delta/e}\leqslant c'e,$$

引理8.5中情况 (1) 即成立.

现在证明情况 (2) 也成立. 令 S 为所有 3 元组的集合，使得每个元组在集合 I 和 J 中各有一个顶点. 则

$$e(I,J)=\sum_{\theta\in S(I,J)}W_\theta^M,$$

并且

$$\mathbb{E}(\sum_{\theta\in S(I,J)}W_\theta^M)\leqslant|I||J|\Delta/n=\bar{\mu}(I,J).$$

由于 $e(I,J)$ 是非独立随机变量的和，接下来使用命题 8.2 中的集中不等式来分析 $e(I,J)$. 在本章前面证明中，证明了当 (8.31) 式中定义的事件 Γ 发生时，每对节点至多有 $C=c\tau_{\max}$ 个公共邻居，且该事件的发生概率大于 $1-n^{-c''}$. 定义 $S^*\subset S$ 为如下集合，任何 W_θ^M 依赖于其他 $2C$ 个 W_θ^M. 那么在事件 Γ 下，

$$\max_{\theta_1\in S^*}\sum_{\theta_2\in S^*(I,J),\theta_2\sim\theta_1}W_\theta^M\leqslant c\tau_{\max}.$$

令 $t=(l-1)\bar{\mu}(I,J)$，应用命题 8.2，可以得到

$$
\begin{aligned}
&\mathbb{P}(e(I,J)\\
\leqslant& l\bar{\mu}(I,J))\leqslant \exp\Big(-\frac{t}{4\tau_{\max}}\log(1+\frac{t}{2\bar{\mu}(I,J)})\Big)\\
\leqslant&\exp\Big(-\frac{(\bar{\mu}(I,J)+t)\log(1+\frac{t}{\bar{\mu}(I,J)})-t}{\tau_{\max}}\Big)\\
=&\exp\Big(\frac{l\log l\bar{\mu}(I,J)-(l-1)\bar{\mu}(I,J)}{\tau_{\max}}\Big),\\
\leqslant&\exp\Big(-\frac{1}{2}\frac{l\log l\bar{\mu}(I,J)}{\tau_{\max}}\Big),
\end{aligned}
$$

其中第二个不等式来自以下事实：

$$
\bar{\mu}(I,J)\log l-(l-1)\bar{\mu}(I,J)\leqslant (l-1)\bar{\mu}(I,J)/2\log(1+(l-1)/2),
$$

其中最后一个不等式当 $l\geqslant 8$ 时成立. 证明的其余部分与文献 [105, 156-157] 中的几乎相同，因此略去. 证明完毕.

第 9 章　多层网络数据的社区发现

现代网络分析通常涉及多层网络数据. 相比于单层网络, 多层网络提供了节点之间更加丰富的拓扑结构信息. 如何充分利用多层网络得到比单层网络更好的统计理论和应用效果是多层网络社区发现研究的重点. 相比于无向网络, 含有向边的多层网络数据包含更多的信息. 为了更好地考虑有向网络的非对称性, 相比将节点划分为一组社区结构, 更合理的方法是对网络节点进行协同聚类, 也就是通过两种方式对节点进行社区发现以获得行社区 (也称为行类) 和列社区 (也称为列类). 同一行社区中的节点具有相似的发出边的模式, 同一列社区中的节点具有相似的接收边的模式. 本章将介绍多层有向网络的随机块模型及其协同谱聚类方法, 讨论协同谱聚类的理论性质[159], 并给出数值分析和实际数据分析实例.

9.1　多层随机共分块模型及其代数性质

9.1.1　多层随机共分块模型

考虑一个具有 L 层和 n 个共同节点的多层有向网络, 其每层的邻接矩阵表示为 A_l. 假设所有层共享相同的行类和列类, 但每层的边连接概率可能不同. 具体而言, 假设 n 个节点分别被分配到 K_y 个不重叠的行类和 K_z 个不重叠的列类中. 行类 $k \in \{1,\cdots,K_y\}$ 中的节点数记作 n_k^y, 列类 $k \in \{1,\cdots,K_z\}$ 中的节点记作 n_k^z. 对于 $i \in \{1,\cdots,n\}$, 节点 i 的行社区划分记作 $g_i^y \in \{1,\cdots,K_y\}$, 列社区划分记作 $g_i^z \in \{1,\cdots,K_z\}$. 在给社区划分的情况下, 假设各层网络独立地从随机共分块模型[125] 中生成. 也即对于任意节点对 $1 \leqslant i \neq j \leqslant n$ 和任意层 $l \in \{1,\cdots,L\}$, 每个 $A_{l,ij}$ 独立地按如下方式生成:

$$A_{l,ij} \sim \text{Bernoulli}(\rho B_{l,g_i^y g_j^z}), \tag{9.1}$$

其中, $\rho \in (0,1]$ 是整体的边密度参数 $B_l \in [0,1]^{K\times K}$ 表示异质的连接概率矩阵, 度量第 l 层中社区间的边连接概率. 为方便起见, 假定节点无自连接边, 即对于任意 $l \in \{1,\cdots,L\}$ 和 $i=j$, 有 $A_{l,ii}=0$. 将 L 层的网络 $\{A_l\}_{l=1}^L$ 联合起来, 称该多层网络是从多层随机共分块模型生成. 该模型是对于随机共分块模型在多层网络一个自然的推广.

在本章中, 假定社区数量是固定的, 且社区规模是均衡的. 具体而言, 有以下假设.

假设 9.1 行类数 K_y 和列类数 K_z 固定. 社区规模均衡, 即对任意 $k \in \{1,\cdots,K_y\}$, 记行社区 k 内的节点数量为 n_k^y, 对任意 $k' \in \{1,\cdots,K_z\}$, 记列社区 k' 内的节点数量为 $n_{k'}^z$, 存在常数 $c_0 \geqslant 1$, 使得

$$c_0^{-1}\frac{n}{K_y} \leqslant n_k^y \leqslant c_0\frac{n}{K_y}, \qquad c_0^{-1}\frac{n}{K_z} \leqslant n_{k'}^z \leqslant c_0\frac{n}{K_z}.$$

9.1.2 多层随机共分块模型的代数性质

对于单层网络数据，协同谱聚类是一种广泛使用且有效的算法[106, 125]. 该算法首先对邻接矩阵 A 进行奇异值分解，然后对左右奇异向量分别进行 k-means 聚类，从而获得行类和列类划分. 对于多层随机共分块模型，同样可基于协同谱聚类方法来同时检测行类与列类. 直观上，可以将层内邻接矩阵的求和矩阵 $\sum_{l=1}^{L} A_l$ 作为协同谱聚类算法的输入. 但这种直接求和可能会导致类信息抵消. 例如，考虑一个两层随机共分块模型，两层的连接概率矩阵分别为

$$B_1 := \begin{bmatrix} a & b \\ c & d \end{bmatrix}, \qquad B_2 := \begin{bmatrix} b & a \\ d & c \end{bmatrix},$$

直接求和后两列相同，即使在总体层面都无法有效区分列类.

考虑到 Gram 矩阵 $A_l A_l^T$ 的第 ij 个元素表示节点 i 和 j 的共同子节点 (接收) 的数量，$A_l^T A_l$ 的第 ij 个元素表示节点 i 和 j 的共同父节点 (发送) 的数量. 同一行类内的节点表现出相似的发送模式，同一列类内的节点表现出相似的接收模式. 因此，用 Gram 矩阵和 $\sum_{l=1}^{L} A_l A_l^T$(或 $\sum_{l=1}^{L} A_l^T A_l$) 的主特征向量作为后续 k-means 聚类的输入，从而分别获得具有相似发送模式的节点的行类和具有相似接收模式的列类.

在给出最终的协同谱聚类算法之前，首先研究总体版本的 $\sum_{l=1}^{L} A_l A_l^T$ 和 $\sum_{l=1}^{L} A_l^T A_l$ 的特征向量的理论性质. 先给出一些符号定义. 设 $Y \in \{0,1\}^{n\times K_y}$ 和 $Z \in \{0,1\}^{n\times K_z}$ 分别表示行类和列类的 Membership 矩阵，其中每行除了一个 1 以外全为 0. 具体而言，对于每个 i, 有 $Y_{ig_i^y} = 1$ 和 $Z_{ig_i^z} = 1$. 对于 $l \in \{1, \cdots, L\}$, 记 $\mathcal{P}_l := \rho Y B_l Z^T$, 类似多层随机块模型，可以看出 $\mathcal{P}_l$ 是 A_l 的总体矩阵，满足 $\mathcal{P}_l - \mathrm{diag}(\mathcal{P}_l) = \mathbb{E}(A_l)$. 下面的引理将表明 $\sum_{l=1}^{L} \mathcal{P}_l \mathcal{P}_l^T$ 和 $\sum_{l=1}^{L} \mathcal{P}_l^T \mathcal{P}_l$ 的特征向量的行可以分别揭示真实的行类和列类. 相关证明见9.4.1节. 首先给出关于行类的结果.

引理 9.1 考虑由参数 $(Y_{n\times K_y}, Z_{n\times K_z}, \rho\{B_l\}_{l=1}^{L})$ 确定的多层随机共分块模型. 假定

$$\mathrm{rank}\big(\sum_{l=1}^{L} B_l B_l^T\big) = K (K \leqslant K_y).$$

记 $\sum_{l=1}^{L} \mathcal{P}_l \mathcal{P}_l^T$ 的特征分解为 $U\Lambda^R U^T$，其中 U 是 $n\times K$ 的正交矩阵，Λ^R 是 $K\times K$ 的对角矩阵. 记 $\Delta_y \sum_{l=1}^{L} B_l \Delta_z^2 B_l^T \Delta_y$ 的特征分解为 $Q^R D^R Q^{R^T}$，其中，

$$\Delta_y := \mathrm{diag}\left(\sqrt{n_1^y}, \cdots, \sqrt{n_{K_y}^y}\right), \quad \Delta_z := \mathrm{diag}\left(\sqrt{n_1^z}, \cdots, \sqrt{n_{K_z}^z}\right).$$

则有如下结论：

(1) 若 $\sum_{l=1}^{L} B_l B_l^T$ 满秩，即 $K = K_y$，则 $Y_{i*} = Y_{j*}$ 当且仅当 $U_{i*} = U_{j*}$. 否则，对于任意 $Y_{i*} \neq Y_{j*}$，有 $\|U_{i*} - U_{j*}\|_2 = \sqrt{n_{g_i^y}^{-1} + n_{g_j^y}^{-1}}$. 这里 Y_{i*} 表示矩阵的第 i 行.

(2) 若 $\sum_{l=1}^{L} B_l B_l^T$ 非满秩，即 $K < K_y$，则对于 $Y_{i*} = Y_{j*}$，有 $U_{i*} = U_{j*}$. 否则，如果 $\Delta_y^{-1} Q^R$ 的行互不相同，并且存在确定性的正数序列 $\{\zeta_n\}_{n \geqslant 1}$，使得

$$\min_{1 \leqslant k \neq k' \leqslant K_y} \left\| \frac{Q_{k*}^R}{\sqrt{n_k^y}} - \frac{Q_{k'*}^R}{\sqrt{n_{k'}^y}} \right\|_2 \geqslant \zeta_n, \tag{9.2}$$

则对于任意 $Y_{i*} \neq Y_{j*}$，有 $\|U_{i*} - U_{j*}\|_2 \geqslant \zeta_n$.

注释 9.1 值得注意的是，在单层随机共分块模型的文献中，行类数 K_y、列类数 K_z 和总体矩阵的秩 K 通常是耦合的. 例如，通常假设 $K = K_y \leqslant K_z$ 或 $K = K_z \leqslant K_y$[125]. 而这里放宽了这一假设，使模型更符合实际.

引理 9.1 表明，当两个节点属于相同行类时，矩阵 U 中对应的行是相同的. 相反，如果两个节点不属于相同行类，则它们在 U 中对应的行之间存在间隔. 这一性质为利用 $\sum_{l=1}^{L} \mathcal{P}_l \mathcal{P}_l^T$ 的样本版本进行协调谱聚类提供了保证. 需要注意的是，在非满秩的情况下，还需要(9.2) 式成立，以确保不同行类的节点在 U 中对应的行是可分的.

为了给出 (9.2) 式成立的充分且可解释的条件，定义扁平连接概率矩阵

$$B^R := [B_1, \cdots, B_L] \in [0,1]^{K_y \times LK_z},$$

其中，第 k 行表示第 k 个行类在所有层中对每个列类的整体发送边的模式. 下述引理给出 B^R 满足 (9.2) 式的显式条件.

引理 9.2 考虑引理 9.1 中多层随机共分块模型，假设引理 9.1 成立. 若 B^R 满足

$$\min_{1 \leqslant k \neq k' \leqslant K_y} c_0^{-1} L^{-1} \langle B_{k*}^R, B_{k*}^R \rangle + c_0^{-1} L^{-1} \langle B_{k'*}^R, B_{k'*}^R \rangle - 2c_0 L^{-1} \langle B_{k*}^R, B_{k'*}^R \rangle \geqslant c_0^2 n \zeta_n^2, \tag{9.3}$$

则(9.2) 式成立. 其中，$c_0 \geqslant 1$ 是假设 9.1 中规定的常数.

引理 9.2 具有良好的可解释性，它要求 B^R 中任意两行之间存在足够的差异性. 更直观地，若列类是完全均衡的，即每个列类中节点数均相同，则 $c_0 = 1$, (9.3) 式的左侧相当于 B^R 中两行的欧氏距离. 值得注意的是，仅要求每对行类整体差异性满足一定条件. 因此，对于某些类信号较弱的层，可以借助类信号较强的其他层的信息，这凸显了聚合多层网络带来的优势.

上述结果主要针对行类. 对于列类，可以通过研究 $\sum_{l=1}^{L} \mathcal{P}_l^T \mathcal{P}_l$ 给出类似的结论.

引理 9.3 考虑引理 9.1 中多层随机共分块模型. 假定 $\mathrm{rank}\big(\sum_{l=1}^{L} B_l^T B_l\big) = K'(K' \leqslant K_z)$. 记 $\sum_{l=1}^{L} \mathcal{P}_l^T \mathcal{P}_l$ 的特征分解为 $V\Lambda^C V^T$, 其中 V 是 $n \times K'$ 的正交矩阵, Λ^C 是 $K' \times K'$ 的对角矩阵. 记 $\Delta_z \sum_{l=1}^{L} B_l^T \Delta_y^2 B_l \Delta_z$ 的特征分解为 $Q^C D^C Q^{C^T}$. 则有如下结论:

(1) 若 $\sum_{l=1}^{L} B_l^T B_l$ 满秩，即 $K' = K_z$，则 $Z_{i*} = Z_{j*}$ 当且仅当 $V_{i*} = V_{j*}$. 否则, 对于任意 $Z_{i*} \neq Z_{j*}$, 有 $\|V_{i*} - V_{j*}\|_2 = \sqrt{n_{g_i^z}^{-1} + n_{g_j^z}^{-1}}$.

(2) 若 $\sum_{l=1}^{L} B_l^T B_l$ 非满秩，即 $K' < K_z$，则 $Z_{i*} = Z_{j*}$ 时有 $V_{i*} = V_{j*}$. 否则，如果 $\Delta_z^{-1} Q^C$ 的行互不相同，并且存在确定性的正数序列 $\{\xi_n\}_{n\geqslant 1}$，使得

$$\min_{1\leqslant k\neq k'\leqslant K_z} \left\| \frac{Q_{k*}^C}{\sqrt{n_k}} - \frac{Q_{k'*}^C}{\sqrt{n_{k'}}} \right\|_2 \geqslant \xi_n, \tag{9.4}$$

则对于任意 $Z_{i*} \neq Z_{j*}$，有 $\|V_{i*} - V_{j*}\|_2 \geqslant \xi_n$.

引理 9.3 表明，矩阵 $\sum_{l=1}^{L} \mathcal{P}_l^T \mathcal{P}_l$ 的主特征值对应的特征向量可以揭示真实的列类结构. 当 $\sum_{l=1}^{L} B_l^T B_l$ 非满秩时, 需要额外条件 (9.4) 式来保证列类的可区分性. 下述引理提供了一个充分条件来确保 (9.4) 式成立. 特别地，当 $\sum_{l=1}^{L} B_l^T B_l$ 非满秩时，对扁平连接概率矩阵 $B^C := [B_1^T, \cdots, B_L^T] \in [0,1]^{K_z \times LK_y}$ 提供了一个具有解释性的条件，该条件是(9.4)式的充分条件.

引理 9.4 考虑引理 9.3 中多层随机共分块模型，假设引理 9.1 成立. 若 B^C 满足:

$$\min_{1\leqslant k\neq k'\leqslant K_z} c_0^{-1} L^{-1} \langle B_{k*}^C, B_{k*}^C \rangle + c_0^{-1} L^{-1} \langle B_{k'*}^C, B_{k'*}^C \rangle - 2c_0 L^{-1} \langle B_{k*}^C, B_{k'*}^C \rangle \geqslant c_0^2 n \xi_n^2,$$

则条件 (9.4) 式成立.

9.2 去偏协同谱聚类及其相合性

本节中，正式介绍基于 Gram 矩阵和的协同谱聚类算法. 之后，从错误分类率 (也称为聚类错误率) 的角度研究该算法的理论性质.

9.2.1　去偏协同谱聚类

首先考虑行类. 在9.1 节中，已说明 Gram 矩阵和 $\sum_{l=1}^{L} A_l A_l^T$ 是直接求和 $\sum_{l=1}^{L} A_l$ 的一个良好替代，能够避免可能的行类消失问题. 同时，从理论上说明了总体矩阵 $\sum_{l=1}^{L} \mathcal{P}_l \mathcal{P}_l^T$ 的特征向量可以揭示真实的行类结构. 然而，类似文献 [110] 中研究多层无向网络的情形，将看到 $\sum_{l=1}^{L} A_l A_l^T$ 实际上是 $\sum_{l=1}^{L} \mathcal{P}_l \mathcal{P}_l^T$ 的一个有偏估计.

为简化符号, 定义 $\bar{P}_l := \mathcal{P}_l - \mathrm{diag}(\mathcal{P}_l)$, 并令 $X_l := A_l - \bar{P}_l$. 则 $\sum_{l=1}^{L} A_l A_l^T$ 与 $\sum_{l=1}^{L} \mathcal{P}_l \mathcal{P}_l^T$ 的偏差可以分解为

$$\sum_{l=1}^{L} A_l A_l^T - \sum_{l=1}^{L} \mathcal{P}_l \mathcal{P}_l^T := N_1 + N_2 + N_3 + \mathrm{diag}\left(\sum_{l=1}^{L} X_l X_l^T\right), \tag{9.5}$$

其中:

$$\begin{aligned} N_1 &= \sum_{l=1}^{L} \left(\mathrm{diag}^2(\mathcal{P}_l) - \mathcal{P}_l \mathrm{diag}(\mathcal{P}_l) - \mathrm{diag}(\mathcal{P}_l)\mathcal{P}_l^T\right), \\ N_2 &= \sum_{l=1}^{L} \left(\bar{P}_l X_l^T + X_l \bar{P}_l^T\right), \\ N_3 &= \sum_{l=1}^{L} X_l X_l^T - \mathrm{diag}\left(\sum_{l=1}^{L} X_l X_l^T\right). \end{aligned} \tag{9.6}$$

N_1 项是关于总体的，N_2 和 N_3 项都是期望为 0 的误差项. 而对于 $\mathrm{diag}\big(\sum_{l=1}^{L} X_l X_l^T\big)$:

$$\begin{aligned} \Big(\mathrm{diag}\big(\sum_{l=1}^{L} X_l X_l^T\big)\Big)_{ii} &= \sum_{l=1}^{L}\sum_{j=1}^{n} \bar{P}_{l,ij}^2 \mathbb{1}(A_{l,ij}=0) + \sum_{l=1}^{L}\sum_{j=1}^{n} (1-\bar{P}_{l,ij})^2 \mathbb{1}(A_{l,ij}=1) \\ &\leqslant Ln \max_{l,ij} \bar{P}_{l,ij}^2 + \sum_{l=1}^{L} d_{l,i}^{\mathrm{out}}, \end{aligned} \tag{9.7}$$

其中，$d_{l,i}^{\mathrm{out}} := \sum_{j=1}^{n} A_{l,ij}$ 是节点 i 在第 l 层的出度，即在第 l 层中节点 i 发送的边数. 注意到 $\sum_{l=1}^{L} d_{l,i}^{\mathrm{out}}$ 的期望与 $Ln \max_{l,ij} \bar{P}_{l,ij}$ 同阶. 在稀疏条件下，$\bar{P}_{l,ij} \leqslant \rho = o(1)$，上式中第二项会主导第一项. 因此，可以直接从 (9.7) 式两边减去 $\sum_{l=1}^{L} d_{l,i}^{\mathrm{out}}$ 来降低偏差.

具体地，定义行向去偏 Gram 矩阵和为

$$S^R = \sum_{l=1}^{L} \left(A_l A_l^T - D_l^{\text{out}}\right), \tag{9.8}$$

其中，$D_l^{\text{out}} = \text{diag}\left(d_{l,1}^{\text{out}}, \cdots, d_{l,n}^{\text{out}}\right)$. 随后，可以对 S^R 的前 K 个特征值对应的特征向量的行应用 k-means 算法，来获得行类划分.

类似地，对于列类，可以定义列向去偏 Gram 矩阵和：

$$S^C = \sum_{l=1}^{L} \left(A_l^T A_l - D_l^{\text{in}}\right), \tag{9.9}$$

其中，$D_l^{\text{in}} = \text{diag}\left(d_{l,1}^{\text{in}}, \cdots, d_{l,n}^{\text{in}}\right)$，且 $d_{l,j}^{\text{in}} := \sum_{i=1}^{n} A_{l,ij}$ 表示节点 j 在第 l 层的入度，即在第 l 层中节点 i 接收的边数. 随后可以对 S^C 的前 K' 个特征向量的行应用 k-means 算法，来获得列类划分.

在算法 7 中总结了基于去偏 Gram 矩阵和 DSoG (Debiased Sum of Gram) 的协同谱聚类方法.

算法 7 基于去偏 Gram 矩阵和的协同谱聚类 (DSoG)

输入： 邻接矩阵 $A_1, \cdots, A_L$，行类数 K_y，列类数 K_z，目标秩 $K(K \leqslant K_y)$ 和 $K'(K' \leqslant K_z)$；

输出： 估计的行 Membership 矩阵 $\widehat{Y}$ 和列 Membership 矩阵 $\widehat{Z}$；

1: 计算去偏 Gram 矩阵和 S^R[见 (9.8)式] 的前 K 个特征向量 $\widehat{U}$, 以及 S^C[见 (9.9)式] 的前 K' 个特征向量 $\widehat{V}$.

2: 将 $\widehat{U}$ 的每一行视为 $\mathbb{R}^{n\times K}$ 中的一个点，对其进行 K_y 类的 k-means 聚类；
将 $\widehat{V}$ 的每一行视为 $\mathbb{R}^{n\times K'}$ 中的一个点，对其进行 K_z 类的 k-means 聚类.

9.2.2 相合性

通过错误分类率来衡量聚类算法的效果. 对于行类，错误分类率定义为

$$\mathcal{L}(Y, \widehat{Y}) = \min_{\Psi \in \Psi_{K_y}} \frac{1}{n} \|\widehat{Y}\Psi - Y\|_0, \tag{9.10}$$

其中，$\widehat{Y} \in \{0,1\}^{n\times K_y}$ 和 Y 分别表示估计的和真实的行 Membership 矩阵，$\|\cdot\|_0$ 表示矩阵非零元素的个数，Ψ_{K_y} 是所有 $K_y \times K_y$ 的置换矩阵的集合. 由于社区关于 $\{1, \cdots, K_y\}$ 上的置换保持不变，社区发现结果的好坏是在置换意义下衡量的. 同样地，可以定义列类的错误分类率 $\mathcal{L}(Z, \widehat{Z})$.

为建立错误分类率的理论上界，需要对连接概率矩阵 B_l 给出假设. 考虑一个更一般的情况，即允许聚合的连接概率矩阵 $\sum_{l=1}^{L} B_l B_l^T$ 和 $\sum_{l=1}^{L} B_l^T B_l$ 非满秩，仅要求它们的最小非零特征值关于层数呈线性增长. 具体而言，有如下假设：

假设 9.2 $\sum_{l=1}^{L} B_l B_l^T$ 的第 K 个 $(K \leqslant K_y)$ 非零特征值和 $\sum_{l=1}^{L} B_l^T B_l$ 的第 K' 个 $(K' \leqslant K_z)$ 非零特征值至少为 $c_1 L$，其中 $c_1 > 0$ 为某个常数.

注释 9.2 与多层随机块模型的文献 [110-111] 相比，假设 9.2 更为宽松. 一方面，不要求每个 B_l 满秩，这体现了层间网络结合的优势；另一方面，聚合的块概率矩阵 $\sum_{l=1}^{L} B_l B_l^T$ 和 $\sum_{l=1}^{L} B_l^T B_l$ 也可以是非满秩的，这更符合有向网络的非对称特征.

下面在多层随机共分块模型假设下给出去偏协同谱聚类的行聚类错误分类率的上界.

定理 9.1 若假设 9.1 和假设 9.2，以及 (9.2) 式成立. 如果 $L^{1/2} n\rho \geqslant c_2 \log(L+n)$ 且 $n\rho \leqslant c_3$，则算法 7 的输出 $\widehat{Y}$ 以不小于 $1 - O((L+n)^{-1})$ 的概率满足：

$$\mathcal{L}(Y, \widehat{Y}) \leqslant \frac{c_4}{n{\zeta_n}^2} \left(\frac{1}{n^2} + \frac{\log(L+n)}{Ln^2\rho^2} \right), \tag{9.11}$$

其中，ζ_n 为 (9.2)式中的下界，c_i 为正的常数.

定理 9.1 的证明见 9.4.2 节. 该定理表明，在某种意义上，层数 L 的增加可以提升聚类性能. 此外，如预期的那样，较大的 ζ_n 会对聚类结果有积极影响. 特别地，如果 $\sum_{l=1}^{L} B_l B_l^T$ 是满秩的，(9.11) 式的右侧可以简化为

$$c_5 \left(\frac{1}{n^2} + \frac{\log(L+n)}{Ln^2\rho^2} \right),$$

其中，$c_5 > 0$ 是某个常数.

注释 9.3 设 $\sum_{l=1}^{L} B_l B_l^T$ 的第 K 小的非零特征值为 σ_K. 如果不假定 σ_K 随 L 线性增长 (如假设 9.2)，则错误分类率满足：

$$\mathcal{L}(Y, \widehat{Y}) \leqslant \frac{c_6}{n{\zeta_n}^2} \left(\frac{L^2}{n^2\sigma_K^2} + \frac{L\log(L+n)}{\sigma_K^2 n^2\rho^2} \right).$$

当选择不同 σ_K 的增长速率时，为保证相合性，对边密度参数 ρ 的要求会相应调整.

注释 9.4 在(9.11)式中，也可以用 $\min\limits_{1 \leqslant k \neq k' \leqslant K_y} \| \frac{Q^R_{k*}}{\sqrt{n^y_k}} - \frac{Q^R_{k'*}}{\sqrt{n^y_{k'}}} \|_2$ 替换 ζ_n，即(9.2)式的左侧. 这里用 ζ_n 来强调特征向量矩阵行间距的下界.

注释 9.5 假设 9.1 中对真实的行类和列类的均衡性要求在定理 9.1 中用于简化错误分类率的表达. 具体而言，假设 9.1 提供了 $\sum_{l=1}^{L} \mathcal{P}_l \mathcal{P}_l^T$ 最小非零特征值的显式下界，详见定理证明部分.

在定理 9.1 中，考虑了层内网络相对稀疏的情形，即 $n\rho \leqslant c_3$. 这是一个在多层网络中更感兴趣的情形，因为在单层网络聚类问题中，相合性的必要条件是 $n\rho \geqslant c$. 而在多层网络中，层数的增加能通过 $\sqrt{L}$ 缓解对 ρ 的要求，即 $L^{1/2}n\rho \geqslant c_2 \log(L+n)$.

类似行类，以下定理给出了列聚类的错误分类率结果.

定理 9.2 若假设 9.1 和假设 9.2，以及条件 (9.4) 成立. 如果 $L^{1/2}n\rho \geqslant c_8 \log(L+n)$ 且 $n\rho \leqslant c_9$, 则算法 7 的输出 $\widehat{Z}$ 以不小于 $1 - O((L+n)^{-1})$ 的概率满足：

$$\mathcal{L}(Z, \widehat{Z}) \leqslant \frac{c_{10}}{n{\xi_n}^2} \left(\frac{1}{n^2} + \frac{\log(L+n)}{Ln^2\rho^2} \right),$$

其中，ξ_n 出现在(9.4) 式中，且该结果成立的概率至少为 $1 - O((L+n)^{-1})$，$c_{10} > 0$ 是某个常数. 其中，ξ_n 为 (9.4)式中的下界，c_i 为正的常数.

由于定理 9.2 的证明与定理 9.1 类似，为简洁起见，略去其证明. 同样地，可以对定理 9.2 进行类似讨论.

9.3 WFAT 数据的应用

本节中，将协同谱聚类算法应用于全球食品与农作物贸易数据集 (Worldwide Food and Agricultural Trade, WFAT). 该数据集由联合国粮食及农业组织 (FAO) 收集并公开发布. 原始数据包含了全球各国超过 400 种食品和农产品每年进出口的贸易记录. 如文献 [160-162] 所述，可将该数据看作一个多层网络，其中各层表示不同的食品和农产品，节点表示各个国家，每层的边表示国家间特定食品和农产品的进出口关系. 具体而言，文献 [162] 将该数据集视为一个来自混合多层随机块模型的多层网络，即将网络层划分为不同的组，组内的层共享相同的社区结构. 该方法识别出了三组网络层. 为了符合各层之间社区结构一致的条件，选取文献 [162] 中识别出的其中一组网络. 该组数据包含 24 种产品，主要是谷物、兴奋剂作物及其衍生品.

数据预处理 将原始的贸易数据转换为有向网络，这与以往对该数据集的分析方法不同，以往通常将贸易数据简化为无向网络. 关注 2020 年的贸易数据. 为了为 24 种产品分别构建有向贸易网络，当某产品的出口 / 进口交易额超过 10 000 时，从出口国向进口国绘制一条有向边. 这个特定的阈值会产生稀疏网络，每个网络可能包含许多不相连的连通子图，但在对所有网络层进行聚合后会形成一个连通的整体. 需要强调的是，DSoG 方法的性能对具体的产品交易额阈值并不敏感. 随后，删除了在 24 层网络中总入度或总出度小于 14 的国家和地区 (节点). 选择这个阈值是为了确保每个节点在至少一半的网

络层 (至少 12 层) 中与其他节点存在连接. 最终得到一个 24 层、每层包含 142 个节点的多层有向网络. 随后，利用 DSoG 方法进行行聚类和列聚类.

参数选择 在真实数据分析中，有 4 个调控参数需要选择，分别是 K_y, K_z, K 和 K'. 为了选择嵌入维度 K 和 K'，采用碎石图方法[110, 163]. 图 9.1 显示了针对各层邻接矩阵去偏 Gram 矩阵和的碎石图. 对于行聚类和列聚类，碎石图在第 4 个特征值处均出现 “肘部” 拐点. 因此，在 WFAT 数据分析中选择 $K = 4$ 和 $K' = 4$.

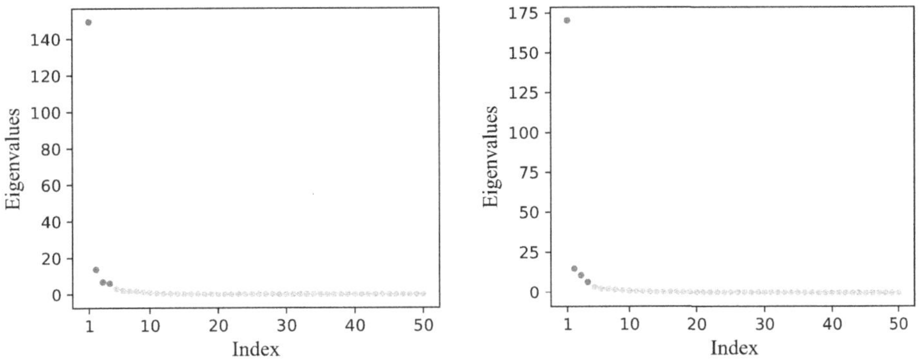

(a) 行聚类　(b) 列聚类

图 9.1　WFAT 数据集去偏 Gram 矩阵和的碎石图

为了选择行聚类数 K_y 和列聚类数 K_z，采用不依赖模型的方法 Davies-Bouldin 指数 [164]，虽然文献中有针对网络社区发现的社区个数确定方法[165-166]，但本章考虑非满秩的情形，不符合现有方法假定. 图 9.2 显示了行聚类和列聚类的 Davies-Bouldin 指数结果，其值越小表示聚类更紧凑且分离效果更好. 结果表明，行聚类和列聚类的 Davies-Bouldin 指数均在 5 时达到最小值. 因此，在 WFAT 数据分析中设定 $K_y = K_z = 5$，这恰好对应五大洲.

结果分析 网络聚类结果显示，国家的聚类结果大致与其地理位置相关，这与全球贸易的经济规律一致. 具体而言，对于行聚类，社区 1 主要包括非洲、西亚和中亚国家; 社区 2 由中美洲和南美洲国家组成；社区 3 包括中国、美国、西欧和南欧国家；社区 4 涉及东南亚和大洋洲国家；社区 5 包括其余的欧洲国家. 对于列聚类，社区 1 主要包括非洲和西亚国家；社区 2 由中美洲和南美洲国家组成；社区 3 包括大洋洲、东亚和南亚国家；社区 4 涉及东欧和部分西亚国家；社区 5 主要包括西欧、北美国家和俄罗斯.

从图 9.2 中可以看出，行 (出口) 聚类结构与列 (进口) 聚类结构并不完全相同，这一发现比无向多层网络分析更具洞察力和现实意义. 例如，中国在行聚类 (出口) 中被归类到与主要欧洲经济体和美洲国家相同的社区，而在列聚类 (进口) 中则主要与东亚和南亚国家同属一个社区. 这表明，在所分析的产品的出口贸易中，中国与全球主要经济体保持一致；而在进口贸易中, 则主要与邻近国家保持一致. 这一现象是合理的：出口模式主要反映一个国家的生产能力和主导产业，全球主要经济体通常出口增值加工产品；而进口模式更多体现一个国家的消费需求，相邻地区由于地理条件、人口规模和饮食习惯的相似性, 往往具有相似的进口模式.

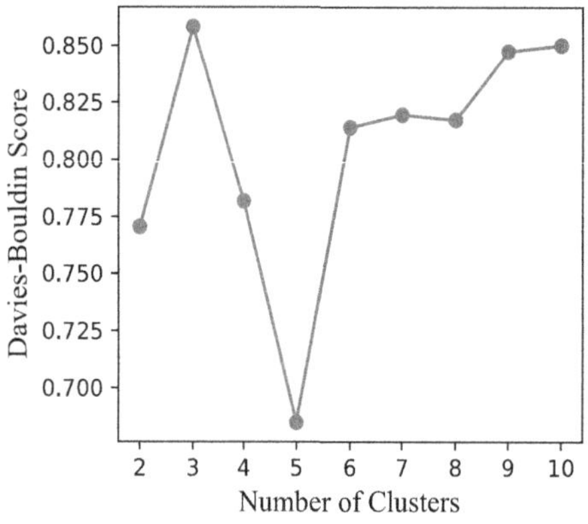

(a) 行聚类

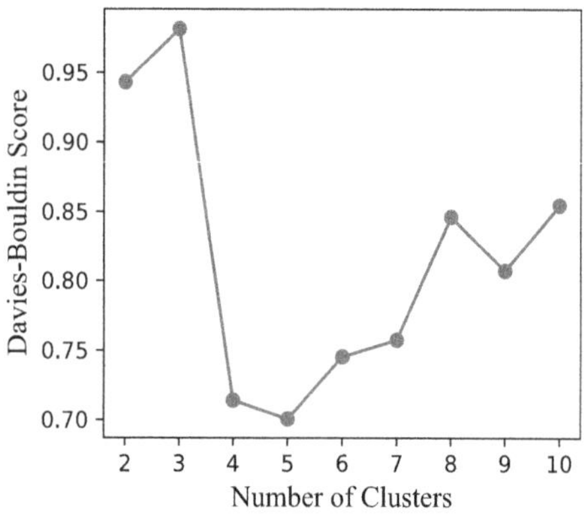

(b) 列聚类

图 9.2 WFAT 数据集聚类在不同聚类数下的 Davies-Bouldin 指数

9.4 本章附录

9.4.1 引理 9.1～ 引理9.4的证明

引理 9.1 的证明 定义 $\Delta_y = \text{diag}\left(\sqrt{n_1^y}, \cdots, \sqrt{n_{K_y}^y}\right)$ 为 $K_y \times K_y$ 的对角矩阵，其中第 k 个对角元素是 Y 的第 k 列的 l_2 范数. 因此 $Y\Delta_y^{-1}$ 是列正交的. 类似地定义 $\Delta_z = \text{diag}(\sqrt{n_1^z}, \cdots, \sqrt{n_{K_z}^z})$. 记 $\mathcal{P}^R$ 为

$$\begin{aligned}\mathcal{P}^R =&\rho^2 Y \sum_{l=1}^{L} B_l Z^T Z B_l^T Y^T \\ =&\rho^2 Y \Delta_y^{-1} \Delta_y \sum_{l=1}^{L} B_l \Delta_z^2 B_l^T \Delta_y \Delta_y^{-1} Y^T = \rho^2 Y \Delta_y^{-1} Q^R D^R Q^{R^T} \Delta_y^{-1} Y^T,\end{aligned}$$

其中，用到了 $\Delta_y \sum_{l=1}^{L} B_l \Delta_z^2 B_l^T \Delta_y$ 的特征分解为 $Q^R D^R Q^{R^T}$. 这里 Q^R 是一个 $K_y \times K$ 的列正交矩阵，D^R 是一个 $K \times K$ 的对角矩阵，这是由于 $Z^T Z$ 是一个正定的对角矩阵，因此 $\sum_{l=1}^{L} B_l B_l^T$ 的秩等于 $\Delta_y \sum_{l=1}^{L} B_l \Delta_z^2 B_l^T \Delta_y$ 的秩.

容易看出 $Y\Delta_y^{-1}Q^R$ 具有正交的列，因此有

$$U = Y\Delta_y^{-1}Q^R. \tag{9.12}$$

当 $\sum_{l=1}^{L} B_l B_l^T$ 满秩，即 $K = K_y$，$\Delta_y^{-1} Q^R$ 是可逆的，因此 $Y_{i*} = Y_{j*}$ 当且仅当 $U_{i*} = U_{j*}$. 由于 $\Delta_y^{-1} Q^R$ 的行彼此垂直，且第 k 行的长度为 $\sqrt{n_k^y}$，因此第一个结论成立.

当 $\sum_{l=1}^{L} B_l B_l^T$ 非满秩，即 $K < K_y, Y_{i*} = Y_{j*}$ 也可以通过 (9.12) 式导出 $U_{i*} = U_{j*}$. 另一方面，由 (9.12)式，

$$\|U_{i*} - U_{j*}\|_2 := \left\| \frac{Q^R_{g_i^y *}}{\sqrt{n_{g_i^y}}} - \frac{Q^R_{g_j^y *}}{\sqrt{n_{g_j^y}}} \right\|_2 .$$

由于 $\Delta_y^{-1} Q^R$ 的行是互不相同的，并且它们的最小欧氏距离大于一个确定的序列 $\{\zeta_n\}_{n\geqslant 1}$，因此第二个结论成立. 证明完毕.

引理 9.2 的证明　根据均衡的社区大小假设及 K_y 和 K_z 是固定的，有

$$\Delta_y \sum_{l=1}^{L} B_l \Delta_z^2 B_l^T \Delta_y \preceq \frac{c_0}{K_z} n \Delta_y \sum_{l=1}^{L} B_l B_l^T \Delta_y \preceq c_0 K_y L n \Delta_y^2 \preceq c_0^2 L n^2 I_{K_y}, \tag{9.13}$$

其中，用到了 $\Delta_z^2 \preceq \frac{c_0 n}{K_z} I_{K_z}$，$\Delta_y^2 \preceq \frac{c_0 n}{K_y} I_{K_y}$ 和 $\left\| \sum_{l=1}^{L} B_l B_l^T \right\|_2 \leqslant L K_y K_z$. 这里 $\preceq$ 表示 Loewner 偏序，特别地，A 和 B 都是 p 阶的 Hermitian 矩阵，若 $B - A$ 是半正定的，称 $A \preceq B$. 注意到 $\Delta_y \sum_{l=1}^{L} B_l \Delta_z^2 B_l^T \Delta_y$ 的特征分解为 $Q^R D^R Q^{R^T}$，(9.13) 式表明 D_{kk}^R 的上界为 $c_0^2 L n^2$.

定义 $\mathbb{B}^R := \sum_{l=1}^{L} B_l \Delta_z^2 B_l^T$，通过简单计算，对于所有 $1 \leqslant i, j \leqslant n$，有

$$\mathbb{B}^R_{g_i^y g_j^y} = \sum_{k_z=1}^{K_z} \sum_{l=1}^{L} n_{k_z}^z B_{l, g_i^y k_z} B_{l, g_j^u k_z}.$$

根据假设 9.1，容易看出

$$\mathbb{B}^R_{g_i^y g_j^y} \geqslant \frac{n}{c_0 K_z} \left[\sum_{l=1}^{L} B_l B_l^T \right]_{g_i^y g_j^y}$$

且

$$\mathbb{B}^R_{g_i^y g_j^y} \leqslant \frac{c_0 n}{K_z} \left[\sum_{l=1}^{L} B_l B_l^T \right]_{g_i^y g_j^y} .$$

令 $\mu_n^r := c_0^2 Ln^2$，通过 (9.12) 式的分解，对任意 $Y_{i*} \neq Y_{j*}$，有

$$
\begin{aligned}
&\mu_n^r \|U_{i*} - U_{j*}\|_2^2 \\
=&\sum_{k=1}^{K} \mu_n^r \Big(\frac{Q^R_{g_i^y k}}{\sqrt{n_{g_i^y}}} - \frac{Q^R_{g_j^y k}}{\sqrt{n_{g_j^y}}}\Big)^2 \\
\geqslant&\sum_{k=1}^{K} D^R_{kk} \Big(\frac{Q^R_{g_i^y k}}{\sqrt{n_{g_i^y}}} - \frac{Q^R_{g_j^y k}}{\sqrt{n_{g_j^y}}}\Big)^2 \\
=&\sum_{k=1}^{K} D^R_{kk} \Big(\frac{Q^R_{g_i^y k}}{\sqrt{n_{g_i^y}}}\Big)^2 + \sum_{k=1}^{K} D^R_{kk} \Big(\frac{Q^R_{g_j^y k}}{\sqrt{n_{g_j^y}}}\Big)^2 - 2\sum_{k=1}^{K} D^R_{kk} \frac{Q^R_{g_i^y k} Q^R_{g_j^y k}}{\sqrt{n_{g_i^y} n_{g_j^y}}} \\
=&\mathbb{B}^R_{g_i^y g_i^y} + \mathbb{B}^R_{g_j^y g_j^y} - 2\mathbb{B}^R_{g_i^y g_j^y} \\
\geqslant&\frac{n}{c_0 K_z}\left[\sum_{l=1}^{L} B_l B_l^T\right]_{g_i^y g_i^y} + \frac{n}{c_0 K_z}\left[\sum_{l=1}^{L} B_l B_l^T\right]_{g_j^y g_j^y} - 2\frac{c_0 n}{K_z}\left[\sum_{l=1}^{L} B_l B_l^T\right]_{g_i^y g_j^y} \\
\geqslant&c_0^2 Ln^2 \zeta_n^2.
\end{aligned}
$$

引理 9.3 的证明 由于 $\sum_{l=1}^{L} B_l^T B_l$ 的秩等于 $\Delta_z \sum_{l=1}^{L} B_l^T \Delta_y^2 B_l \Delta_z$ 的秩，Q^C 是一个 $K_z \times K$ 的列正交矩阵. 容易看出，$Z\Delta_z^{-1} Q^C$ 列正交的，因此有

$$V = Z\Delta_z^{-1} Q^C.$$

其余的证明与引理 9.1 的证明类似，这里省略.

引理 9.4 的证明 证明过程与定理 9.2 类似. 这里，只描述不同之处.

定义 $\mu_n^c := c_0^2 Ln^2$ 和 $\mathbb{B}^C := \sum_{l=1}^{L} B_l^T \Delta_y^2 B_l$，通过简单的计算，对所有 $1 \leqslant i, j \leqslant n$，有

$$\mathbb{B}^C_{g_i^z g_j^z} = \sum_{k_y=1}^{K_y} \sum_{l=1}^{L} n^z_{k_y} B_{l,k_y g_i^z} B_{l,k_y g_j^z}.$$

结合假设 9.1 和 $V = Z\Delta_z^{-1} Q^C$，对于任意 $Z_{i*} \neq Z_{j*}$，有

$$
\begin{aligned}
&\mu_n^c \|V_{i*} - V_{j*}\|_2^2 \\
\geqslant&\sum_{k=1}^{K'} D^C_{kk} \Big(\frac{Q^C_{g_i^z k}}{\sqrt{n_{g_i^z}}} - \frac{Q^C_{g_j^z k}}{\sqrt{n_{g_j^z}}}\Big)^2 = \mathbb{B}^C_{g_i^z g_i^z} + \mathbb{B}^C_{g_j^z g_j^z} - 2\mathbb{B}^C_{g_i^z g_j^z} \\
\geqslant&\frac{n}{c_0 K_y}\left[\sum_{l=1}^{L} B_l^T B_l\right]_{g_i^z g_i^z} + \frac{n}{c_0 K_y}\left[\sum_{l=1}^{L} B_l^T B_l\right]_{g_j^z g_j^z} - 2\frac{c_0 n}{K_y}\left[\sum_{l=1}^{L} B_l^T B_l\right]_{g_i^z g_j^z} \\
\geqslant&c_0^2 Ln^2 \xi_n^2.
\end{aligned}
$$

9.4.2 定理 9.1 的证明

在给出定理 9.1 的证明前，先给出几个技术性引理.

定义 9.1 (Bernstein 条件) 一个零均值的随机变量 X 满足 $\mathrm{Var}(X)=v$，如果存在常数 R，使得对于所有 $\alpha\geqslant 2$，α- 阶矩满足 $\mathbb{E}[|X|^\alpha]\leqslant \frac{1}{2}v\alpha!R^{\alpha-2}$，则称 X 为 (v,R)-Bernstein.

引理 9.5 [110] 对于 $1\leqslant l\leqslant L$, 设 W_l 是一个独立的 $n\times n$ 矩阵序列，每个元素零均值，H_l 是 $n\times n$ 的非随机矩阵序列. 如果对于所有 $1\leqslant l\leqslant L$ 和 $1\leqslant i,j\leqslant n$，每个元素 $W_{l,ij}$ 都是 (v,b)-Bernstein，那么对于所有 $t>0$，

$$\mathbb{P}\left(\left\|\sum_{l=1}^{L}W_lH_l\right\|_2\geqslant t\right)$$
$$\leqslant 4n\exp\left(-\frac{t^2/2}{v\max(n\left\|\sum_{l=1}^{L}H_l^TH_l\right\|_2,\ \sum_{l=1}^{L}\|H_l\|_F^2)+b\max_l\|H_l\|_{2,\infty}t}\right).$$

引理 9.6 [105] 设 U 是一个 $n\times d$ 矩阵，具有 K 个不同的行，并且这些行之间的最小欧式范数分离为 $\gamma>0$. 设 $\widehat{U}$ 是另一个 $n\times d$ 矩阵，且 $(\widehat{\Theta},\widehat{X})$ 是输入为 $\widehat{U}$ 的 k-means 的解，则用 $\widehat{\Theta}$ 估计 U 行类的错误数不超过 $c\|\widehat{U}-U\|_F^2\gamma^{-2}$，其中 c 为大于零的常数.

引理 9.7 设 $\{X_i\}_{i=1}^n$ 是可测空间 $(\mathcal{S},\mathscr{S})$ 中的独立随机变量序列，且 $\{X_i^{(j)}\},j=1,\cdots,k$ 是 $\{X_i\}$ 的 k 个独立副本. 设 $f_{i_1i_2\cdots i_k}$ 是定义在 $(\mathcal{S}\times\cdots\times\mathcal{S})$ 到巴拿赫空间 $(\mathcal{B},\|\cdot\|)$ 上的 k 变量的函数族. 则对于所有 $n\geqslant k\geqslant 2$，$t>0$，存在仅依赖于 k 的常数 $c_k>0$，使得

$$\mathbb{P}\left(\left\|\sum_{1\leqslant i_1\neq i_2\neq\cdots\neq i_k\leqslant n}f_{i_1i_2\cdots i_k}(X_{i_1}^{(1)},X_{i_2}^{(1)},\cdots,X_{i_k}^{(1)})\right\|\geqslant t\right)$$
$$\leqslant c_k\mathbb{P}\left(c_k\left\|\sum_{1\leqslant i_1\neq i_2\neq\cdots\neq i_k\leqslant n}f_{i_1i_2\cdots i_k}(X_{i_1}^{(1)},X_{i_2}^{(2)},\cdots,X_{i_k}^{(k)})\right\|\geqslant t\right).$$

引理 9.8 设 $A_l\in\{0,1\}^{n\times n}$ 为由多层随机共分块模型生成的邻接矩阵，$X_l=A_l-\bar{P}_l$ 为所有 $1\leqslant l\leqslant L$ 的不对称噪声矩阵，其中 $\bar{P}_l=\mathbb{E}(A_l)$. 如果 $L^{1/2}n\rho\geqslant c_1\log(L+n)$ 且 $n\rho\leqslant c_2$，则 $\sum\limits_{l=1}^{L}X_lX_l^T$ 的非对角部分，记为 E_1，以不小于 $1-O((L+n)^{-1})$ 的概率满足

$$\|E_1\|_2\leqslant cL^{1/2}n\rho\log^{1/2}(L+n).$$

其中，$c_i>0$ 为某些常数.

为了处理 E_1 中由平方项引起的复杂依赖，该引理证明的关键思路是将 E_1 视为一个矩阵值的 U- 统计量，其具有一个二阶的中心核函数，按 (i,j) 对进行索引，并使用引

理 9.7 中描述的解耦技术，将依赖变量的问题转化为条件独立变量的问题. 这种证明技术在文献 [110] 中也有使用，他们处理了矩阵对称的情况. 具体地，将 E_1 改写为

$$E_1 = \sum_{l=1}^{L} \sum_{(i,\,j)\neq(i',\,j')} X_{l,ij} X_{l,j'i'} e_i e_{j'}^T \mathbb{1}_{\{j=i'\}}, \tag{9.14}$$

其中，e_i 是 $\mathbb{R}^n$ 中的标准基向量，且索引对 (i,j), $(i',j') \in \{1,2,\cdots,n\}^2$, 这可以视为一个矩阵值的 U- 统计量，定义在按 (i,j) 进行索引的向量 $X_{1,ij},\cdots X_{L,ij}$ 上. 解耦技术将 $\|E_1\|_2$ 的上界问题转化为 $\left\|\sum_{l=1}^{L} X_l \check{X}_l^T\right\|_2$ 和 $\left\|\mathrm{diag}\left(\sum_{l=1}^{L} X_l \check{X}_l^T\right)\right\|_2$ 的上界问题，其中 $\check{X}_l$ 为所有 $1 \leqslant l \leqslant L$ 的 X_l 的独立副本.

证明 为使用解耦技术，定义

$$\check{E}_1 = \sum_{l=1}^{L} \sum_{(i,\,j)\neq(i',\,j')} X_{l,ij} \check{X}_{l,j'i'} e_i e_{j'}^T \mathbb{1}_{\{j=i'\}},$$

$$\check{E}_2 = \sum_{l=1}^{L} \sum_{(i,\,j)} X_{l,ij} \check{X}_{l,ij} e_i e_i^T,$$

和

$$\check{E} = \sum_{l=1}^{L} X_l \check{X}_l^T = \check{E}_1 + \check{E}_2.$$

其中，$\check{E}_1$ 是零均值的非对角线部分，$\check{E}_2$ 是对角线部分. 注意到 $\|\check{E}_1\|_2 \leqslant \|\check{E}\|_2 + \|\check{E}_2\|_2$，分别控制 $\check{E}$ 和 $\check{E}_2$ 的谱范数.

第一步：控制 $\check{E}$ 注意到 $\check{X}_l = \check{A}_l - \bar{P}_l$，其中 $\check{A}_l$ 是 A_l 的独立副本，将 $\check{E}$ 重新表达为

$$\check{E} = \sum_{l=1}^{L} X_l \check{X}_l^T = \sum_{l=1}^{L} X_l \check{A}_l^T - \sum_{l=1}^{L} X_l \bar{P}_l^T.$$

应用引理 9.5，当 $(v,b) = (2\rho, 1)$ 时，如果 $L^{1/2} n \rho^{1/2} \geqslant c_1 \log^{1/2}(L+n)$，对于某个常数 $c_1 > 0$，以概率不小于 $1 - O((L+n)^{-1})$ 有

$$\left\|\sum_{l=1}^{L} X_l \bar{P}_l^T\right\|_2 \leqslant c L^{1/2} n^{3/2} \rho^{3/2} \log^{1/2}(n+L). \tag{9.15}$$

注意常数 c 证明的不同行中可能不同.

为了应用引理 9.5 来控制给定条件 $\check{A}_1,\cdots,\check{A}_L$ 下的 $\sum_{l=1}^{L} X_l \check{A}_l^T$，需要 $\max_l \|\check{A}_l^T\|_{2,\infty}$，$\sum_{l=1}^{L} \|\check{A}_l^T\|_F^2$ 和 $\|\sum_{l=1}^{L} \check{A}_l \check{A}_l^T\|_2$ 的上界. 注意到 $\check{A}_l$ 是 A_l 的独立副本，将给出相应的 A_l 版本的上界.

首先考虑 $\max\limits_l \|A_l^T\|_{2,\infty}$. 注意到 $\mathbb{E}d_{l,i}^{in} \leqslant n\rho$, 对 $i \in \{1,\cdots,n\}$ 和 $l \in \{1,\cdots,L\}$ 应用布尔不等式，并应用标准的 Bernstein 不等式，有

$$\mathbb{P}(d_{l,i}^{in} - \mathbb{E}d_{l,i}^{in} \geqslant t) \leqslant \exp\left(-\frac{t^2/2}{n\rho + t}\right)$$

对于所有 $t > 0$ 成立. 结合条件 $n\rho \leqslant c_2$，则以概率不小于 $1 - O((L+n)^{-1})$，有

$$\max_l \|A_l^T\|_{2,\infty} = \max_{l,i} \sqrt{d_{l,i}^{in}} \leqslant c \log^{1/2}(L+n). \tag{9.16}$$

对于 $\sum\limits_{l=1}^{L} \|A_l^T\|_F^2$, 对 $\sum\limits_{l=1}^{L} d_{l,i}^{in}$ 应用使用 Bernstein 不等式, 结合条件 $L^{1/2}n\rho \geqslant c_1 \log(L+n)$，以不小于 $1 - O((L+n)^{-1})$ 的概率有

$$\sum_{l=1}^{L} \|A_l^T\|_F^2 \leqslant n \max_i \sum_{l=1}^{L} d_{l,i}^{in} \leqslant cLn^2\rho. \tag{9.17}$$

接下来考虑 $\left\|\sum\limits_{l=1}^{L} A_l A_l^T\right\|_2$. 首先，将 $\sum\limits_{l=1}^{L} A_l A_l^T$ 分解为 $F_1 + F_2$，其中 F_1 是非对角线部分，类似前面的讨论，同样可以看作矩阵值的 U- 统计量，F_2 是对角线部分. 对于非对角线部分 F_1，为使用解耦技术，定义 $\check{F}_1$ 为 $\sum\limits_{l=1}^{L} A_l \check{A}_l^T$ 的非对角部分. 通过使用对称化和 Perron-Frobenius 定理，有

$$\begin{aligned}
\|\check{F}_1\|_2 = \left\|\begin{matrix} 0 & \check{F}_1 \\ \check{F}_1^T & 0 \end{matrix}\right\|_2 &\leqslant \max\left\{\|\check{F}_1\|_{1,\infty}, \|\check{F}_1^T\|_{1,\infty}\right\} \\
&\leqslant \max\left\{\left\|\sum_{l=1}^{L} A_l \check{A}_l^T\right\|_{1,\infty}, \left\|\sum_{l=1}^{L} \check{A}_l A_l^T\right\|_{1,\infty}\right\}.
\end{aligned}$$

通过简单计算，$-\sum\limits_{l=1}^{L} A_l \check{A}_l^T$ 的第 i 行的 l_1 范数为 $\sum\limits_{l=1}^{L}\sum\limits_{j=1}^{n} A_{l,ij}\check{d}_{l,j}^{in}$. 结合 (9.16) 式和 (9.17) 式与 Bernstein 不等式，有

$$\begin{aligned}
&\mathbb{P}\left(\sum_{l=1}^{L}\sum_{j=1}^{n} A_{l,ij}\check{d}_{l,j}^{in} - \sum_{l=1}^{L}\sum_{j=1}^{n} \mathbb{E}(A_{l,ij})\check{d}_{l,j}^{in} \geqslant t \middle| \check{A}_1,\cdots,\check{A}_L\right) \\
&\leqslant \exp\left(-\frac{t^2/2}{cLn^2\rho^2\log(L+n) + c\log(L+n)t}\right)
\end{aligned}$$

对于所有 $t > 0$ 成立. 联合应用全概率公式、布尔不等式，以及条件 $L^{1/2}n\rho \geqslant c_1 \log(L+n)$, 有 $\max\limits_i \sum\limits_{l=1}^{L}\sum\limits_{j=1}^{n} A_{l,ij}\check{d}_{l,j}^{in} \leqslant cL^{1/2}n\rho\log(L+n) \leqslant cLn^2\rho^2$ 以很大概率成立. 对于

$\sum_{l=1}^{L} \check{A}_l A_l^T$ 也可进行类似讨论. 根据引理 9.7，有

$$\|F_1\|_2 \leqslant cLn^2\rho^2 \tag{9.18}$$

以不小于 $1-O((L+n)^{-1})$ 的概率成立. 对于对角线部分 F_2，由 (9.17)式，以很高概率有

$$\|F_2\|_2 = \max_i \sum_{l=1}^{L} d_{l,i}^{out} \leqslant cLn\rho \tag{9.19}$$

结合 (9.18) 式和 (9.19)式，以及条件 $n\rho \leqslant c_2$，以不小于 $1-O((L+n)^{-1})$ 的概率有

$$\left\| \sum_{l=1}^{L} A_l A_l^T \right\|_2 \leqslant cLn\rho.$$

因此，结合对 $\max_l \|\check{A}_l^T\|_{2,\infty}$、$\sum_{l=1}^{L} \|\check{A}_l^T\|_F^2$ 和 $\|\sum_{l=1}^{L} \check{A}_l \check{A}_l^T\|_2$ 的上界，并应用引理 9.5，有

$$\left\| \sum_{l=1}^{L} X_l \check{A}_l^T \right\|_2 \leqslant cL^{1/2} n\rho \log^{1/2}(L+n)$$

成立的概率不小于 $1-O((L+n)^{-1})$.

结合此结果与 (9.15) 式，有

$$\|\check{E}\|_2 \leqslant cL^{1/2} n\rho \log^{1/2}(L+n).$$

第二步：控制 $\check{E}_2$ 注意到 $\check{E}_2$ 是一个对角矩阵，其第 i 个对角元素是

$$\sum_{l=1}^{L} \sum_{j=1}^{n} X_{l,ij} \check{X}_{l,ij}.$$

通过使用标准的 Bernstein 不等式和布尔不等式，以概率不小于 $1-O((L+n)^{-1})$ 有

$$\|\check{E}_2\|_2 \leqslant cL^{1/2} n\rho \log^{1/2}(L+n).$$

结合 $\|\check{E}\|_2$ 和 $\|\check{E}_2\|_2$ 的上界，并结合引理 9.7 中的解耦不等式，可得出结论.

引理 9.9 设 H 为一个 $n\times s$ 的矩阵, 且 HH^T 的第 s 个特征值至少为 h, 其中常数 $h>0$. 设 G 为一个 $s\times s$ 的对称矩阵，且 $\mathrm{rank}(G)=j \leqslant s$，并且 G 的第 j 个特征值至少为 g，其中常数 $g>0$. 则有 $\lambda_j(HGH^T) \geqslant hg$.

证明 注意到 $\mathrm{rank}(H)=s$，有 $\dim\{x\in\mathbb{R}^n \mid x\perp \mathrm{null}(H^T)\}=s$，其中 $\mathrm{null}(H^T)$ 是 H^T 的零空间, 定义为 $\mathrm{null}(H^T) := \{\theta\in\mathbb{R}^n \mid H^T\theta=0\}$. 结合 $\mathrm{rank}(G)=j$，有 $\dim\{x\in\mathbb{R}^n \mid x\perp \mathrm{null}(H^T),\ H^Tx\perp\mathrm{null}(G)\}=s$. 因此，

$$\min_{x\in\mathbb{R}^n,\ x\perp\mathrm{null}(H^T),\ H^Tx\perp\mathrm{null}(G)} \frac{x^THGH^Tx}{x^Tx} \geqslant g\cdot \min_{x\in\mathbb{R}^n,\ x\perp\mathrm{null}(H^T)} \frac{x^THH^Tx}{x^Tx} \geqslant hg.$$

应用 Courant-Fischer 极小极大定理 (见文献 [167] 中的定理 8.1.2)，在该事件上取交集，有

$$\lambda_j(HGH^T) = \max_{\dim(\mathscr{H})=j} \min_{0\neq x\in\mathscr{H}} \frac{x^T HGH^T x}{x^T x} \geqslant hg,$$

其中，$\mathscr{H}$ 是 $\mathbb{R}^n$ 的子空间. 证明完毕.

定理 9.1 的证明　将矩阵 S^R 分解为信号项和噪声项的和.

注意到 $\mathcal{P}_l = \rho Y B_l Z^T$ 和 $\bar{\mathcal{P}}_l = \mathcal{P}_l - \mathrm{diag}(\mathcal{P}_l)$. 定义

$$N_4 = \mathrm{diag}\left(\sum_{l=1}^{L} X_l X_l^T\right) - \sum_{l=1}^{L} D_l^{out}, \tag{9.20}$$

结合 (9.8) 式中 S^R 的定义和 (9.5) 式的分解，有

$$S^R = \sum_{l=1}^{L} \mathcal{P}_l \mathcal{P}_l^T + N_1 + N_2 + N_3 + N_4.$$

首先控制信号项 $\sum_{l=1}^{L} \mathcal{P}_l \mathcal{P}_l^T$. 由 $\Delta_z = \mathrm{diag}(\sqrt{n_1^z}, \cdots, \sqrt{n_{K_z}^z})$ 的定义, 有 $Z = \check{Z}\Delta_z$, 其中 $\check{Z}$ 是列正交矩阵. 根据均衡的社区大小假定和列类数 K_z 固定，Δ_z 的最小特征值大于 $c_0 n^{1/2}$，其中常数 $c_0 > 1$. 有

$$\sum_{l=1}^{L} \mathcal{P}_l \mathcal{P}_l^T = \rho^2 \sum_{l=1}^{L} Y B_l \Delta_z \check{Z}^T \check{Z} \Delta_z B_l^T Y^T \succeq c_0 n \rho^2 Y \left[\sum_{l=1}^{L} B_l B_l^T\right] Y^T, \tag{9.21}$$

注意到 Y 是列满秩矩阵, 由社区大小均衡和行类数 K_y 固定的假定, 有 YY^T 的第 K_y(也是最小的) 非零特征值有下界为 $c_0 n$. 利用引理 9.9 和假设 9.2，有 $\sum_{l=1}^{L} \mathcal{P}_l \mathcal{P}_l^T$ 的第 K 个特征值的下界:

$$\lambda_K\left(\sum_{l=1}^{L} \mathcal{P}_l \mathcal{P}_l^T\right) \geqslant cLn^2\rho^2 \tag{9.22}$$

其中, 常数 $c > 0$. 注意, 使用 c 和 c_i 来表示一般常数, 在不同的地方它们可能是不同的.

接下来，分别控制每个噪声项. 第一项 N_1 是非随机的，并且满足

$$\|N_1\|_2 \leqslant n\|N_1\|_{\max} \leqslant Ln\rho^2.$$

对于 N_2, 注意到 $X_l = A_l - \bar{P}_l$，其中 $X_{l,ij}(1 \leqslant i, j \leqslant n)$ 独立地从以零为中心的伯努利分布生成，因此它满足 $(2\rho, 1)$-Bernstein. 利用引理 9.5 和 $\|\bar{P}_l^T \bar{P}_l\|_2 \leqslant n^2\rho^2$, $\|\bar{P}_l\|_2 \leqslant n^2\rho^2$，$\|\bar{P}_l\|_{2,\infty} \leqslant n^{1/2}\rho$，如果 $L^{1/2} n \rho^{1/2} \geqslant c_1 \log(L+n)$，则有

$$\|N_2\|_2 \leqslant cL^{1/2} n^{3/2} \rho^{3/2} \log^{1/2}(n+L),$$

成立的概率不小于 $1-O((L+n)^{-1})$.

对于噪声项 N_3，由引理 9.8，有

$$\|N_3\|_2 \leqslant cL^{1/2}n\rho\log^{1/2}(L+n)$$

成立的概率不小于 $1-O((L+n)^{-1})$.

对于 N_4，在 (9.7) 式中的构造意味着

$$\|N_4\|_2 \leqslant Ln\rho^2.$$

结合信号项的下界和所有噪声项的上界，有

$$\begin{aligned}\frac{\|N_1+N_2+N_3+N_4\|_2}{\lambda_K(\sum_{l=1}^L \mathcal{P}_l\mathcal{P}_l^T)} &\leqslant c\,\frac{Ln\rho^2+L^{1/2}n\rho\log^{1/2}(L+n)}{Ln^2\rho^2}\\ &\leqslant \frac{c}{n}+\frac{c\log^{1/2}(L+n)}{L^{1/2}n\rho},\end{aligned}$$

根据文献 [148] 的命题 2.2 和 Davis-Kahan sinΘ 定理 (见文献 [168] 的第 VII.3.1 定理)，存在一个 $K\times K$ 的正交矩阵 O，使得

$$\begin{aligned}\|\widehat{U}-UO\|_F &\leqslant \sqrt{K}\|\widehat{U}-UO\|_2\\ &\leqslant \frac{\sqrt{K}\|N_1+N_2+N_3+N_4\|_2}{\lambda_K(\sum_{l=1}^L \mathcal{P}_l\mathcal{P}_l^T)-\|N_1+N_2+N_3+N_4\|_2}\\ &\lesssim \frac{1}{n}+\frac{\log^{1/2}(L+n)}{L^{1/2}n\rho},\end{aligned}$$

其中，$a_n\lesssim b_n$ 表示存在某个正的常数 c，使得对于所有的 n，$a_n\leqslant cb_n$. 最后，结合引理 9.6，可以得到错误分类率的上界. 证明完毕.

第 10 章　大规模多层网络数据的社区发现

随着计算和测量技术的进步，具有大量节点、边和层的大规模多层网络在各个领域广泛出现，为多层网络分析带来了巨大的计算负担. 以基于邻接矩阵求和的谱聚类方法为例，当节点数量或邻接矩阵的和中非零元素的数量较大时，即便每个单一网络是稀疏的，其求和后仍然可能是稠密的，因此部分特征分解的计算将非常耗时. 随机化技术已被广泛应用于解决超出经典方法计算能力的大规模线性代数问题，并能达到较高精度 [169-171]. 通常，它利用一定程度的随机性，例如随机投影和随机采样，构造数据集的 Sketch，该 Sketch 保留了原始数据集的主要信息，但具有更低的维度或更高的稀疏性. 本章介绍基于随机化方法的大规模多层网络的谱聚类方法[172]，讨论该方法的理论性质，并结合实际数据分析说明该方法的高效性和实用性.

10.1　大规模多层网络的随机化谱聚类

假设多层网络数据服从多层随机块模型. 假设网络有 L 层，每个网络的 $n \times n$ 邻接矩阵为 A_l，其中 $A_{l,ij} = 1$ 表示节点 i 与 j 之间有边，$A_{l,ij} = 0$ 表示节点间无边. 假设 n 个节点分别被分配到 K 个不重叠的社区，对于 $i \in \{1, \cdots, n\}$，节点 i 所在的社区记作 $g_i \in \{1, \cdots, K\}$. 在给定社区划分的情况下，假定各层网络是独立地从以下随机块模型生成：对于任意节点对 $1 \leqslant i < j \leqslant n$ 和任意层 $l \in \{1, \cdots, L\}$，每个 $A_{l,ij}$ 独立地根据以下分布生成：

$$A_{l,ij} \sim \text{Bernoulli}(\rho B_{l,g_i g_j}), \tag{10.1}$$

其中，$\rho \in (0, 1]$ 是整体边密度参数，对称矩阵 $B_l \in [0, 1]^{K \times K}$ 表示异质的连接概率矩阵，度量第 l 层中社区间的边连接概率. 这里引入边密度参数 ρ 以便于描述整个网络的稀疏程度，不失一般性，ρB_l 即为标准随机块模型中的连接概率矩阵[105]. 对于任意层 l 和节点对 $i > j$，有 $A_{l,ij} = A_{l,ji}$；对任意 $i = j$，有 $A_{l,ii} = 0$，即每层网络均为无向对称网络且节点没有自连接边. 将 L 个网络 $\{A_l\}_{l=1}^{L}$ 组合在一起，称该多层网络生成自多层随机块模型. 给定社区划分，网络的社区结构可以由 Membership 矩阵 $\Theta \in \{0, 1\}^{n \times K}$ 表示，其中 Θ 的第 i 行对应节点 i，$\Theta_{ig_i} = 1$ 当且仅当 i 所在的社区为 g_i，其余 $K - 1$ 个元素均为 0. 令 $\mathcal{P}_l := \rho \Theta B_l \Theta^T$，可以看到 $\mathbb{E}(A_l) = \mathcal{P}_l - \text{diag}(\mathcal{P}_l)$，即在多层随机块模型的假设下，$\mathcal{P}_l$ 为邻接矩阵 A_l 的总体.

为了估计多层随机块模型中的社区，以去偏平方邻接矩阵和的谱聚类算法[110, 173] 为基础进行讨论. 除了该方法广受关注外，选择该方法的原因还有以下几点. 首先，在实际的多层网络中，一些层是同配的，即同一社区中的节点比来自不同社区的节点更可能相互连接，而另一些层则可能是异配的，即与同配相对. 文献 [110] 方法中的平方算子很好地适应了这种未知的混合层模式问题. 相比之下，如果不进行平方聚合邻接矩阵，可能会导致社区的抵消. 其次，该方法在理论上是可靠的. 在多项式时间算法下，几乎可以达到关于社区恢复和检测的最优网络密度阈值[174]. 具体的，对于 L 层无向网络，其邻接矩阵为 $\{A_l\}_{l=1}^L$，该方法基于以下聚合矩阵 S 执行谱聚类算法，

$$S := \frac{1}{Ln}\sum_{l=1}^{L}(A_l^2 - D_l), \tag{10.2}$$

其中，D_l 是对角矩阵，包含了 A_l 的节点度，具体地，$D_{l,ii} = \sum_{j=1}^{n} A_{l,ij}$. 与直接对 A_l 进行求和不同，在求和之前对每个 A_l 进行平方，可以适应某些网络层在社区内部可能是密集连接的，而其他层可能在社区之间密集连接的异质性. 减去 D_l 是为了减少平方操作所引起的统计偏差. 对 S 进行谱聚类包含两个步骤，首先对 S 进行特征分解，得到 S 的前 K 个特征向量，然后对这些特征向量进行 k-means 聚类，以估计社区. 事实上，S 可以很好地逼近其总体

$$\Pi := \frac{1}{L}\sum_{l=1}^{L}\frac{P_l^2}{n} := \frac{1}{L}\sum_{l=1}^{L}\Pi_l, \tag{10.3}$$

这里 $\mathcal{P}_l := \rho\Theta B_l \Theta$，满足 $\mathbb{E}(A_l) = P_l - \mathrm{diag}(P_l)$.

尽管上述谱聚类算法形式简单，但从以下几个方面来看，它处理大规模多层网络的计算效率不高. 首先，对所有 A_l 进行平方通常的时间复杂度为 $O(Ln\max_l \|A_l\|_0)$，当 L、n 和 $\|A\|_0$ 中的某些值很大时，这将非常耗时. 其次，在(10.2)式中对 A_l^2 求和后，S 将是一个稠密矩阵. 对 S 进行完整的特征分解通常需要 $O(n^3)$ 的时间. 部分特征分解的迭代算法需要 $O(n^2T)$ 的时间，当 n 很大时，时间开销也很大，其中 T 表示迭代次数. 此外，当 n 很大时，存储 $n \times n$ 的稠密矩阵 S 的内存开销也是巨大的.

下面介绍随机采样和随机投影策略，并给出多层随机块模型假设下的随机谱聚类算法.

10.1.1 随机化

随机采样 为了减少对 A_l 进行平方操作的计算负担，采用以下随机采样策略来构建稀疏化矩阵 $\tilde{A}_l$. 具体来说，对于每一对 $1 \leqslant i < j \leqslant n$，

$$\tilde{A}_{l,ij} = \begin{cases} \dfrac{A_{l,ij}}{p}, & \text{如果 } (i,j) \text{ 被选择}, \\ 0, & \text{如果 } (i,j) \text{ 没有被选择}, \end{cases} \tag{10.4}$$

且对于每个 $i > j$，有 $\tilde{A}_{l,ij} = \tilde{A}_{l,ji}$. 这里，为了满足 $\mathbb{E}(\tilde{A}_l) = \mathbb{E}(A_l)$，将 $A_{l,ij}$ 除以 p. 当采样概率 p 不太小时，$\tilde{A}_l$ 的特征会接近 A_l 的特征，且不会牺牲太多的准确性.

时间复杂度　$\sum_{l=1}^{L}\tilde{A}_l^2$ 的时间复杂度为 $O(Ln\max_l\|\tilde{A}_l\|_0).0$，根据 $\tilde{A}_l$ 的结构信息，实际计算中可能会更小. 而随机采样的时间复杂度仅为 $O(L\max_l\|A_l\|_0)$.

随机投影　$\sum_{l=1}^{L}\tilde{A}_l^2$ 相对于其总体 $\sum_{l=1}^{L}\mathcal{P}_l^2$ 是有偏的. 但在仔细计算偏差之前，先假定已经获得了 $\frac{1}{Ln}\sum_{l=1}^{L}\tilde{A}_l^2$ 的偏差调整后的结果，记为 $\bar{S}$. 先着重说明如何使用随机投影策略来加速 $\bar{S}$ 的特征分解. 总体思路是使用随机化 Block Krylov 方法[175-176]. 首先，通过 QR 分解压缩矩阵

$$G := [\bar{S}^1\Omega, \bar{S}^3\Omega, \cdots, \bar{S}^{2q+1}\Omega]$$

得到一个正交基 $Q\in\mathbb{R}^{n\times(q+1)K}$，其中 Ω 是一个 $n\times K$ 的随机测试矩阵，其元素可以是独立同分布的标准 Gaussian 或 Rademacher 分布等，q 是幂参数. 实质上，G 为大规模矩阵 $\bar{S}$ 的 Sketch. 随后，$\bar{S}$ 的特征向量可以通过 QU_K 来逼近，其中 U_K 是小规模矩阵 $Q^T\bar{S}Q$ 的前 K 个特征值对应的特征向量. 实质上，这里的随机投影旨在确定一个正交基 Q，以便构建 $\bar{S}$ 的低秩近似，满足

$$\bar{S}\approx QQ^T\bar{S}QQ^T.$$

时间复杂度　整个随机投影过程的时间复杂度由构建 G 时的矩阵乘法主导，为 $O[(2q+1)n^2K]$. 因此，$\bar{S}$ 的特征分解的计算负担大大减少.

实际上，随机投影过程的时间复杂度要低得多，因为在构建 G 时不需要计算稠密矩阵 $\bar{S}$. 相反，构建 G 的矩阵乘法是通过将随机测试矩阵 Ω 与稀疏化的邻接矩阵相乘来完成的，这样的时间复杂度为 $O(LqK\max_l\|\tilde{A}_l\|_0)$. 值得注意的是，$\tilde{A}_l$ 相对稀疏，并且在大规模多层网络中，层数 L 通常远小于 n，因此该复杂度小于直接计算 $\bar{S}$ 的情况，后者需要 $O[(2q+1)n^2K]$ 的时间.

更重要的是，这种方法不仅避免了计算 $\bar{S}$ 时的巨大计算需求，而且减轻了空间复杂度的问题. 这一点至关重要，因为稠密矩阵的空间复杂度是 $O(n^2)$，当 n 相对较大时，如拥有百万节点的网络，可能导致内存溢出.

10.1.2　算法

如前所述，$\sum_{l=1}^{L}\tilde{A}_l^2$ 相对于其总体 $\sum_{l=1}^{L}\mathcal{P}_l^2$ 会引入偏差. 对于 $\tilde{A}_l$，容易看出，忽略对角元素后，$\tilde{A}_l$ 是 $\mathcal{P}_l$ 的无偏估计. 记 $\mathcal{P}_l$ 的非对角部分为 $\bar{\mathcal{P}}_l := \mathcal{P}_l - \mathrm{diag}(\mathcal{P}_l)$，并令 $X_l := \tilde{A}_l - \bar{\mathcal{P}}_l$. 则有

$$\tilde{A}_l^2 - \mathcal{P}_l^2 = E_{l,0} + E_{l,1} + E_{l,2} + E_{l,3}, \tag{10.5}$$

其中，

$$\begin{aligned} E_{l,0} &:= -\mathcal{P}_l \text{diag}(\mathcal{P}_l) - \text{diag}(\mathcal{P}_l) \cdot \mathcal{P}_l + (\text{diag}(\mathcal{P}_l))^2, \\ E_{l,1} &:= X_l(\mathcal{P}_l - \text{diag}(\mathcal{P}_l)) + (\mathcal{P}_l - \text{diag}(\mathcal{P}_l))X_l, \\ E_{l,2} &:= X_l^2 - \text{diag}(X_l^2), \\ E_{l,3} &:= \text{diag}(X_l^2). \end{aligned}$$

类似 9.2.1 节中关于偏差的讨论，$E_{l,3}$ 会引入偏差. 因此，这里重点关注第四项 $E_{l,3}$. 注意到

$$\begin{aligned} (E_{l,3})_{ii} &= \sum_{j=1}^{n} \mathbb{1}(\tilde{A}_{l,ij} = 0) P_{l,ij}^2 + \sum_{j=1}^{n} \mathbb{1}\left(\tilde{A}_{l,ij} = \frac{1}{p}\right)\left(\frac{1}{p} - P_{l,ij}\right)^2 \\ &\leqslant n \cdot \max_{l,ij} P_{l,ij}^2 + \tilde{d}_{l,i} \cdot \frac{1}{p^2}, \end{aligned} \tag{10.6}$$

其中，$\tilde{d}_{l,i} := \sum_{j=1}^{n} \mathbb{1}(\tilde{A}_{l,ij} = 1/p)$ 表示节点 i 在第 l 层网络 (稀疏化的) 中的边数. 简单计算表明，上式中第二项的期望为 $\mathbb{E}(\tilde{d}_{l,i})/p^2 = \sum_{j=1}^{n} P_{l,ij}/p \leqslant n \max_{l,ij} P_{l,ij}/p$. 由于 $1/p > 1$，因此，(10.6) 式中第二项为主导项.

基于此，给出以下偏差修正的估计量 $\bar{S}$:

$$\bar{S} := \frac{1}{L} \sum_{l=1}^{L} \bar{S}_l$$

其中

$$\bar{S}_l := \frac{\tilde{A}_l^2}{n} - \frac{\tilde{D}_l}{np^2}, \tag{10.7}$$

其中，$\tilde{D}_l$ 是对角矩阵，$\tilde{D}_{l,ii} = \tilde{d}_{l,i}$. 随后，$\bar{S}$ 可以作为随机投影策略的输入，用于快速特征分解.

基于上述讨论，给出多层随机块模型的随机化谱聚类算法，如算法8所示，将该算法简称为 RSC（Randomized Spectral Clustering）. 为表述清晰，在算法中保留了形成矩阵 $\bar{S}$ 的步骤；然而，如前所述，这一步在实际实现中是可以避免的. 通常，矩阵 G 可以通过将随机测试矩阵 Ω 左乘稀疏化的邻接矩阵来构造，从而在时间复杂度和空间复杂度上显著的降低计算开销.

10.1.3 多层有向网络的推广

RSC 算法可推广至大规模多层有向网络的协同谱聚类，假设有向多层网络来自多层随机共分块模型，见9.1.1节. 协同聚类旨在获得两组聚类结果，一组是包含具有相似发送模式的节点的行聚类，另一组是包含具有相似接收模式的节点的列聚类.

算法 8 多层网络的随机化谱聚类算法（RSC）

输入： 多层网络邻接矩阵 $\{A_l\}_{l=1}^L$，社区个数 K，采样概率 p，幂参数 q.
for $l=1$ **到** L **do**
　随机采样： 根据公式(10.4)随机采样 A_l 的元素以获得稀疏矩阵 $\tilde{A}_l$；
　偏差修正： 对 $\tilde{A}_l$ 进行平方并根据公式(10.7)构造去偏估计量 $\bar{S}_l$.
end for
基于随机投影的特征分解：
　通过 $\bar{S} := \sum_{l=1}^{L} \bar{S}_l / L$ 构造 $\bar{S}$；
　随机抽取一个 $n \times K$ 的随机测试矩阵 Ω；
　构造矩阵 $G = [\bar{S}^1\Omega, \bar{S}^3\Omega, \cdots, \bar{S}^{2q+1}\Omega]$；
　通过 QR 分解构造 $Q \in \mathbb{R}^{n\times(q+1)K}$，$G =: QR$；
　构造 $C = Q^T\bar{S}Q \in \mathbb{R}^{(q+1)K\times(q+1)K}$；
　令 $\hat{U} := QU_K$，其中 U_K 为小矩阵 C 的 K 个最大特征向量.
聚类： 在 $\hat{U}$ 上进行 k-means 聚类得到 K 个类.
输出： 估计的 Membership 矩阵 $\hat{\Theta}$.

简单回顾上一章中的协同谱聚类算法，定义

$$S^R := \frac{1}{Ln}\sum_{l=1}^{L}(A_lA_l^T - D_l^{\text{out}}), \qquad S^C := \frac{1}{Ln}\sum_{l=1}^{L}(A_l^TA^l - D_l^{\text{in}}),$$

协同谱聚类通过在 S^R 的前 K 个特征向量和 S^C 的前 K 个特征向量上分别应用 k-means 来得到行和列社区的划分.

类似上节中的描述，可利用随机化技术加速多层有向网络的协同谱聚类算法. 该算法类似算法8，但有两个主要区别：第一，(10.4)式中的随机采样步骤对于每一对 $1 \leqslant i \neq j \leqslant n$ 是独立执行的；第二，(10.7)式中的偏差修正步骤和随后的基于随机投影的特征分解需要分别在行社区和列社区上执行. 具体地，$\bar{S}_l$ 应替换为 $\bar{S}_l^R$ 和 $\bar{S}_l^C$，其中 $\bar{S}_l^R := \frac{\tilde{A}_l\tilde{A}_l^T}{n} - \frac{\tilde{D}_l^{\text{out}}}{np^2}$ 和 $\bar{S}_l^C := \frac{\tilde{A}_l^T\tilde{A}_l}{n} - \frac{\tilde{D}_l^{\text{in}}}{np^2}$. 为方便起见，仍然将多层随机共分块模型的随机化谱共聚类称为 RSC.

10.2　多层网络的随机化谱聚类的相合性

为在随机块模型下建立 RSC 算法的错误分类率的理论上界，先给出两个假设：

假设 10.1 社区数 K 固定. 社区规模均衡，即对任意 $k \in \{1,\cdots,K\}$，记社区 k 内的节点数量为 n_k，存在常数 $c_0 \geqslant 1$，使得

$$c_0^{-1}\frac{n}{K} \leqslant n_k \leqslant c_0\frac{n}{K}.$$

假设 10.2 $\sum_{l=1}^{L} B_l^2$ 的秩为 K，并且满足

$$\sigma_{\min}\left(\sum_{l=1}^{L} B_l^2\right) \geqslant cL,$$

其中，$\sigma_{\min}(A)$ 表示矩阵 A 的最小特征值.

假设 10.1 要求社区是均衡的，这是一种常见的假设，用于简化推导出的误分类率的表示. 假设 10.2 要求聚合后的连接概率矩阵的最小特征值随着层数的增加而呈线性增长. 为了简化分析，这里假设 $\sum_{l=1}^{L} B_l^2$ 是满秩的，这个条件可以放宽为非满秩的情形，在这种情形下，只要求聚合后的平方块概率矩阵的最小非零特征值线性增长即可，见第 9 章假设9.2.

下面的定理在多层随机块模型下给出了在两种稀疏性情形下 RSC 算法的错误分类率上界. 定理的证明见本章附录.

定理 10.1 若假设10.1和假设10.2成立，且幂参数 $q \asymp \log n$，则在以下两种稀疏性情形下，分别有以下结果成立：

如果

$$\frac{\log(L+n)}{pnL^{1/2}} \lesssim \rho \lesssim \frac{1}{pn}, \tag{10.8}$$

则以大于 $1-O((L+n)^{-c_1})-2e^{-c_2K}$ 的概率 (对于某些正的常数 c_1 和 c_2)，有

$$\mathcal{L}(\Theta,\widehat{\Theta}) \lesssim \max\left\{\frac{\log^2(L+n)}{p^3Ln^2\rho^2},\ \frac{1}{n^2}\right\}. \tag{10.9}$$

如果

$$\rho \gtrsim \frac{\log(L+n)}{pn}, \tag{10.10}$$

则以大于 $1-O((L+n)^{-c_3})-2e^{-c_4K}$ 的概率 (对于某些正的常数 c_3 和 c_4)，有

$$\mathcal{L}(\Theta,\widehat{\Theta}) \lesssim \max\left\{\frac{\log(L+n)}{pLn\rho},\ \frac{1}{n^2}\right\}. \tag{10.11}$$

注释 10.1 在稀疏情形(10.8)式下，ρ 的下界依赖于 $L^{-1/2}$，这意味着只要层数 L 足够大，每一层的稀疏度 ρ 可以减弱，从而表明结合 L 层的好处. 这种情形 (ρ 的下界与 L 成反比) 通常在多层随机块模型的统计估计中更具挑战性[110, 161]. 在本章中，主要关注大规模多层随机块模型下社区发现的计算挑战. 因此，上述定理还讨论了不太稀疏的情形(10.10)式，该情形从计算角度比(10.8)式更具有挑战性.

注释 10.2 当 $\log^{1/2}(L+n)/(L^{1/2}n) \lesssim \rho \lesssim 1/n$ 时，即对应设定(10.8)式，对于固定的采样概率 p，若不考虑对数项，文献 [110] 给出的错误分类率的上界为 $\max\{\log(L+$

$n)/(Ln^2\rho^2)$, $n^{-2}\}$. 因此，当采样概率 p 固定时，(10.9)式与文献 [110] 中的界是同阶的，但因为随机采样会带来信息损失，(10.9)式在一般情况下比文献 [110] 中的理论误差界松弛.

当 $n\rho \gtrsim \log n$ 时，即对应设定(10.10)式，对于固定的采样概率 p，若不考虑对数项，文献 [111] 给出的错误分类率的上界为 $\max\{1/(Ln\rho), n^{-2}\rho^{-2}\}$. 在 $Ln\rho \gtrsim \log^4 n$ 时，文献 [161] 给出的错误分类率的上界为 $\log n/(Ln\rho)$. 因此，对于固定的采样概率 p，若不考虑对数项，在设定(10.10)下 RSC 的错误分类率的上界与它们的上界是同阶的.

对于随机共分块模型，同样可给出关于错误分类率 $\mathcal{L}(Y,\widehat{Y})$ 和 $\mathcal{L}(Z,\widehat{Z})$ 的上界，其中 $\widehat{Y}$ 和 $\widehat{Z}$ 分别为通过 RSC 算法获得的行和列 Membership 矩阵的估计. 首先给出两个针对多层随机共分块模型的假设，它们是多层随机块模型的假设10.1和假设10.2的对应版本.

假设 10.3 行类数 K_y 和列类数 K_z 固定. 社区规模均衡，即对任意 $k \in \{1,\cdots,K_y\}$，记行社区 k 内的节点数量为 n_k^y，对任意 $k\prime \in \{1,\cdots,K_z\}$，记列社区 $k\prime$ 内的节点数量为 $n_{k\prime}^z$，存在常数 $c_0 \geqslant 1$，使得

$$c_0^{-1}\frac{n}{K_y} \leqslant n_k^y \leqslant c_0\frac{n}{K_y}, \qquad c_0^{-1}\frac{n}{K_z} \leqslant n_{k\prime}^z \leqslant c_0\frac{n}{K_z}.$$

假设 10.4 $\sum_{l=1}^{L} B_l B_l^T$ 的秩为 K_y，$\sum_{l=1}^{L} B_l^T B_l$ 的秩为 K_z，并且满足

$$\sigma_{\min}(\sum_{l=1}^{L} B_l B_l^T) \geqslant cL, \qquad \sigma_{\min}(\sum_{l=1}^{L} B_l^T B_l) \geqslant cL,$$

其中 $\sigma_{\min}(A)$ 表示矩阵 A 的最小特征值.

以下定理给出了多层随机共分块模型假设下 RSC 算法的错误分类节点比例的上界. 该定理可通过结合定理10.1和定理9.1证明，因此略去.

定理 10.2 若假设10.3和假设10.4成立，且幂参数 $q \asymp \log n$，对于两种稀疏性条件，分别有以下结果:

当(10.8)式成立时，

$$\max\{\mathcal{L}(Y,\widehat{Y}), \mathcal{L}(Z,\widehat{Z})\} \lesssim \max\Big\{\frac{\log^2(L+n)}{p^3Ln^2\rho^2},\ \frac{1}{n^2}\Big\}$$

成立的概率大于 $1-O((L+n)^{-c_1})-2e^{-c_2K}$，其中 c_1 和 c_2 为正常数.

当(10.10)式成立时，

$$\max\{\mathcal{L}(Y,\widehat{Y}), \mathcal{L}(Z,\widehat{Z})\} \lesssim \max\Big\{\frac{\log(L+n)}{pLn\rho},\ \frac{1}{n^2}\Big\}$$

成立的概率大于 $1-O((L+n)^{-c_3})-2e^{-c_4K}$，其中 c_3 和 c_4 为正常数.

10.3 大规模多层网络数据的应用

本节通过 7 个真实数据集对本章所介绍的算法 RSC 在计算效率和聚类准确性方面进行实证评估.

这七个数据集包括有向和无向多层网络，节点数从一千到三百万不等. 详细信息如下：

- European email 网络 [177]：欧洲研究机构成员之间交换的电子邮件数据集，层次代表不同的时间段.
- Yeast landscape 网络 [178]：酿酒酵母物种的多层基因相互作用网络.
- Home genetic 网络 [179]：人类的多层基因和蛋白质相互作用网络.
- MoscowAthletics 2013 社交网络 [180]：2013 年田径世界锦标赛期间，Twitter 用户之间的各种社交关系，层次分别对应转发、提及和回复.
- Cannes 2013 社交网络 [180]：与前一个网络相似，该数据集关注 2013 年戛纳电影节期间的社交互动.
- Youtube 社交网络 [181]：Youtube 用户及其好友关系的社交网络，层次代表不同的时间段.
- Stack overflow 网络 [177]：Stack exchange 网站上 Stack overflow 部分的交互网络，层次表示不同类型的互动.

这些真实多层网络的基本统计信息见表10.1.

表 10.1 7 个真实多层网络的基本统计

网络	节点数	层数	边数	方向
European email 网络	986	6	56,440	有向
Yeast landscape 网络	4,458	4	8,450,408	无向
Home genetic 网络	18,222	7	170,899	有向
MoscowAthletics 2013 社交网络	88,804	3	210,250	有向
Cannes 2013 社交网络	438,537	3	991,854	有向
Youtube 社交网络	3,223,589	6	20,621,018	无向
Stack overflow 网络	2,601,977	3	37,619,132	无向

为了评估 RSC 算法的计算效率，在所有 7 个真实多层网络上运行 RSC 并统计计算时间. 表10.2展示了 RSC 方法基于 100 次重复实验的平均计算时间 (单位: 秒)，所有计算都在配备 Apple M2 处理器和 16 GB 内存的计算机上运行，其中 R 版本为 4.2.0. 作为对比，展示了原始谱聚类算法 (SC，即 RSC 的非随机化对应方法) 在两个小规模多层网络上的计算时间. 表10.2中的社区个数是根据聚合矩阵 S(无向网络) 特征值的碎石图，以及 S^R 和 S^C(有向网络) 的碎石图所确定的. 当节点数为 4000 时，RSC 比 SC 快近 30

倍. 当节点数增加到 10 000 时, SC 由于内存溢出无法运行, 而 RSC 仍能进行快速聚类, 并且能够高效地处理百万节点规模网络. 这表明了随机化聚类算法在处理不同规模和不同类型的多层网络时的高效性.

表 10.2 RSC 和 SC 在 7 个真实多层网络进行聚类的平均时间 ("–" 表示因内存溢出而无法运行)

网络	社区个数	RSC 时间 / 秒	SC 时间 / 秒
European email 网络	2, 2	0.092	0.112
Yeast landscape 网络	5	1.4	38
Home genetic 网络	3, 2	0.363	–
MoscowAthletics 2013 社交网络	3, 2	0.886	–
Cannes 2013 社交网络	5, 3	7.425	–
Youtube 社交网络	4	53.523	–
Stack overflow 网络	5	51.225	–

为了评估算法 RSC 的聚类准确性, 将 RSC 与 SC 的结果进行比较. 使用调整兰德指数 (ARI) 和调整互信息 (AMI) 来衡量两个方法的聚类结果之间的相似性. 更高的 ARI 或 AMI 表示聚类结果的相似性更高, 当聚类结果完全一致时, 这两个指标的值均为 1. 两种方法的聚类数量都由聚合矩阵 S 特征值的碎石图决定; 对于有向网络, 则由 S^R 和 S^C 特征值的碎石图分别决定. 在 RSC 中设置采样率 $p = 0.7$ 和幂参数 $q = 2$. 仅在两个相对较小规模的网络, European email 网络和 Yeast landscape 网络上进行比较, 因为当节点数达到数万时, SC 由于计算邻接矩阵平方所需的高内存需求而变得不可行, 可能导致内存溢出. 表10.3列出了 100 次重复实验的平均结果. 从结果中可以看出, RSC 算法在聚类方面的表现与非随机化算法接近.

表 10.3 RSC 和 SC 聚类结果的相似性

网络	ARI	NMI
European email 网络 (行)	0.965	0.904
European email 网络 (列)	0.974	0.924
Yeast landscape 网络	0.929	0.902

10.4 本章附录

在给出定理证明前, 先给出几个技术性引理.

引理 10.1 [110] 设 $X_1, X_2, \cdots, X_L$ 是独立的 $n \times n$ 随机对称矩阵，其中每个矩阵上三角元素都是独立的. 对于任意 $l \in \{1, \cdots, L\}$ 和任意 $1 \leqslant i \leqslant j \leqslant n$, $X_{l,ij}$ 是 (v_1, R_1)-Bernstein，且 $X_{l,ij}X_{l,ij}^{\text{ic}}$ 是 (v_2', R_2')-Bernstein，其中 $X_{l,ij}^{\text{ic}}$ 是 $X_{l,ij}$ 的独立副本. 则以大于 $1 - O((n+L)^{-1})$ 的概率，有

$$\begin{aligned}&\left\|\sum_{l=1}^{L} X_l^2 - \operatorname{diag}(\sum_{l=1}^{L} X_l^2)\right\|_2\\ \leqslant& C\Big[v_1 n \log(L+n)\sqrt{L} + \sqrt{v_1}R_1\sqrt{Ln}\log^{3/2}(L+n)\\ &+ \sqrt{v_2'}\sqrt{Ln}\log(L+n) + (R_1^2 + R_2')\log^2(L+n)\Big].\end{aligned}$$

引理 10.2 定义总体矩阵 $Q = \Theta\rho^2 \sum_{l=1}^{L} B_l \Delta B_l \Theta^T := \Theta\bar{B}\Theta^T$，其中 $\Delta = \Theta^T\Theta$. 假设 $\bar{B}$ 是满秩矩阵，并将 Q 的特征分解表示为 $U_{n\times K}\Sigma_{K\times K}U_{K\times n}^{\intercal}$. 那么，对于 $\Theta_{i*} = \Theta_{j*}$，有 $U_{i*} = U_{j*}$；而对于 $\Theta_{i*} \neq \Theta_{j*}$, 有 $\|Ui* - Uj*\|_2 = \sqrt{(n_{g_i})^{-1} + (n_{g_j})^{-1}}$.

证明 参见文献 [105, 134] 等.

引理 10.3 设 A_l 为由满足稀疏性条件(10.8)的多层随机块模型生成的邻接矩阵，其中 $1 \leqslant l \leqslant L$，记 $\tilde{A}_l$ 为采样概率为 p 的稀疏矩阵. 则以下各项以大于 $1 - O((L+n)^{-c})$ 的概率同时成立，其中 c 为某正常数：

1. $\max\limits_{l,i} \tilde{d}_{l,i} \lesssim \log(L+n)$.
2. $\max\limits_{i} \sum\limits_{l=1}^{L} \tilde{d}_{l,i} \lesssim Ln\rho p$.
3. $\left\|\sum\limits_{l=1}^{L} \tilde{A}_l^2\right\|_2 \lesssim Ln\rho/p$.

证明 回顾公式(10.4)中 $\tilde{A}_l$ 的定义，其中 $\tilde{A}_{l,ij}$ 是独立且有界的. 前两个论述可通过直接应用标准的 Bernstein 不等式和布尔不等式得到. 第三个论述的证明类似文献 [110] 中引理 8，主要区别在于 $\tilde{A}_l$ 元素的尾部条件. 为了简洁起见，在此省略证明.

引理 10.4 在与引理10.3相同的条件下，记 $X_l := \tilde{A}_l - \bar{P}_l$ 为噪声矩阵，其中 $1 \leqslant l \leqslant L$. 则 $\dfrac{1}{L}\sum\limits_{l=1}^{L} X_l^2$ 的非对角部分，记为 N_1，满足

$$\|N_1\|_2 \lesssim \frac{n\rho\log(L+n)}{p^{3/2}L^{1/2}}$$

的概率不小于 $1 - O((L+n)^{-1})$.

证明　证明采用了上章中引理 9.8 中的解耦技术. 为此，定义

$$\widetilde{N}_1=\frac{1}{L}\sum_{l=1}^{L}\sum_{(i,;j)\neq(i',;j')}X_{l,ij}X_{l,i'j'}^{\text{ic}}e_ie_{i'}^T\mathbb{1}_{\{j=j'\}},$$

$$\widetilde{N}_2=\frac{1}{L}\sum_{l=1}^{L}\sum_{(i,;j)}X_{l,ij}X_{l,ij}^{\text{ic}}e_ie_i^T,$$

和

$$\widetilde{N}=\frac{1}{L}\sum_{l=1}^{L}X_lX_l^{\text{ic}}=\widetilde{N}_1+\widetilde{N}_2.$$

其中, $\widetilde{N}_1$ 是零均值的非对角线部分，$\widetilde{N}_2$ 是对角线部分. 这里，$e_i\in\mathbb{R}^n$ 中的标准基向量，$(i,j),(i',j')\in\{1,2,\cdots,n\}^2$ 为索引对. 对所有 $1\leqslant l\leqslant L$，X_l^{ic} 是 X_l 的独立副本. 注意到 $\|\widetilde{N}_1\|_2\leqslant\|\widetilde{N}\|_2+\|\widetilde{N}_2\|_2$，分别控制 $\widetilde{N}$ 和 $\widetilde{N}_2$ 的谱范数.

注意到 $X_l^{\text{ic}}=\tilde{A}_l^{\text{ic}}-\bar{P}_l$，其中 $\tilde{A}_l^{\text{ic}}$ 是 $\tilde{A}_l$ 的独立副本，将 $\widetilde{N}$ 重写为

$$L\widetilde{N}=\sum_{l=1}^{L}X_lX_l^{\text{ic}}=\sum_{l=1}^{L}X_l\tilde{A}_l^{\text{ic}}-\sum_{l=1}^{L}X_l\bar{P}_l.$$

首先应用引理10.3和引理9.5来控制给定条件 $\tilde{A}_1^{\text{ic}},\cdots,\tilde{A}_L^{\text{ic}}$ 时的 $\|\sum_{l=1}^{L}X_l\tilde{A}_l^{\text{ic}}\|_2$. 注意到 $\max_l\|\tilde{A}_l^{\text{ic}}\|_{2,\infty}\leqslant\max_{l,i}\tilde{d}_{l,i}/p\lesssim\log(L+n)/p$，并且 $n\|\sum_{l=1}^{L}\tilde{A}_l^{\text{ic}}\tilde{A}_l^{\text{ic}}\|_2\lesssim Ln^2\rho/p$，有

$$\left\|\sum_{l=1}^{L}X_l\tilde{A}_l^{\text{ic}}\right\|_2\leqslant cL^{1/2}n\rho\log(L+n)/p^2$$

以大于 $1-O((L+n)^{-1})$ 的概率成立. 结合此结果与公式(10.14)，可得

$$\|\widetilde{N}\|_2\lesssim\frac{n\rho\log(L+n)}{L^{1/2}p^{3/2}}$$

成立的概率不小于 $1-O((L+n)^{-1})$.

对于对角矩阵 $\widetilde{N}_2$，其第 i 个对角线元素为 $\frac{1}{L}\sum_{l=1}^{L}\sum_{j=1}^{n}X_{l,ij}X_{l,ij}^{\text{ic}}$. 使用标准 Bernstein 不等式和布尔不等式，以不小于 $1-O((L+n)^{-1})$ 的概率，可得

$$\|\widetilde{N}_2\|_2\lesssim\frac{n^{1/2}\rho\log^{1/2}(L+n)}{L^{1/2}p^{3/2}}.$$

通过结合 $\|\widetilde{N}\|_2$ 和 $\|\widetilde{N}_2\|_2$ 的上界，并使用引理9.7可得出结论.

定理 10.3 以下结果分别适用于两种稀疏性条件:

- 当 (10.8) 式成立时，可得

$$\|\bar{S}-\Pi\|_2 \lesssim \max\left\{\frac{\rho\log(L+n)}{p^{3/2}L^{1/2}},\rho^2\right\}$$

以大于 $1-O((L+n)^{-1})$ 的概率成立.

- 当条件 (10.10) 式成立时，可得

$$\|\bar{S}-\Pi\|_2 \lesssim \max\{\frac{n^{1/2}\rho^{3/2}\log^{1/2}(L+n)}{p^{1/2}L^{1/2}},\rho^2\}$$

以大于 $1-O((L+n)^{-1})$ 的概率成立.

证明 利用文献 [110] 中开发的集中不等式工具进行证明. 回顾在 10.1.2 节中讨论的分解，可得

$$n\bar{S}-n\Pi=\frac{1}{L}\sum_{l=1}^{L}(n\bar{S}_l-n\Pi_l):=E_0+E_1+E_2+E_3-\frac{1}{L}\sum_{l=1}^{L}\frac{\tilde{D}_l}{p^2},$$

其中，$E_i:=\frac{1}{L}\sum_{l=1}^{L}E_{l,i}$，$E_{l,i}$ 与 (10.5) 式中定义的相同. 接下来分别控制这些误差项.

对于 $E_0:=\frac{1}{L}\sum_{l=1}^{L}\left(-P_l\cdot\mathrm{diag}(P_l)-\mathrm{diag}(P_l)\cdot P_l+(\mathrm{diag}(P_l))^2\right)$, 容易看出

$$\|E_0\|_2\leqslant 2\max_l\|\mathrm{diag}(P_l)\cdot\|_2\max_l\|P_l\|_{\mathrm{F}}+\max_l\|\mathrm{diag}(P_l)\|_2^2\lesssim n\rho^2.$$

对于 $E_1:=\frac{1}{L}\sum_{l=1}^{L}(X_l(P_l-\mathrm{diag}(P_l))+(P_l-\mathrm{diag}(P_l))X_l)$，将利用引理9.5证明. 为此，先说明每个 pX_l 的元素均满足 Bernstein 条件 (见定义 9.1). 对于 $i\neq j$，定义 $F_l:=pX_{l,ij}=p(\tilde{A}_{l,ij}-P_{l,ij})$. 具体来说，

$$F_l=\begin{cases}1-pP_{l,ij}\ , & \text{w.p. } pP_{l,ij},\\ -pP_{l,ij}\ , & \text{w.p. } 1-pP_{l,ij},\end{cases}$$

并且对于 $\alpha\geqslant 2$，有

$$\begin{aligned}\mathbb{E}|F_l^{\alpha}|&\leqslant|1-pP_{l,ij}|^{\alpha}pP_{l,ij}+|pP_{l,ij}|^{\alpha}(1-pP_{l,ij})\\&\leqslant(1-pP_{l,ij})pP_{l,ij}+pP_{l,ij}(1-pP_{l,ij})\\&\leqslant 2pP_{l,ij}\leqslant\frac{v_1}{2}\alpha!R_1^{\alpha-2},\end{aligned}\tag{10.12}$$

其中，$v_1:=4p\rho$, $R_1:=1$. 因此, $pX_{l,ij}$ 满足 (v_1,R_1)-Bernstein 条件. 此外 $\|\sum_{l=1}^{L}(P_l-\mathrm{diag}(P_l))^2\|_2\leqslant\sum_{l=1}^{L}\|P_l-\mathrm{diag}(P_l)\|_{\mathrm{F}}^2\leqslant Ln^2\rho^2$ 和 $\max_l\|P_l-\mathrm{diag}(P_l)\|_{2,\infty}\leqslant\sqrt{n}\rho$. 通过引

理 9.5，可得

$$\mathbb{P}(pL\|E_1\|_2 \geqslant t) \leqslant 4n \cdot \exp\left(\frac{-t^2/2}{4pLn^3\rho^3 + \sqrt{n}\rho t}\right). \tag{10.13}$$

选择 $t = p^{1/2}\rho^{3/2}n^{3/2}L^{1/2}\log^{1/2}(L+n)$，当 ρ 满足 $\rho \gtrsim \log^{1/2}(L+n)/(pn^2L)$，有

$$\sqrt{n}\rho t \lesssim pLn^3\rho^3,$$

考虑的两个稀疏性 (10.8) 式和 (10.10) 式均符合要求. 因此，公式(10.13) 意味着

$$\|E_1\|_2 \lesssim \frac{n^{3/2}\rho^{3/2}\log^{1/2}(L+n)}{p^{1/2}L^{1/2}} \tag{10.14}$$

成立的概率不小于 $1 - O((L+n)^{-1})$.

对于 $E_2 := \frac{1}{L}\sum_{l=1}^{L}\left(X_l^2 - \mathrm{diag}(X_l^2)\right)$, 分别讨论在稀疏情形 (10.8) 和稠密情形 (10.10) 下的上界.

在稀疏情形 (10.8) 下，引理 10.4 表明

$$\|E_2\|_2 \lesssim \frac{n\rho\log(L+n)}{p^{3/2}L^{1/2}} \tag{10.15}$$

以不小于 $1 - O((L+n)^{-1})$ 的概率成立.

在稠密情形 (10.10) 下，将利用引理 10.1证明. 给定 pX_l^{ic} 是 pX_l 的独立副本，类似推导 (10.12)式，可以证明 $p^2X_{l,ij}X_{l,ij}^{\mathrm{ic}}$ 满足 (v_2', R_2')-Bernstein 条件，其中 $v_2' = 8p^2\rho^2$，$R_2' = 1$. 随后，由引理 10.1，以概率不小于 $1 - O((L+n)^{-1})$，有

$$\begin{aligned}\|Lp^2E_2\|_2 \lesssim\ & p\rho n\log(L+n)\sqrt{L} + \sqrt{p\rho}\sqrt{Ln}\log^{3/2}(L+n) \\ & + p\rho\sqrt{Ln}\log(L+n) + \log^2(L+n).\end{aligned}$$

在 (10.10) 式下，有

$$\|E_2\|_2 \lesssim \frac{n^{1/2}\rho^{3/2}\log^{1/2}(L+n)}{p^{1/2}L^{1/2}}. \tag{10.16}$$

对于 $E_3 - \frac{1}{L}\sum_{l=1}^{L}\frac{\tilde{D}_l}{p^2}$，在 (10.6) 式中已经推导出：

$$\|E_3 - \frac{1}{L}\sum_{l}\frac{\tilde{D}_l}{p^2}\|_2 \lesssim n\rho^2.$$

最后，比较 E_1，E_2 和 E_3 这三项. 可以看到：

- 当条件 (10.8) 成立时，E_1 的上界小于 E_2 的上界，因此有

$$\|\bar{S} - \Pi\|_2 \lesssim \max\left\{\frac{\rho\log(L+n)}{p^{3/2}L^{1/2}}, \rho^2\right\}.$$

- 当条件 (10.10) 成立时，E_2 的上界小于 E_1 的上界，因此有

$$\|\bar{S} - \Pi\|_2 \lesssim \max\left\{\frac{n^{1/2}\rho^{3/2}\log^{1/2}(L+n)}{p^{1/2}L^{1/2}}, \rho^2\right\}.$$

定理 10.1 的证明 考虑到用于 k-means 聚类的近似特征空间 $\hat{U}$ 实际上是矩阵 $\hat{S} := QQ^T\bar{S}QQ^T$ 的特征向量. 首先利用 $\bar{S}$ 相对于其总体矩阵 Π 的偏差和文献 [175] 中关于低秩随机逼近的讨论，来给出 $\hat{S}$ 与 Π 之间的偏差. 关于 Π 的定义见公式 (10.3).

具体地，

$$\begin{aligned}\|\hat{S}-\Pi\|_2 &= \|QQ^T\bar{S}QQ^T-\Pi\|_2\\ &\leqslant \|\bar{S}-\Pi\|_2+\|QQ^T\bar{S}QQ^T-\bar{S}\|_2\\ &\leqslant \|\bar{S}-\Pi\|_2+\|QQ^T\bar{S}(QQ^T-\bar{S})\|_2+\|QQ^T\bar{S}-\bar{S}\|_2\\ &\leqslant \|\bar{S}-\Pi\|_2+2\|\bar{S}-QQ^T\bar{S}\|_2. \end{aligned} \tag{10.17}$$

对于第二项 $\|\bar{S}-QQ^T\bar{S}\|_2$，根据文献 [175] 中的定理 1，当 $q \asymp \log n/\sqrt{\varepsilon}$ 时，以下不等式以至少 $1-2e^{-cK}$ 的概率成立：

$$\|\bar{S}-QQ^T\bar{S}\|_2 \leqslant (1+\varepsilon)\|\bar{S}-\bar{S}_K\|_2,$$

其中，$\bar{S}_K$ 是 $\bar{S}$ 在其前 K 个奇异向量所张成的空间上的投影，$\varepsilon \in (0,1)$ 是误差，c 是一个正的常数. 注意到 $\|\bar{S}-\bar{S}_K\|_2=\sigma_{K+1}(\bar{S})$，且 Π 的秩为 K，有

$$\|\bar{S}-QQ^T\bar{S}\|_2 \leqslant (1+\varepsilon)\sigma_{K+1}(\bar{S}) \leqslant (1+\varepsilon)\|\bar{S}-\Pi\|_2,$$

其中，$\sigma_{K+1}(\cdot)$ 表示对称矩阵的第 $K+1$ 大特征值.

因此，以不小于 $1-2e^{-cK}$ 的概率，有

$$\|\hat{S}-\Pi\|_2 \leqslant (3+2\varepsilon)\|\bar{S}-\Pi\|_2.$$

$\|\bar{S}-\Pi\|_2$ 的上界已由定理 10.3 给出.

有 Davis-Kahan $\sin\Theta$ 定理，存在一个 $K\times K$ 的正交矩阵 O，使得

$$\|\hat{U}-UO\|_{\mathrm{F}} \leqslant \frac{2\sqrt{2K}\|\bar{S}-\Pi\|2}{\sigma_K(\Pi)} \leqslant \frac{2\sqrt{2K}\|\bar{S}-\Pi\|2}{cn\rho^2}.$$

这里，最后不等式来自社区均衡的假定，以及 $\sum_{l=1}^{L} Bl^2$ 的最小特征值不小于 cL，从而有 $\sigma_K(\Pi) \geqslant cn\rho^2$，其中常数 $c>0$. 最后，通过引理 9.6 和引理 10.2，得到所需的错误分类率上界.

第 11 章　多层随机块模型连接概率矩阵的估计

前面几章重点讨论了多层随机块模型的社区发现及相合性理论. 除相合性外, 渐近正态性同样至关重要. 渐近正态性通常是进行后续统计推断任务的前提, 渐近正态性理论的发展将使得统计推断成为可能. 例如, 多层随机块模型中的一个自然的统计推断任务是检验不同层的网络是否来自于相同的随机块模型, 即在共享社区结构的前提下, 判断各层的连接概率矩阵是否相同. 例如在分析多层全球贸易网络时, 研究目标不仅仅是进行社区发现, 还包括判断不同商品的贸易模式是否相似. 渐近正态性质在此类推断中起着基础性作用. 本章将介绍多层随机块模型中连接概率矩阵的估计及其渐近正态性质, 同时, 将基于渐近理论讨论多层网络中的统计推断问题[182].

11.1　连接概率矩阵的估计

回顾 10.1 节中多层随机块模型定义, 假设多层无向网络的邻接矩阵 $\{A_l\}_{l=1}^L$ 生成自多层随机块模型, 那么对任意 $1 \leqslant l \leqslant L$, 可得 A_l 的总体矩阵

$$\mathcal{P}_l = \rho\Theta B_l\Theta^T \in [0,1]^{n\times n},$$

这是因为 $\mathcal{P}_l - \text{diag}(\mathcal{P}_l) = \mathbb{E}(A_l)$, 其中 $\Theta \in \{0,1\}^{n\times K}$ 表示 Membership 矩阵, 且 $\Theta_{ik} = 1$ 当且仅当 $k = g_i$, 否则 $\Theta_{ik} = 0$, 这里 $g_i \in \{1,\cdots,K\}$ 表示节点 $i \in \{1,\cdots,n\}$ 所在的社区. 定义 $\Delta = \text{diag}(n_1,\cdots,n_K)$, 其中每个对角线元素 n_k 表示社区 $k \in \{1,\cdots,K\}$ 中的节点数量, 那么可以将 $\mathcal{P}_l$ 改写为

$$\mathcal{P}_l = \rho\Theta\Delta^{-1/2}\Delta^{1/2}B_l\Delta^{1/2}\Delta^{-1/2}\Theta^T := UM_lU^T, \tag{11.1}$$

其中, $U = \Theta\Delta^{-1/2}$, 而 $M_l = \rho\Delta^{1/2}B_l\Delta^{1/2}$. 这里, U 是一个 $n\times K$ 的列正交矩阵, 包含 K 个不同的行, 可以视为总体矩阵 $\mathcal{P}_l$ 的特征空间. $K\times K$ 的对称矩阵 M_l 可视为缩放的连接概率矩阵或评分矩阵, 将在后续章节中讨论其估计及其渐近正态性.

通过 (11.1) 式中的分解, 多层随机分模型可以通过 $(U, M_1,\cdots,M_L)$ 进行重参数化. 注意这种参数化是在正交变换下可识别的, 因为对于任何正交矩阵 $Z \in \mathbb{O}(K)$, $(UZ)Z^TM_lZ(UZ)^T$ 是另一种合理的分解, 其中 $\mathbb{O}(K)$ 表示所有 $K\times K$ 正交矩阵的集合.

为了估计评分矩阵 M_l $(l \in \{1,\cdots,L\})$, 首先需估计公共的特征空间 U. 为了充分利用各层之间的信息, 将 U 视为以下 $\sum_{l=1}^L \mathcal{P}_l^2$ 的特征空间,

$$\sum_{l=1}^L \mathcal{P}_l^2 = \sum_{l=1}^L \rho^2\Theta B_l\Theta^T\Theta B_l\Theta^T = U\sum_{l=1}^L \rho^2\Delta^{1/2}B_l\Delta B_l\Delta^{1/2}U^T.$$

对 $\mathcal{P}_l$ 进行平方后再求和，可以避免直接求和造成的社区相互抵消 [110]. 假设 $\sum_{l=1}^{L} B_l^2$ 是满秩的，由于 Δ 是一个满秩的对角矩阵，那么 $\sum_{l=1}^{L} \rho^2\Delta^{1/2}B_l\Delta B_l\Delta^{1/2}$ 也是满秩的. 将 $\sum_{l=1}^{L} \rho^2\Delta^{1/2}B_l\Delta B_l\Delta^{1/2}$ 表示为 $W\Lambda W^T$，其中 $W \in \mathbb{O}(K)$ 且 Λ 是对角矩阵. 于是得到 $\sum_{l=1}^{L} \mathcal{P}_l^2 = UW\Lambda W^TU^T$. 因此，$UW$ 是 $\sum_{l=1}^{L} \mathcal{P}_l^2$ 的特征向量.

基于上述讨论，可以使用 $\sum_{l=1}^{L} \mathcal{P}_l^2$ 的样本版本的特征向量来估计 U. 具体地，采用文献 [110] 中提出的基于偏差调整的邻接矩阵平方和

$$\sum_{l=1}^{L} \left(A_l^2 - D_l\right)$$

进行特征分解, 其中 D_l 是一个 $n \times n$ 的对角矩阵，其对角线元素为 $D_{l,ii} = \sum_{j=1}^{n} A_{l,ij}$. 如上一章所述，偏差修正可以减轻 $\sum_{l=1}^{L} A_l^2$ 的对角部分引入的偏差. 特征分解得到的前 K 个特征值对应的特征向量记为 $\hat{U}$，即为特征空间 U 的估计.

给定 $\hat{U}$, 可根据 (11.1) 式中总体矩阵 $\mathcal{P}_l$ 的分解来估计 M_l 矩阵. 具体地，对于任意 $1 \leqslant l \leqslant L$, 可得以下估计量:

$$\hat{M}_l = \underset{M\in\mathbb{R}^{K\times K}}{\arg\min} \|A_l - \hat{U}M\hat{U}^T\|_F = \hat{U}^TA_l\hat{U}. \tag{11.2}$$

11.2 连接概率矩阵估计的渐近性质

本节讨论多层随机块模型中评分矩阵 (缩放的连接概率矩阵)M_l $(l \in \{1, \cdots, L\})$ 的渐近正态性. 之后，给出估计原始连接概率矩阵 (非缩放的连接概率矩阵) 的估计方法，并讨论其渐近正态性.

11.2.1 渐近正态性

为了给出 M_l 的渐近正态性，需要进行以下假设.

假设 11.1 社区数 K 固定；社区规模均衡，即对任意 $k \in \{1, \cdots, K\}$，记社区 k 内的节点数量为 n_k，存在常数 $c_1 \geqslant 1$，使得

$$c_1^{-1}\frac{n}{K} \leqslant n_k \leqslant c_1\frac{n}{K}.$$

假设 11.1 可蕴含存在正的常数 c_2, c_3，以及一个正交矩阵 $Z \in \mathbb{O}(K)$，使得对于所有 $i \in \{1, \cdots, n\}$ 和 $s \in \{1, \cdots, K\}$，有 $c_2/\sqrt{n} \leqslant |(UZ)_{is}| \leqslant c_3/\sqrt{n}$. 这被称为特征向量的 delocalization 性质 [183-184]. 实际上，注意到 $U = \Theta\Delta^{-1/2}$，选择正交矩阵 Z 使得对任意 $1 \leqslant s, t \leqslant K$ 有 $c_2/\sqrt{K} \leqslant Z_{st} \leqslant c_3/\sqrt{K}$，则由假设 11.1 可得 U 满足 delocalization 性质.

假设 11.2 $\sum\limits_{l=1}^{L} B_l^2$ 的秩为 K，并且满足

$$\sigma_{\min}(\sum_{l=1}^{L} B_l^2) \geqslant cL,$$

其中，$\sigma_{\min}(A)$ 表示矩阵 A 的最小特征值.

假设 11.2 指定了 $\sum\limits_{l=1}^{L} B_l^2$ 最小特征值的增长速率，其有助于建立特征空间 $\hat{U}$ 关于 U 的理论误差. 线性增长速率是合理的，因为当连接概率矩阵都相同时，假设 11.2 自然成立.

假设 11.3 假设对任意 $l \in \{1, \cdots, L\}$, 边的方差之和满足

$$s^2(\mathcal{P}_l) := \sum_{i=1}^{n}\sum_{j=1}^{n} \mathcal{P}_{l,ij}(1 - \mathcal{P}_{l,ij}) = \omega(1).$$

假设 11.3 对渐近正态性中心极限定理的 Lindeberg 条件成立至关重要. 对于均衡的社区大小，假设 11.3 可简化为 $\sum\limits_{s=1}^{K}\sum\limits_{t=1}^{K} \rho B_{l,st}(1 - \rho B_{l,st}) = \omega(1/n^2)$，此时只要 $\rho = \omega(1/n^2)$，该假设即可成立.

在介绍下一个假设之前，对每个 $l \in \{1, \cdots, L\}$，定义以下 $\frac{K(K+1)}{2} \times \frac{K(K+1)}{2}$ 的对称矩阵 Σ^l，

$$\Sigma^l_{\frac{2s+t(t-1)}{2}, \frac{2s'+t'(t'-1)}{2}} = \sum_{i=1}^{n-1}\sum_{j=i+1}^{n} (U_{is}U_{jt} + U_{js}U_{it})(U_{is'}U_{jt'} + U_{js'}U_{it'})\mathcal{P}_{l,ij}(1 - \mathcal{P}_{l,ij}) \tag{11.3}$$

其中，$1 \leqslant s \leqslant t \leqslant K$，$1 \leqslant s' \leqslant t' \leqslant K$. 另外，定义 $X_l = A_l - P_l$ 为噪声矩阵，其中 $P_l = \mathbb{E}(A_l) = \mathcal{P}_l - \text{diag}(\mathcal{P}_l)$. 将看到，$\Sigma^l$ 实际上是向量化的 $U^T X_l U$ 的协方差矩阵. 将向量化的 $U^T X_l U$ 记作 $\text{vec}(U^T X_l U) \in \mathbb{R}^{K(K+1)/2}$，由于关注对称矩阵，因此只考虑其上三角部分. 具体而言，对于任意 $1 \leqslant s \leqslant t \leqslant K$，$\text{vec}(U^T X_l U)$ 中第 $\frac{2s+t(t-1)}{2}$ 个元素为 $(U^T X_l U)_{s,t}$.

假设 11.4 对所有 $l \in \{1, \cdots, L\}$ 有 $\sigma_{\min}(\Sigma^l) = \omega(1/n^2)$.

与假设 11.3 类似，假设 11.4 将用于验证中心极限定理的 Lindeberg 条件. 通过假设 11.3 和假设 11.1 后的讨论，可以得出 Σ_l 的每个元素都满足 $\omega(1/n^2)$. 因此，假设 11.4 强于假设 11.3.

下述引理给出了多层随机块模型假设下 U 估计误差的上界.

引理 11.1 假定多层随机块模型满足假设 11.1 和假设 11.2. 设 $\hat{U}$ 为 $\sum_{l=1}^{L}(A_l^2 - D_l)$ 的前 K 个特征向量组成的矩阵. 若 $n\rho \geqslant c_4 \log(L+n)$，则

$$\|\hat{U} - UZ\|_F \leqslant c_5 \left(\frac{1}{n} + \frac{\log^{1/2}(L+n)}{L^{1/2}\rho^{1/2}n^{1/2}}\right)$$

以至少 $1 - O((L+n)^{-1})$ 的概率成立，其中 $c_4, c_5 > 0$ 为常数.

进一步，如下定理给出了评分矩阵的估计的逐项和向量化的渐近正态性. 定理证明见 11.6.1 节.

定理 11.1 假定多层随机块模型满足假设 11.1 和假设 11.2，并且存在一个正的常数 c_6，使得 $n\rho \geqslant c_6 \log(L+n)$. 那么通过 (11.2) 式获得的估计 $\hat{M}_l$ 具有以下渐近性质：

(1) 若假设 11.3 成立，则对于任意给定的 $l \in \{1, \cdots, L\}$ 和 $1 \leqslant s, t \leqslant K$，随着 n 趋近于无穷，可得

$$\left(\Sigma^l_{\frac{2s+t(t-1)}{2}, \frac{2s+t(t-1)}{2}}\right)^{-1/2} \left(Z\hat{M}_l Z^T - M_l - ZE_l Z^T\right)_{s,t} \to_d \mathcal{N}(0,1).$$

(2) 若假设 11.4 成立，则对于任意给定的 $l \in \{1, \cdots, L\}$，当 n 趋近于无穷大时，可得

$$\left(\Sigma^l\right)^{-1/2} \operatorname{vec}\left(Z\hat{M}_l Z^T - M_l - ZE_l Z^T\right) \to_d \mathcal{N}(0, I).$$

这里，$\mathcal{N}(0, I)$ 表示 $K(K+1)/2$ 维的标准正态分布.

在 (1) 和 (2) 中，$Z = \underset{Z\in\mathbb{O}(K)}{\arg\inf}\|U^T\hat{U} - Z\|_F$ 是 $K \times K$ 的正交矩阵，E_l 是偏差项，其以不小于 $1 - O(n^{-1})$ 的概率满足 $\|E_l\|_F \leqslant c_7(\rho + \frac{\log^{1/2}(L+n)}{L^{1/2}})$，其中 c_6 为某个正的常数.

注释 11.1 偏差项 E_l 被整体估计误差 $Z\hat{M}_l Z^T - M_l$ 所主导. 实际上，注意到 $X_l = A_l - P_l$，由 (11.10) 式可得

$$\begin{aligned}
\|Z\hat{M}_l Z^T - M_l\|_F &= \|ZE_l Z^T + U^T X_l U\|_F \\
&\geqslant \|U^T X_l U\|_F - \|ZE_l Z^T\|_F \\
&\gtrsim \|X_l\|_2 - \|E_l\|_F.
\end{aligned}$$

对于 $\|X_l\|_2$，考虑具有 K 个社区和边密度 ρ 的随机块模型类：

$$\mathfrak{P}(n, \rho, K) = \left\{\mathcal{P} \in [0,1]^{n\times n} : \max_{1\leqslant i,j\leqslant n} |\mathcal{P}_{ij}| \leqslant \rho,\ \operatorname{rank}(\mathcal{P}) \leqslant K\right\}.$$

文献 [185] 中的定理 3.6 表明，对于连接概率矩阵 $\mathcal{P}$ 的任意估计量 $\hat{\mathcal{P}}$，

$$\inf_{\hat{\mathcal{P}}} \sup_{\mathcal{P}\in\mathfrak{P}(n,\rho,K)} \mathbb{E}\|\hat{\mathcal{P}} - \mathcal{P}\|_2 \gtrsim \sqrt{n\rho}.$$

因此，$\sup_{\mathcal{P}\in\mathfrak{P}(n,\rho,K)}\|X_l\|_2 \gtrsim \sqrt{n\rho}$. 对于 $\|E_l\|_F$ 项，当 L 很大时，例如，如果 $\log^{1/2}(L+n) \lesssim \rho L^{1/2}$，则有 $\|E_l\|_F \lesssim \rho$, 且以至少 $1-O(n^{-1})$ 的概率成立. 基于以上讨论，可认为 E_l 被整体估计误差 $Z\hat{M}_lZ^T - M_l$ 所控制.

注释 11.2 根据假设 11.1 后的讨论和假设 11.3, 可得 $\Sigma^l_{\frac{2s+t(t-1)}{2},\frac{2s+t(t-1)}{2}} = \frac{s^2(\mathcal{P}_l)}{n^2}(1+o(1))$. 因此，若边的方差满足假设 11.3，边方差 $s^2(\mathcal{P}_l)$ 越小，估计量 $(\hat{M}_l)_{st}$ 的渐近方差越小.

11.2.2　原始连接概率矩阵的估计

不同于上节中关注的评分矩阵 (缩放的连接概率矩阵) 的估计. 这里，考虑原始连接概率矩阵的估计. 为方便，使用与缩放的连接概率矩阵相同的符号，记原始连接概率矩阵为 $M_l := \rho B_l$. 对于所有 $1 \leqslant s \leqslant t \leqslant K$ 和 $l \in \{1,\cdots,L\}$，可得

$$M_{l,st} = \frac{\sum\limits_{1\leqslant i\neq j\leqslant n}\Theta_{is}P_{l,st}\Theta_{jt}}{\sum\limits_{1\leqslant i\neq j\leqslant n}\Theta_{is}\Theta_{jt}}.$$

因此，每个连接概率矩阵 M_l 可以通过以下矩估计量来估计，

$$\hat{M}_{l,st} = \frac{\sum\limits_{1\leqslant i\neq j\leqslant n}\hat{\Theta}_{is}A_{l,st}\hat{\Theta}_{jt}}{\sum\limits_{1\leqslant i\neq j\leqslant n}\hat{\Theta}_{is}\hat{\Theta}_{jt}}, \tag{11.4}$$

其中，$\hat{\Theta}$ 是通过对 11.1 节中引入的估计共同特征空间 $\hat{U}$ 进行 k-means 聚类得到的 Membership 矩阵估计. 令 $\hat{g}_i \in \{1,\cdots,K\}$ 表示节点 i 估计的社区划分，令 $\hat{n}_s := \sum\limits_{i=1}^n \mathbb{1}_{\{\hat{g}_i=s\}}$ 表示划分在社区 s 中的节点数量. 那么，对于 $1 \leqslant s < t \leqslant K$, $\hat{M}_l$ 的各项为

$$\hat{M}_{l,st} = \frac{\sum\limits_{\hat{g}_i=s,\hat{g}_j=t}A_{l,ij}}{\hat{n}_s\hat{n}_t}, \qquad \hat{M}_{l,ss} = \frac{\sum\limits_{\hat{g}_i=s,\hat{g}_j=s}A_{l,ij}}{\hat{n}_s(\hat{n}_s-1)}.$$

为了建立连接概率矩阵估计的渐近正态性，需要以下假设.

假设 11.5 对所有 $l \in \{1,\cdots,L\}$ 和 $k \in \{1,\cdots,K\}$, $\mathrm{rank}(B_l) = K$ 且 $\sigma_k(B_l) \asymp c$, 其中 $\sigma_k(B_l)$ 表示 B_l 的第 k 大特征值，c 为正的常数.

假设 11.5 要求每个连接概率矩阵都满秩，且所有特征值具有相同的阶. 这一假设比之前的假设 11.2 更强. 引入该假设主要用来保证通过对 $\hat{U}$ 进行 k-means 聚类得到的社区划分是强相合的. 当假设 11.1 和假设 11.5成立时，以下定理给出了多层随机块模型中连接概率矩阵的 (11.4) 式的渐近正态性.

定理 11.2 假设多层随机块模型满足假设 11.1 和假设 11.5，且存在一个正常数 c 使得 $n\rho \geqslant c\log n$. 那么对于任意给定的 $l \in \{1,\cdots,L\}$ 和 $1 \leqslant s,t \leqslant K$，当 n 趋于无穷大时，

$$\left(\hat{M}_l - M_l\right)_{s,t} \to_d \mathcal{N}(0,\sigma^2_{l,st})$$

成立的概率不小于 $1-O((L+n)^{-1})$. 其中，对于 $s\neq t$，$\sigma_{l,st}^2=\dfrac{\rho B_{l,st}(1-\rho B_{l,st})}{n_s n_t}$，而 $\sigma_{l,ss}^2=\dfrac{2\rho B_{l,ss}(1-\rho B_{l,ss})}{n_s^2}$.

定理 11.2 的证明见 11.6.2 节.

11.3 多层度修正随机块模型的扩展

随机块模型无法捕捉网络中固有的度异质性. 为了解决这一问题，度修正随机块模型通过引入节点特定的参数扩展了标准随机块模型，允许同一社区内的节点度有所不同. 多层度修正随机块模型是多层随机块模型的一个变体，每层网络由度修正随机块模型生成 [104]. 上节中所介绍的方法和理论性质可扩展至多层度修正随机块模型.

首先简要介绍多层度修正随机块模型. 定义 $\psi\in\mathbb{R}_+^n$ 为各层共享的度异质性参数，用于衡量节点与其他节点形成边的倾向性. 为了提高可识别性，假定对于所有 $k\in\{1,\cdots,K\}$，有 $\max_{i\in G_k}\psi_i=1$ [105, 134]，这里 $G_k:=\{1\leqslant i\leqslant n: g_i=k\}$ 表示社区 k 中的所有节点集合. 给定度异质性参数 ψ、社区划分 $g_i\in\{1,\cdots,K\}$、连接概率矩阵 B_l $(l\in\{1,\cdots,L\})$ 和边密度参数 ρ，第 l 层中的元素 $A_{l,ij}(i<j)$ 独立生成自

$$A_{l,ij}\sim \text{Bernoulli}(\rho\psi_i\psi_j B_{l,g_ig_j}),$$

并且 $A_{l,ij}=A_{l,ji}$，$A_{l,ii}=0$. 邻接矩阵 A_l 的总体为

$$\mathcal{P}_l=\rho\text{diag}(\psi)\Theta B_l\Theta^T\text{diag}(\psi).$$

为了便于进一步分析，引入一些记号. 对每个 $k\in\{1,\cdots,K\}$, 令 ϕ_k 为 $n\times 1$ 的向量，其在索引集合 G_k 上与 ψ 一致，在其他位置为零. 定义 $\Psi=\text{diag}(\|\phi_1\|_2^2,\cdots,\|\phi_K\|_2^2)$，其中每个对角元素 $\|\phi_k\|_2^2$ 表示社区 k 的有效社区大小. 基于上述符号，可将 $\mathcal{P}_l$ 改写为

$$\mathcal{P}_l=\rho\text{diag}(\psi)\Theta\Psi^{-1/2}\Psi^{1/2}B_l\Theta^T\Psi^{1/2}\Psi^{-1/2}\text{diag}(\psi):=UM_lU^T,$$

其中，$U=\text{diag}(\psi)\Theta\Psi^{-1/2}$, $M_l=\rho\Psi^{1/2}B_l\Psi^{1/2}$. 很容易可以看出 $U^TU=I$.

如上节中多层随机块模型的情形，可将 U 视为 $\sum_{l=1}^L\mathcal{P}_l^2$ 的特征空间:

$$\begin{aligned}\sum_{l=1}^L\mathcal{P}_l^2&=\sum_{l=1}^L\rho^2\text{diag}(\psi)\Theta B_l\Theta^T\text{diag}^2(\psi)\Theta B_l\Theta^T\text{diag}(\psi)\\&=U\sum_{l=1}^L\rho^2\Psi^{1/2}B_l\Psi B_l\Psi^{1/2}U^T.\end{aligned}$$

假设 $\sum_{l=1}^L B_l^2$ 是满秩的，那么 $\sum_{l=1}^L\rho^2\Psi^{1/2}B_l\Psi B_l\Psi^{1/2}$ 也是满秩的. 类似多层随机块模型的

情况，对偏差调整的邻接矩阵平方和 $\sum_{l=1}^{L}(A_l^2 - D_l)$ 进行特征分解，其中 D_l 是 $n \times n$ 的对角矩阵，$D_{l,ii} = \sum_{j=1}^{n} A_{l,ij}$，并将所得主特征向量记为 $\hat{U}$. 通过 (11.2) 式并借助 $\hat{U}$，可得 $\hat{M}_l$.

建立 $\hat{M}_l$ 在多层度修正随机块模型下的渐近正态性需要以下假设.

假设 11.6 社区的数量 K 是固定的. 对于所有 $k \in \{1, \cdots, K\}$，$\|\phi_k\|_2 \asymp \|\psi\|_2$, 即有效社区大小均衡.

假设 11.7 $\min_{l\in\{1,\cdots,L\}} \sum_{i=1}^{n}\sum_{j=1}^{n}(U_{is}U_{jt} + U_{js}U_{it})^2\mathcal{P}_{l,ij}(1-\mathcal{P}_{l,ij}) = \omega(1/\|\psi\|_2^4)$.

假设 11.8 对于所有 $l \in \{1, \cdots, L\}$，$\sigma_{\min}(\Sigma^l) = \omega(1/\|\psi\|_2^4)$，其中 $\sigma_{\min}(\cdot)$ 表示最小特征值.

假设 11.6 要求限制在每个社区内的节点异质性参数的欧氏范数具有相同阶，这一条件常见于度修正随机块模型的分析 [186-188]. 一般来说，假设 11.7 和假设 11.8 比假设 11.3 和假设 11.4 更为严格，因为 $\|\psi\|_2 \lesssim \sqrt{n}$. 而在多层随机块模型这一特例中，即 $\psi = 1$ 且 $\|\psi\|_2 \asymp \sqrt{n}$ 时，假设 11.7 和假设 11.8 分别退化为假设 11.3 和假设 11.4. 基于这些假设，给出多层度修正随机块模型中缩放的连接概率矩阵估计 $\hat{M}_l$ 的逐项的和向量化的渐近正态性. 定理证明见 11.6.1 节.

定理 11.3 假定多层度修正随机块模型满足假设 11.2和假设11.6，并且存在一个正常数 c_8，使得 $n\rho \geqslant c_8 \log(L+n)$. 那么通过 (11.2) 式获得的估计 $\hat{M}_l$ 具有以下渐近性质:

(1) 若假设 11.7 成立，则对于任意给定的 $l \in \{1, \cdots, L\}$ 和 $1 \leqslant s, t \leqslant K$，当 n 趋近于无穷大时，可得

$$\left(\Sigma^l_{\frac{2s+t(t-1)}{2},\frac{2s+t(t-1)}{2}}\right)^{-1/2}\left(Z\hat{M}_lZ^T - M_l - ZE_lZ^T\right)_{s,t} \to_d \mathcal{N}(0,1).$$

(2) 若假设 11.8 成立，则对于任意给定的 $l \in \{1, \cdots, L\}$，当 n 趋近于无穷大时，可得

$$\left(\Sigma^l\right)^{-1/2}\mathrm{vec}\left(Z\hat{M}_lZ^T - M_l - ZE_lZ^T\right) \to_d \mathcal{N}(0,I).$$

这里，$\mathcal{N}(0,I)$ 表示 $K(K+1)/2$ 维的标准正态分布.

在 (1) 和 (2) 中，$Z = \arg\inf_{Z\in\mathbb{O}(K)}\|U^T\hat{U} - Z\|_F$ 是 $K \times K$ 的正交矩阵，E_l 是偏差项，其以不小于 $1 - O(n^{-1})$ 的概率满足

$$\|E_l\|_F \leqslant c_9\left(\frac{n^2\log^{1/2}(L+n)}{L^{1/2}\|\psi\|_2^4} + \max\left\{\frac{n^{3/2}\rho^{1/2}}{\|\psi\|_2^4}, \rho\right\}\right)$$

其中，c_9 为某个正的常数.

注释 11.3 $\|\psi\|_2$ 在一定程度上反映了度异质性的程度. 较大的 $\|\psi\|_2$ 会导致偏差 $\|E_l\|_F$ 较小. 当 $\|\psi\|_2 = \omega(n^{1/4})$ 时, $\|E_l\|_F$ 的上界 (忽略 log 项) 不超过 $c_9\left(n^{1/2}\rho^{1/2} + \frac{n}{L^{1/2}}\right)$, 其中 c_9 为某个正的常数. 在这种情况下, 当 $\rho L^{1/2} = \omega(1)$ 时, 偏差项 $\|E_l\|_F$ 被 $\|M_l\|_F \asymp n\rho$ 所主导.

注释 11.4 引理 11.2 中建立的 U 和 $\hat{U}$ 之间的差异对于定理 11.3 至关重要. 它在评估基于谱聚类算法在多层度修正随机块模型下的错误分类性能方面同样有意义.

11.4 数值分析实例

通过模拟实验评估本章所介绍方法 (称为 SCCE) 在有限样本下的性能, 并将 SCCE 与文献 [111] 和文献 [189] 中研究的多重邻接谱嵌入方法 MASE 进行比较. 在 11.4.1 节中, 给出数值验证渐近正态性结果及偏差项 E_l 的影响. 在 11.4.2 节和 11.4.3 节中, 基于给出的渐近正态性分别处理两个统计推断任务, 一个是连接概率矩阵元素的区间估计, 另一个是多层网络同质性检验.

11.4.1 理论验证

如定理 11.1 和定理 11.3 所述, 对于所有 $l \in \{1, \cdots, L\}$, 缩放的连接概率矩阵估计 $\hat{M}_l$ 在包含偏差项 E_l 的情况下具有渐近正态性. 理论结果中提供了 M_l 估计误差矩阵中每个元素的极限分布, 并表明对于固定的节点数量 n, 当层数 L 增加且整体边密度 ρ 减小时, 偏差在 Frobenius 范数下趋于零. 关于 E_l 的精确公式可参见 (11.9)式.

在本实验中, 通过数值实验验证渐近正态性及偏差项 E_l 趋于零. 为此, 基于以下多层随机块模型生成多层网络. 每个网络包含 n 个节点, 划分为 $K = 3$ 个社区, 每个社区节点数量与总节点数的比为 $(0.4, 0.3, 0.3)$. 对于 $l \in \{1, \cdots, L/2\}$, 设 $B_l = \rho B^{(1)}$, 对于 $l \in \{L/2+1, \cdots, L\}$, 设 $B_l = \rho B^{(2)}$, 其中

$$B^{(1)} = U \begin{bmatrix} 1.5 & 0 & 0 \\ 0 & 0.2 & 0 \\ 0 & 0 & 0.5 \end{bmatrix} U^T \approx \begin{bmatrix} 0.675 & 0.175 & 0.46 \\ 0.175 & 0.675 & 0.46 \\ 0.46 & 0.46 & 0.85 \end{bmatrix},$$

$$B^{(2)} = U \begin{bmatrix} 1.5 & 0 & 0 \\ 0 & 0.2 & 0 \\ 0 & 0 & -0.5 \end{bmatrix} U^T \approx \begin{bmatrix} 0.175 & 0.675 & 0.46 \\ 0.675 & 0.175 & 0.46 \\ 0.46 & 0.46 & 0.85 \end{bmatrix}.$$

这里

$$U = \begin{bmatrix} 1/2 & 1/2 & -\sqrt{2}/2 \\ 1/2 & 1/2 & \sqrt{2}/2 \\ \sqrt{2}/2 & -\sqrt{2}/2 & 0 \end{bmatrix}. \tag{11.5}$$

对于多层度修正随机块模型，网络生成过程的参数设置类似，不同之处在于该模型包含了度异质性参数 ψ. 对于每个 ψ_i，独立地从均匀分布 $U(2,3)$ 生成 $\tilde{\psi}_i$，并设 $\psi_i = \beta_n\tilde{\psi}_i/\|\tilde{\psi}\|_2$.

先比较估计误差的经验分布与理论分布. 多层随机块模型的 M_l 估计误差的经验分布和相应的理论渐近分布展示在图 11.1中（多层度修正随机块模型的结果类似,故略去）. 每个经验分布是基于 1000 个样本计算所得. 整体边密度参数 ρ 设定为 0.2，节点数 n 设定为 1000，层数 L 设定为 100. 将 β_n 设为 16 来调整度异质性. 可以观察到，经验分布与理论分布非常接近，验证了理论结果的正确性.

接下来，测试多层随机块模型下偏差 $\sum\limits_{l=1}^{L}\|E_l\|_F/L$ 随层数 L 的变化情况. 基于 100 次重复的平均结果展示在图 11.2 中. 具体来说，在图 11.2(a) 中，节点数固定为 500，针对不同的 $\rho\in\{0.3,0.2,0.1,0.05\}$ 测试了该方法. 偏差随着 L 的增加和 ρ 的减少而减小. 特别地，当 ρ 较大时，关于偏差的上界表明 ρ 是主导项，因此较大的 L 不会减少偏差. 数值结果中 $\rho=0.3$ 的情况与该理论结果一致. 在图 11.2(b) 中，整体边密度 ρ 固定为 0.1，针对不同的 $n\in\{200,300,400,500\}$ 做了测试. 这些结果也与理论上的界一致，表明偏差随着层数 L 的增加而减小.

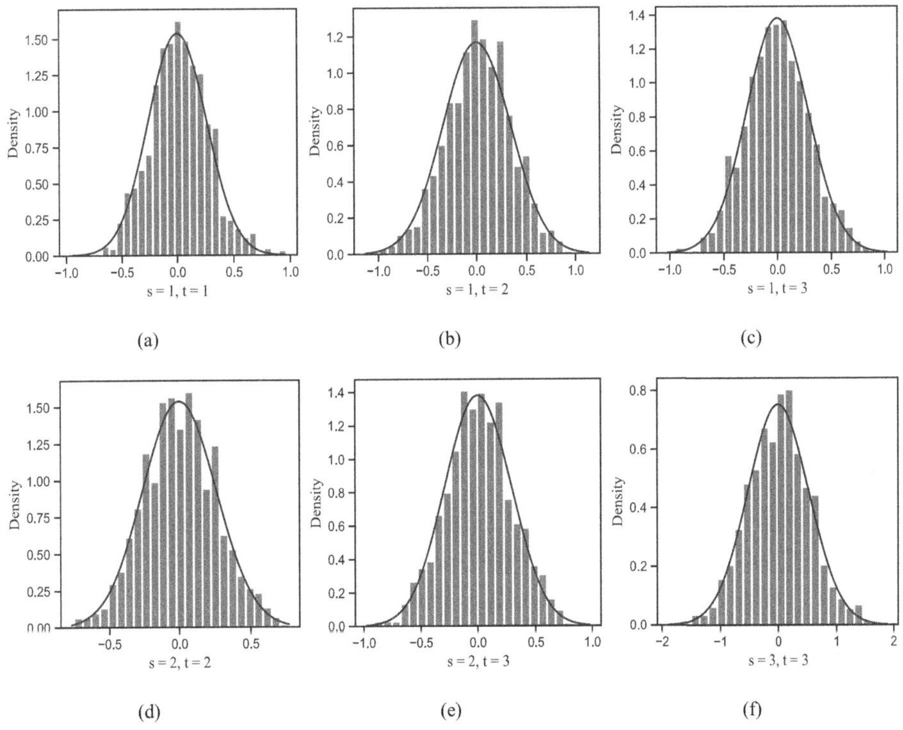

图 11.1　元素 $\left(Z\hat{M}_lZ^T-M_l-ZE_lZ^T\right)_{s,t}$ 的经验分布（实线表示理论密度函数）

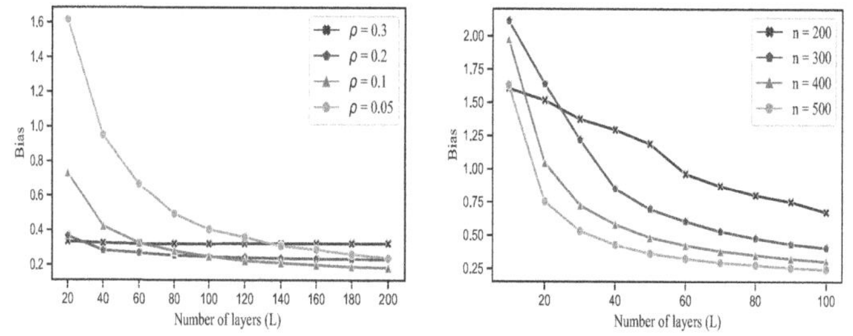

(a) 节点数 $n = 500$　　　　(b) 整体边密度 $\rho = 0.1$

图 11.2　偏差的 Frobenius 范数，L 层的平均值

11.4.2　区间估计

$\hat{M}_{l,ij}$ 的渐近分布有助于建立 $M_{l,st}$ 的区间估计，其中 $1 \leqslant l \leqslant L$，$1 \leqslant s,t \leqslant K$. 特别地，根据定理 11.1 和定理 11.3，缩放的连接概率矩阵的元素 $M_{l,st}$ 的区间估计为

$$(Z\hat{M}_l Z^T)_{s,t} \pm u_{\alpha/2}\left(\hat{\Sigma}^l_{\frac{2s+t(t-1)}{2},\frac{2s+t(t-1)}{2}}\right)^{1/2}, \tag{11.6}$$

其中，$u_{\alpha/2}$ 是标准正态分布的 $\alpha/2$ 分位数，$\hat{\Sigma}$ 表示估计的协方差矩阵，对应 (11.3)式，但将 U 和 $\mathcal{P}_l$ 分别替换为 $\hat{U}$ 和 A_l.

在本实验中，通过 200 次重复实验中区间估计覆盖真实参数 $M_{l,ij}$ 的概率来评估区间估计的准确性. 考虑两种模型设置，一种是多层随机块模型，另一种是多层度修正随机块模型. 在多层随机块模型中，网络生成过程类似第 11.4.1 节中描述的过程. 考虑 $n \in \{200, 300, 500, 1000, 2000\}$ 和 $\rho \in \{0.3, 0.2, 0.1, 0.05\}$ 的不同组合. 对于每个 (n, ρ) 的组合，设置两种不同的层数 L，分别为 50 和 100. 在多层度修正随机块模型中，网络生成过程也类似第 11.4.1 节的描述，其中节点数量 $n \in \{300, 500, 1000, 2000\}$. 关于度异质性，当节点数 n 分别为 300，500，1000 和 2000 时，将对应的 β_n 设为 10.4，13.4，16 和 20.

此外，比较了置信区间的平均长度表. 表11.1 和表 11.2 分别展示了多层随机块模型和多层度修正随机块模型下，基于 200 次重复计算的 95% 置信区间的经验平均长度. 为简单起见，固定节点数 $n = 1000$，将层数设为 $L = 100$，并展示第一层对应的缩放的连接概率矩阵区间估计的经验区间长度，由于其为对称矩阵，仅呈现上三角部分. 结果表明，两种方法的经验区间长度平均值并无明显差异，这表明 SCCE 方法的更高的覆盖率并非由于更宽的区间，而是得益于用于缩放连接概率矩阵的估计方法. 同样需要注意的是，这些结果是在固定 n 和 L 的情况下得到的，且仅展示了第一层的结果. 不同参数设置及不同层的连接概率矩阵均有类似结论.

表 11.1　多层随机块模型下 95% 置信区间的平均长度

		s=1, t=1	s=1, t=2	s=1, t=3	s=2, t=2	s=2, t=3	s=3, t=3
$\rho = 0.3$	SCCE	2.001	1.474	1.499	1.799	1.459	2.044
	MASE	1.994	1.502	1.475	2.051	1.454	1.799
$\rho = 0.2$	SCCE	1.694	1.246	1.281	1.518	1.232	1.734
	MASE	1.690	1.287	1.244	1.784	1.093	1.663
$\rho = 0.1$	SCCE	1.240	0.911	0.945	1.107	0.898	1.269
	MASE	1.241	0.914	0.940	1.101	0.884	1.271
$\rho = 0.05$	SCCE	0.892	0.655	0.680	0.792	0.642	0.910
	MASE	0.893	0.660	0.663	0.768	0.612	0.933

表 11.2　多层度修正随机块模型下 95% 置信区间的平均长度

		s=1, t=1	s=1, t=2	s=1, t=3	s=2, t=2	s=2, t=3	s=3, t=3
$\rho = 0.3$	SCCE	1.244	0.916	0.939	1.112	0.901	1.268
	MASE	1.246	0.926	0.946	1.120	0.886	1.304
$\rho = 0.2$	SCCE	1.027	0.757	0.777	0.916	0.742	1.045
	MASE	1.030	0.769	0.776	0.915	0.719	1.093
$\rho = 0.1$	SCCE	0.735	0.542	0.552	0.649	0.525	0.742
	MASE	0.738	0.558	0.558	0.665	0.519	0.834
$\rho = 0.05$	SCCE	0.522	0.387	0.382	0.451	0.358	0.526
	MASE	0.529	0.405	0.404	0.518	0.394	0.609

11.4.3　假设检验

在多层网络中，检验不同层之间是否具有同质性具有重要意义，即某些层的邻接矩阵是否来自相同的总体. 如 (11.1) 式所述，模型可通过 $(U, M_1, \cdots, M_L)$ 重参数化，则对任意一对 $1 \leqslant k \neq l \leqslant L$，总体矩阵相同，也即 $\mathcal{P}_k = \mathcal{P}_l$，当且仅当 $M_k = M_l$. 因此，这种同质性表现为评分矩阵 M_l 的一种划分形式，例如：

$$M_{i_1} = \cdots = M_{i_r}; \quad M_{i_{r+1}} = \cdots = M_{i_{r+j}}; \quad \cdots.$$

这里 i_r 是 $\{1, \cdots, L\}$ 中的索引. 在同一个划分集合内的所有参数矩阵均相等，而属于不同划分集合的两个 M_l 不相等. 为了推断多层随机块模型中的同质性，考虑同时检验 $\binom{L}{2}$ 个假设

$$H_{kl,0} : M_k = M_l, \qquad 1 \leqslant k < l \leqslant L, \tag{11.7}$$

并使用 Holm 过程来控制整体错误率[190]. 通过多重比较过程得出的所有接受和拒绝结论可能会给出连接概率矩阵的划分. 在 Holm 过程中，按从最显著到最不显著的顺序依次检验每个原假设，后续检验取决于先前的结果. 如果在 $\alpha' = \alpha/\binom{L}{2}$ 的水平上拒绝了某个假设，则下一次检验水平 α' 的分母为 $\binom{L}{2} - 1$, 随着每次拒绝假设，检验水平 α' 的分母减少 1，从而可以在逐步提高的显著性水平上进行检验；如果接受某个假设，则后续假设均接受. 这种多重比较过程已被广泛使用[191-192].

该多重比较过程主要的挑战在于如何分别检验这 $\binom{L}{2}$ 个假设，这可以利用评分矩阵估计的渐近分布来实现. 具体的，为了在给定的显著性水平上检验单个假设 $H_{kl,0}$，使用评分估计之间差异的 Frobenius 范数 $T_{kl} := \|\hat{M}_k - \hat{M}_l\|_F$ 作为检验统计量. 检验统计量的分布可以通过 $\mathrm{vec}\left(\hat{M}_k - \hat{M}_l\right)$ 的渐近分布来确定.

为此，首先需确定

$$\mathrm{vec}\left(\hat{M}_k - \hat{M}_l\right)$$

的渐近分布. 在定理 11.1 中，给出了 $\mathrm{vec}\left(Z\hat{M}_l Z^T - M_l\right)$ 的渐近分布 (不考虑偏差项). 然而，由于 $\hat{M}_k$ 和 $\hat{M}_l$ 之间不是独立的，无法直接通过求和获得

$$\mathrm{vec}\left(Z\hat{M}_k Z^T - M_k - Z\hat{M}_l Z^T + M_l\right)$$

的渐近分布，该分布在假设 $H_{kl,0}$ 成立时简化为 $\mathrm{vec}\left(Z(\hat{M}_k - \hat{M}_l)Z^T\right)$ 的分布. 但通过利用定理 11.1 证明中使用的类似技术, 特别是分解式 (11.10), 可以给出

$$\mathrm{vec}\left(Z(\hat{M}_k - \hat{M}_l)Z^T - M_k + M_l\right)$$

的极限分布. 具体来说，对于每一对 $1 \leqslant k \neq l \leqslant L$，有

$$\left(\Sigma^k + \Sigma^l\right)^{-1/2} \mathrm{vec}\left(Z(\hat{M}_k - \hat{M}_l)Z^T - M_k + M_l - Z(E_k - E_l)Z^T\right) \to_d \mathcal{N}(0, I).$$

其中，E_k 和 E_l 为偏差项，符号与定理 11.1 中相同. 该结论对多层随机块模型和多层度修正随机块模型均成立. 因此, 在假设 $H_{kl,0}$ 下并忽略偏差项时，可以将

$$\mathrm{vec}\left(Z(\hat{M}_k - \hat{M}_l)Z^T\right)$$

的渐近分布近似为 $\mathcal{N}(0, \Sigma^k + \Sigma^l)$. 基于该渐近分布，通过从 $\mathcal{N}(0, \hat{\Sigma}^k + \hat{\Sigma}^l)$ 中抽取样本并计算 Frobenius 范数的经验分布来估计检验统计量

$$T_{kl} = \|\hat{M}_k - \hat{M}_l\|_F = \|Z(\hat{M}_k - \hat{M}_l)Z^T\|_F$$

的分布，其中 $\hat{\Sigma}^k$ 和 $\hat{\Sigma}^l$ 表示第 11.4.2 节中定义的协方差矩阵的估计. 确定检验统计量分布的上述过程同样称为 SCCE.

实验 1　检验统计量 T_{kl} 的分布可以用于检验单个假设 $H_{kl,0}$. 在本实验中, 评估在给定 $k \neq l$ 时检验统计量 T_{kl} 在检验 $H_{kl,0}$ 时的功效. 考虑多层随机块模型和多层度修正随机块模型. 固定 $L = 50, n = 500, K = 3$, 三个社区中的节点数量按比例 $(0.4, 0.3, 0.3)$ 分配, 整体边密度 ρ 固定为 0.2. 两种模型的网络生成过程与 11.4.2 节中类似, 但 B_l 的定义稍有不同. 在本实验中, 对于 $l \in \{3, \cdots, L/2+1\}$, 设定 $B_l = \rho B^{(1)}$, 对于 $l \in \{L/2+2, \cdots, L\}$, 设 $B_l = \rho B^{(2)}$, 其中 $B^{(1)}$ 与 $B^{(2)}$ 定义于第 11.4.1 节. 对于第一层, $B_1 = \rho B^{(1)}$, 而对于第二层, $B_2 = \rho B^{(2')}$, 其中 $B^{(2')}$ 除了第一个元素 $B_{11}^{(2')}$ 以外, 与 $B^{(1)}$ 相同. 通过改变 $B_{11}^{(2')}$ 来获得一系列 B_2 矩阵. 在这些参数设置下, 在给定的显著性水平上检验假设 $H_{12,0} : M_1 = M_2$. 图 11.3 展示了在给定显著性水平 0.05 时, 随着 $\|B_1 - B_2\|_F$ 增加, 检验单个假设 $H_{12,0}$ 的平均经验功效. 这里经验功效指的是假设检验中检验出显著结果的比例. 在比较中, 将 SCCE 方法与 SCCE-Oracle 进行比较, 后者与 SCCE 的主要区别在于它不使用 $\mathrm{vec}\left(Z(\hat{M}_k - \hat{M}_l)Z^T\right)$ 的渐近分布. 相反, SCCE-Oracle 从总体中生成多组样本以获得不同的 $\hat{M}_k - \hat{M}_l$, 并使用经验分布来近似检验统计量 T_{kl} 的真实分布. 另一种比较方法 MASE, 与 SCCE 类似, 但使用 Arroyo 等[111] 中的估计量 $\hat{M}_l$ 和推导的渐近分布. 图 11.3 的结果表明, SCCE 方法的检验功效接近 SCCE-Oracle, 说明了渐近分布的准确性. 此外, 在两种网络模型下, SCCE 方法的检验功效均高于 MASE, 说明了该方法在假设检验中的有效性.

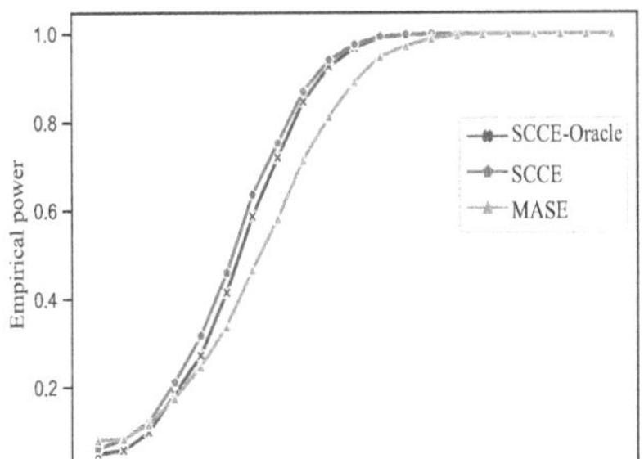

(a) 多层随机块模型

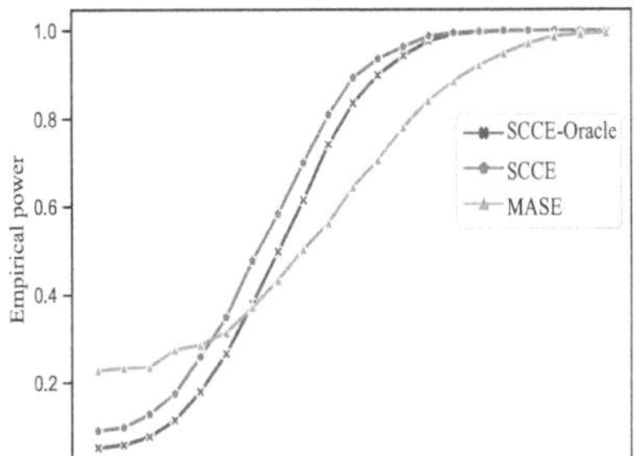

(b) 多层度修正随机块模型

图 11.3　检验两个不同网络层具有相同总体矩阵的经验功效 (Empirical power), 显著性水平为 0.05

实验 2　通过 Holm 过程同时检验 $\binom{L}{2}$ 个假设 (11.7), 以推断多层网络中的同质性. 为此, 考虑具有两个不同连接概率矩阵的多层随机块模型, 其中所有连接概率矩阵构成如下划分:

$$M_1 = M_2 = \cdots = M_{L/2}; \qquad M_{L/2+1} = M_{L/2+2} = \cdots = M_L.$$

划分内的所有参数矩阵对均相等, 而不同划分中的两个 M_l 不相等. 显然, 总体网络是异质的, 而每个划分内的网络层则表现出同质性. 具体来说, 对于 $l \in \{1, \cdots, L/2\}$, 设

$B_l = \rho B^{(1)}$, 对于 $l \in \{L/2+1, \cdots, L\}$，设 $B_l = \rho B^{(2)}$，其中

$$B^{(1)} = U \begin{bmatrix} 1 & 0 & 0 \\ 0 & 0.4 & 0 \\ 0 & 0 & 0.1 \end{bmatrix} U^T \approx \begin{bmatrix} 0.4 & 0.3 & 0.212 \\ 0.3 & 0.4 & 0.212 \\ 0.212 & 0.212 & 0.7 \end{bmatrix},$$

$$B^{(2)} = U \begin{bmatrix} 1 & 0 & 0 \\ 0 & 0.4 & 0 \\ 0 & 0 & -0.1 \end{bmatrix} U^T \approx \begin{bmatrix} 0.3 & 0.4 & 0.212 \\ 0.4 & 0.3 & 0.212 \\ 0.212 & 0.212 & 0.7 \end{bmatrix},$$

这里 U 的定义同 (11.5)式. 令 $L = 20$，$n = 500$，$K = 3$，三个社区中的节点数量比例为 $(0.4, 0.3, 0.3)$，整体边密度 ρ 固定为 0.2. 根据 M_l 的定义，不同划分中的 M_l 之间的差异为 $\rho\|B^{(1)} - B^{(2)}\|_F = 0.04$. 图 11.4 展示了通过 Holm 过程进行多重比较的结果，其中深色表示接受单个假设，而白色表示拒绝单个假设. 整体错误率不超过 $\alpha = 0.05$. 在 SCCE 方法的结果中，可以观察到两个明显的区块，其中所有单个假设均被接受，表明这些区块内具有同质性，这与实验设置一致. 然而，MASE 方法无法准确推断出真实的同质性. 此外，在真实假设为假的情况下，所提出的 SCCE 方法几乎总是能够拒绝它们.

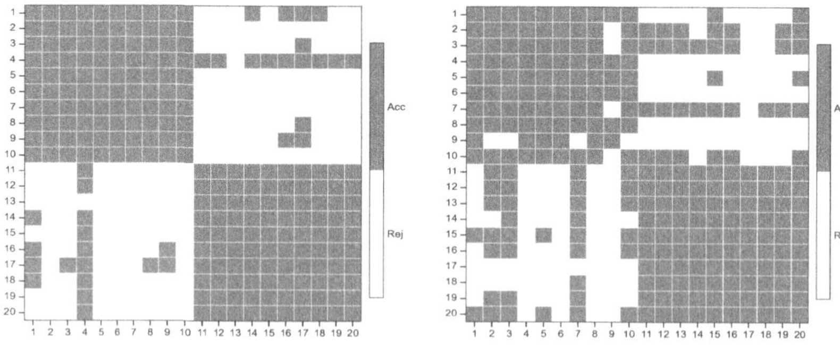

(a) SCCE (b) MASE

图 11.4 通过 Holm 过程进行多重比较的结果（深色表示接受假设）

11.5 WFAT 数据的应用

本节使用 SCCE 方法分析真实多层贸易网络的所有层之间是否具有同质性，即判断是否有不同商品的贸易模式相近. 为此，同时检验 $\binom{L}{2}$ 个假设

$$H_{kl,0} : M_k = M_l, \qquad 1 \leqslant k < l \leqslant L,$$

并使用 Holm 过程控制整体错误率.

分析全球食品与农作物贸易数据集，该数据集的详细描述见 9.3 节. 聚焦于 2020 年的谷物贸易数据，这是一个联合国粮食及农业组织（FAO）定义的类别. 使用这些数据

构建一个多层无向网络. 每一层代表一种不同类型的谷物, 节点表示国家, 每层中的边表示特定谷物的贸易关系. 具体来说, 当谷物的贸易值超过 \$2000 时, 在两个国家之间建立贸易连接. 为了确保网络的连通性, 去掉某些国家以保证每个节点在至少一半的层中与至少一个其他节点相连. 最终的网络由 37 层组成, 每层包含 114 个共同节点, 记为 $A_l, l \in \{1, \cdots, 37\}$. 各层的平均度 (进一步除以节点数 n) 为 0.027. 选择社区个数 $K = 5$ 与五大洲对应.

图 11.5(a) 展示了通过 Holm 过程进行多重比较的结果, 其中深色表示接受单个假设, 而白色表示拒绝单个假设. 整体错误率不超过 $\alpha = 0.05$. 在图 11.5(a) 中, 可以观察到几个不同的区块, 在每个区块内的所有单个假设均被接受, 表明多层网络中存在同质性. 例如, 第 5 层到第 14 层, 对应 "Germ of maize" (玉米胚芽)、"Triticale" (小黑麦)、"Cereals n.e.c." (其他未分类谷物)、"Millet" (小米)、"Sorghum" (高粱)、"Bran of maize" (玉米麸皮)、"Bran of cereals n.e.c." (其他未分类谷物麸皮)、"Flour of mixed grain" (混合谷物面粉)、"Flour of rice" (大米面粉) 和 "Rye" (黑麦), 在任何两两比较中均未拒绝单个假设. 该结果表明这些谷物产品的贸易模式具有显著的相似性. 值得注意的是, 这些谷物大多主要在亚洲消费, 这可能导致单个假设的同时被接受. 该结果表明, 有必要对这些谷物的贸易模式进行综合分析. 此外, 图 11.5(b) 展示了使用 MASE 方法获得的结果. 与 SCCE 方法类似, 可以观察到几个明显的区块, 其中每个区块内的所有单个假设均同时被接受, 表明多层网络中存在同质性. MASE 方法接受的单个假设略多.

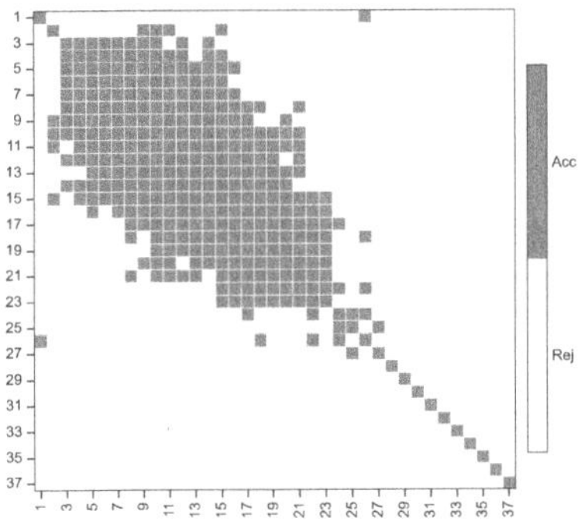

(a) SCCE

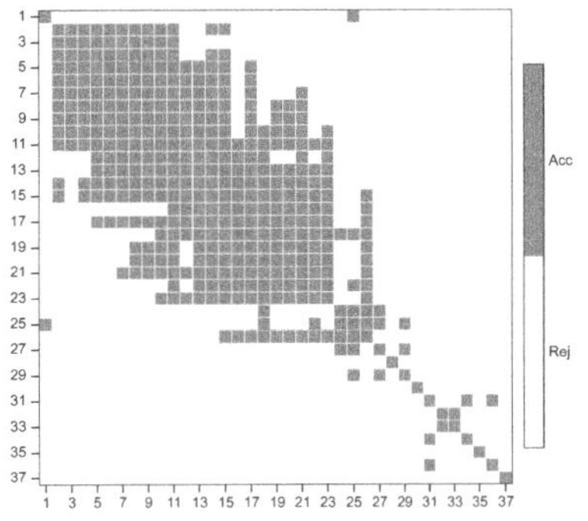

(b) MASE

图 11.5 使用 Holm 过程对 WFAT 数据进行多重比较的结果
(每一层对应一种谷物)

11.6 本章附录

11.6.1 定理 11.1 和定理 11.3 的证明

在给出定理证明前, 先给出引理 11.1 的证明和其他几个技术性引理及其证明.

引理 11.1 的证明 如前面章节中的讨论，去偏邻接矩阵平方和 $\sum_{l=1}^{L}(A_l^2 - D_l)$ 可以分解为一个信号项和若干噪声项：

$$\sum_{l=1}^{L}\left(A_l^2 - D_l\right) = \sum_{l=1}^{L}\mathcal{P}_l^2 + N_1 + N_2 + N_3 + N_4, \tag{11.8}$$

其中，$N_1 = \text{diag}^2(\mathcal{P}_l) - \mathcal{P}_l\text{diag}(\mathcal{P}_l) - \text{diag}(\mathcal{P}_l)\mathcal{P}_l$，$N_2 = \sum_{l=1}^{L}\left(P_lX_l^T + X_lP_l^T\right)$，$N_3 = \sum_{l=1}^{L}X_l^2 - \text{diag}(\sum_{l=1}^{L}X_l^2)$，以及 $N_4 = \text{diag}(\sum_{l=1}^{L}X_l^2) - \sum_{l=1}^{L}D_l$. 注意在多层随机块模型下，$\mathcal{P}_l = \rho\Theta B_l\Theta^T$，$P_l = \mathcal{P}_l - \text{diag}(\mathcal{P}_l)$，$X_l = A_l - P_l$.

由假设 11.1 和假设 11.2，信号项 $\sum_{l=1}^{L}\mathcal{P}_l^2$ 的最小特征值的下界为 $cL\rho^2n^2$，这里 c 为正的常数. 接下来，为所有噪声项的谱范数建立上界. 第一个噪声项满足 $\|N_1\|_2 \leqslant cLn\rho^2$. 对于 N_2，在条件 $n\rho \geqslant c_1\log(L+n)$ 下，有 $\|N_2\|_2 \leqslant c_2L^{1/2}n^{3/2}\rho^{3/2}\log^{1/2}(n+L)$，且概率至少为 $1 - O((L+n)^{-1})$. 对于 N_3，根据引理 10.1，在条件 $n\rho \geqslant c_1\log(L+n)$ 下，有 $\|N_3\|_2 \leqslant c_2L^{1/2}n\rho\log(L+n)$ 成立概率不小于 $1 - O((L+n)^{-1})$. 最后，对于 N_4，因为 $(\sum_{l=1}^{L}X_l^2)_{ii} \leqslant Ln\rho^2 + D_{l,ii}$ 对于所有 $i \in \{1,\cdots,n\}$ 成立，所以 $\|N_4\|_2 \leqslant Ln\rho^2$.

结合所有项的界与 Davis-Kahan $\sin\Theta$ 定理得到最终结论.

引理 11.2 假设多层度修正随机块模型满足假设 11.6 和假设 11.2. 设 $\hat{U}$ 为 $\sum_{l=1}^{L}(A_l^2 - D_l)$ 的主特征向量. 如果 $n\rho \geqslant c_1\log(L+n)$，则有

$$\|\hat{U} - UZ\|_F \leqslant c_2\left(\frac{n}{\|\psi\|_2^4} + \frac{n^{3/2}\log^{1/2}(L+n)}{L^{1/2}\rho^{1/2}\|\psi\|_2^4}\right)$$

以至少 $1 - O((L+n)^{-1})$ 的概率成立，其中 $c_1, c_2 > 0$ 为常数.

证明 遵循引理 11.1 的证明方法，分别对信号项和噪声项进行控制. 在多层度修正随机块模型框架下，$P_l = \mathcal{P}_l - \text{diag}(\mathcal{P}_l)$, $\mathcal{P}_l = \rho\text{diag}(\psi)\Theta B_l\Theta^T\text{diag}(\psi)$，$X_l = A_l - P_l$. 在均衡的有效社区规模假设和固定社区数量的条件下，Ψ 的最小特征值的下界为 $c\|\psi\|_2^2$. 由此有

$$\begin{aligned}
\sum_{l=1}^{L}\mathcal{P}_l^2 &= \rho^2\tilde{\Theta}\Psi^{1/2}\left[\sum_{l=1}^{L}B_l\Psi B_l\right]\Psi^{1/2}\tilde{\Theta}^T \\
&\succeq c\rho^2\|\psi\|_2^2\tilde{\Theta}\Psi^{1/2}\sum_{l=1}^{L}B_l^2\Psi^{1/2}\tilde{\Theta}^T \\
&\succeq cL\rho^2\|\psi\|_2^4\tilde{\Theta}\tilde{\Theta}^T,
\end{aligned}$$

最后一个 $\succeq$ 来源于假设 11.2. 由于 $\tilde{\Theta}$ 是列满秩的列正交矩阵，$\sum_{l=1}^{L}\mathcal{P}_l^2$ 的最小特征值的下界为 $cL\rho^2\|\psi\|_2^4$. 对于所有噪声项的谱范数，其上限的证明与引理 11.1 中的一致. 结合所有项的界与 Davis-Kahan sinΘ 定理得到最终结论.

引理 11.3 [105] 设 A 为网络数据的邻接矩阵，其有 n 个节点，边独立生成，满足 $\mathbb{E}(A) = P = (p_{ij})$, 其中 $i, j \in \{1, \cdots, n\}$. 假设 $n\max\limits_{i,j} p_{ij} < d$，其中 $d > c\log n$ 且 $c > 0$ 为常数. 则对于任意 $r > 0$，存在正常数 $C = C(r, c)$ 使得

$$\|A - P\|_2 \leqslant C\sqrt{d}$$

成立的概率不小于 $1 - n^{-r}$.

定理 11.1 的证明　对于所有 $l \in \{1, \cdots, L\}$，$\mathcal{P}_l = \rho\Theta B_l\Theta^T$，$X_l = A_l - P_l$，其中 $P_l = \mathcal{P}_l - \mathrm{diag}(\mathcal{P}_l)$. 估计量 $\hat{M}_l$ 可以重写为

$$\begin{aligned}
\hat{M}_l &= \hat{U}^T\mathcal{P}_l\hat{U} + \hat{U}^TX_l\hat{U} - \hat{U}^T\mathrm{diag}(\mathcal{P}_l)\hat{U} \\
&= \hat{U}^TUM_lU^T\hat{U} + \hat{U}^TX_l\hat{U} - \hat{U}^T\mathrm{diag}(\mathcal{P}_l)\hat{U} \\
&= (\hat{U}^TU - Z^T)M_l(U^T\hat{U}) + Z^TM_l(U^T\hat{U} - Z) + Z^TM_lZ \\
&\quad + (\hat{U}^T - Z^TU^T)X_l(\hat{U} - UZ) + Z^TU^TX_l(\hat{U} - UZ) - (Z^TU^T - \hat{U}^T)X_lUZ \\
&\quad + Z^TU^TX_lUZ - \hat{U}^T\mathrm{diag}(\mathcal{P}_l)\hat{U} \\
&= Z^TM_lZ + Z^TU^TX_lUZ + E_l,
\end{aligned} \tag{11.9}$$

其中，最后一行的 E_l 表示倒数第二行中除 Z^TM_lZ 和 $Z^TU^TX_lUZ$ 外的所有项. 这里 $Z = \arg\inf\limits_{Z\in\mathbb{O}(K)}\|U^T\hat{U} - Z\|_F$ 是一个 $K \times K$ 的正交矩阵. 因此，

$$Z\hat{M}_lZ^T - M_l - ZE_lZ^T = U^TX_lU. \tag{11.10}$$

首先通过逐项控制 E_l 的每一项，说明当层数 L 增加且整体边密度 ρ 减小时，$\|ZE_lZ^T\|_F$ 收敛到 0.

$$\begin{aligned}
\|E_l\|_F &\leqslant \|(\hat{U}^TU - Z^T)M_l(U^T\hat{U})\|_F + \|Z^TM_l(U^T\hat{U} - Z)\|_F \\
&\quad + \|(\hat{U}^T - Z^TU^T)X_l(\hat{U} - UZ)\|_F + 2\|Z^TU^TX_l(\hat{U} - UZ)\|_F \\
&\quad + \|\hat{U}^T\mathrm{diag}(\mathcal{P}_l)\hat{U}\|_F \\
&\leqslant \|\hat{U}^TU - Z^T\|_F\|M_l\|_2 + \|(U^T\hat{U} - Z)\|_F\|M_l\|_2 \\
&\quad + \|\hat{U} - UZ\|_F^2\|X_l\|_2 + 2\|\hat{U} - UZ\|_F\|X_l\|_2 + \|\mathrm{diag}(\mathcal{P}_l)\|_2\|\hat{U}\|_F \\
&\leqslant 4(\|M_l\|_2 + \|X_l\|_2)\|\hat{U} - UZ\|_F^2 + 2\|\hat{U} - UZ\|_F\|X_l\|_2 + \sqrt{K}\|\mathrm{diag}(\mathcal{P}_l)\|_2.
\end{aligned}$$

$\|\hat{U} - UZ\|_F$ 的上界已在引理 11.1 中给出. 关于 M_l，有 $\|M_l\|_2 = \|UM_lU^T\|_2 = \|\mathcal{P}_l\|_2$. 对于 X_l，根据引理 11.3，

$$\|X_l\|_2 \leqslant c\sqrt{n\rho}$$

成立的概率不小于 $1-O(n^{-1})$. 由此可得

$$\|ZE_lZ^T\|_F \leqslant c(\|\mathcal{P}_l\|_2+\sqrt{n\rho})\left(\frac{1}{n^2}+\frac{\log(L+n)}{Ln\rho}\right) + c\sqrt{n\rho}\left(\frac{1}{n}+\frac{\log^{1/2}(L+n)}{L^{1/2}n^{1/2}\rho^{1/2}}\right)+\sqrt{K}\rho.$$

由于 $\mathcal{P}_l$ 中的元素上界为 ρ，有 $\|\mathcal{P}_l\|_2 \leqslant n\|\mathcal{P}_l\|_{\max} \leqslant n\rho$，其中，$\|\mathcal{P}_l\|_{\max}$ 表示 $\mathcal{P}_l$ 中元素绝对值的最大值. 因此，可以推出 $\|ZE_lZ^T\|_F \leqslant c\left(\rho+\dfrac{\log^{1/2}(L+n)}{L^{1/2}}\right)$. 当层数 L 增加且整体边密度 ρ 减小时，ZE_lZ^T 会趋于 0.

因此，证明中心极限定理转化为证明 U^TX_lU 的渐近正态性. 对于任意 $(U^TX_lU)_{s,t}$ 和 $(U^TX_lU)_{s',t'}$，其中 $1\leqslant s\leqslant t\leqslant K$ 且 $1\leqslant s'\leqslant t'\leqslant K$，它们的协方差为

$$\begin{aligned}
&\mathrm{Cov}\left((U^TX_lU)_{s,t},\ (U^TX_lU)_{s',t'}\right)\\
=&\mathrm{Cov}\Big(\sum_{1\leqslant i,j\leqslant n}U_{is}X_{l,ij}U_{jt},\ \sum_{1\leqslant i,j\leqslant n}U_{is'}X_{l,ij}U_{jt'}\Big)\\
=&\sum_{i=1}^{n-1}\sum_{j=i+1}^{n}\left(U_{is}U_{jt}+U_{js}U_{it}\right)\left(U_{is'}U_{jt'}+U_{js'}U_{it'}\right)\mathrm{Cov}\left(X_{l,ij},\ X_{l,ij}\right)\\
=&\sum_{i=1}^{n-1}\sum_{j=i+1}^{n}\left(U_{is}U_{jt}+U_{js}U_{it}\right)\left(U_{is'}U_{jt'}+U_{js'}U_{it'}\right)\mathcal{P}_{l,ij}(1-\mathcal{P}_{l,ij}).
\end{aligned}\tag{11.11}$$

这即为 (11.3) 式中定义的 $\Sigma^l_{\frac{2s+t(t-1)}{2},\frac{2s'+t'(t'-1)}{2}}$ 项. 对于期望项，由于 $\mathbb{E}(X_l)=0$，容易看出 U^TX_lU 的每个元素的期望均为零，即对于所有 $1\leqslant s\leqslant t\leqslant K$，有

$$\mathbb{E}\left((U^TX_lU)_{s,t}\right)=0.$$

(1) 注意到

$$(U^TX_lU)_{s,t}=\sum_{i=1}^{n-1}\sum_{j=i+1}^{n}\left(U_{is}U_{jt}+U_{js}U_{it}\right)X_{l,ij}:=\sum_{i=1}^{n-1}\sum_{j=i+1}^{n}F_{l,ij},\tag{11.12}$$

这里，令 $F_{l,ij}$ 表示 $\left(U_{is}U_{jt}+U_{js}U_{it}\right)X_{l,ij}$. 给定 $l\in\{1,\cdots,L\}$，显然对于所有 $1\leqslant i<j\leqslant n$，$F_{l,ij}$ 是零均值且相互独立的. 根据 U 的定义以及假设 11.1，有 $|F_{l,ij}|\leqslant c'/n$ 对于所有 $l\in\{1,\cdots,L\}$ 和 $1\leqslant i<j\leqslant n$ 都成立，其中 c' 是某个正常数. 为了验证 Lindeberg 条件，通过计算所有 $1\leqslant i<j\leqslant n$ 的 $\mathrm{Var}(F_{l,ij})$ 的总和. 根据假设 11.3 和均衡社区规模的前提，可以推出 $\mathrm{Var}\left((U^TX_lU)_{s,t}\right)=\omega(1/n^2)$. 因此，对于任意 $\varepsilon>0$ 和足够大的 n，可以得出 $|F_{l,ij}|<\varepsilon\left[\mathrm{Var}\left((U^TX_lU)_{s,t}\right)\right]^{1/2}$. 这就满足了 Lindeberg 条件：

$$\lim_{n\to\infty}\frac{1}{\mathrm{Var}\left((U^TX_lU)_{s,t}\right)}\sum_{i=1}^{n-1}\sum_{j=i+1}^{n}\mathbb{E}\left(|F_{l,ij}|^2\mathbb{1}_{\{|F_{l,ij}|>\varepsilon[\mathrm{Var}((U^TX_lU)_{s,t})]^{1/2}\}}\right)=0.\tag{11.13}$$

这里需要强调的是 U，X_l 和 $F_{l,ij}$ 都与 n 有关，为表述简洁，没有明确标注出 n. 根据 Lindeberg-Feller 中心极限定理，对于任意给定的 $l\in\{1,\cdots,L\}$ 和 $1\leqslant s,t\leqslant K$，随着 n 趋近于无穷，有

$$\left(\Sigma^l_{\frac{2s+t(t-1)}{2},\frac{2s+t(t-1)}{2}}\right)^{-1/2}(U^TX_lU)_{s,t}\to_d\mathcal{N}(0,1).$$

结合上述讨论与 (11.10)，结论得证.

(2) 为了证明向量化的 U^TX_lU 的中心极限定理，首先说明该项可以表达为独立零均值随机变量的和. 令 $\widetilde{\Sigma}^l:=(\Sigma^l)^{-1/2}$ 并考虑任意向量 $x\in\mathbb{R}^{K(K+1)/2}$，

$$\begin{aligned}
&x^T(\Sigma^l)^{-1/2}\mathrm{vec}(U^TX_lU)\\
=&\sum_{1\leqslant s\leqslant t\leqslant K}x_{\frac{2s+t(t-1)}{2}}\sum_{1\leqslant s'\leqslant t'\leqslant K}\tilde{\Sigma}^l_{\frac{2s+t(t-1)}{2},\frac{2s'+t'(t'-1)}{2}}\sum_{i=1}^{n-1}\sum_{j=i+1}^{n}\left(U_{is'}U_{jt'}+U_{js'}U_{it'}\right)X_{l,ij}\\
=&\sum_{i=1}^{n-1}\sum_{j=i+1}^{n}\left\{X_{l,ij}\sum_{1\leqslant s\leqslant t\leqslant K}x_{\frac{2s+t(t-1)}{2}}\sum_{1\leqslant s'\leqslant t'\leqslant K}\tilde{\Sigma}^l_{\frac{2s+t(t-1)}{2},\frac{2s'+t'(t'-1)}{2}}(U_{is'}U_{jt'}+U_{js'}U_{it'})\right\}\\
:=&\sum_{i=1}^{n-1}\sum_{j=i+1}^{n}\bar{F}_{l,ij},
\end{aligned}\tag{11.14}$$

这里，令 $\bar{F}_{l,ij}$ 表示第二个等号右边大括号内的部分，而第一个等号来自 (11.12)式. 给定 l, 对于所有 $1\leqslant i<j\leqslant n$，$\bar{F}_{l,ij}$ 是零均值且相互独立的. 根据假设 11.4，有

$$\begin{aligned}
|\bar{F}_{l,ij}|&\leqslant\frac{c'}{n}\sum_{1\leqslant s\leqslant t\leqslant K}x_{\frac{2s+t(t-1)}{2}}\sum_{1\leqslant s'\leqslant t'\leqslant K}\left|\tilde{\Sigma}^l_{\frac{2s+t(t-1)}{2},\frac{2s'+t'(t'-1)}{2}}\right|\\
&\leqslant\frac{c'}{n}\frac{K(K+1)}{2}\|x\|_2\left\{\sum_{\substack{1\leqslant s\leqslant t\leqslant K\\1\leqslant s'\leqslant t'\leqslant K}}\left(\tilde{\Sigma}^l_{\frac{2s+t(t-1)}{2},\frac{2s'+t'(t'-1)}{2}}\right)^2\right\}^{1/2}\\
&\leqslant\frac{c'}{n}K^3\|x\|_2\lambda_{\max}(\widetilde{\Sigma}^l)\\
&\leqslant\frac{c'K^3\|x\|_2}{n\sqrt{\lambda_{\min}(\Sigma^l)}}=o(\|x_2\|_2),
\end{aligned}$$

这里，$\lambda_{\max}$ 与 $\lambda_{\min}$ 分别表示最大奇异值与最小奇异值. 根据 Lindeberg-Feller 中心极限定理和 Cramér-Wold 定理，对于每个 $l\in\{1,\cdots,L\}$，有

$$\left(\Sigma^l\right)^{-1/2}\mathrm{vec}\left(U^TX_lU\right)\to_d\mathcal{N}(0,I).$$

结合上述讨论与 (11.10)式，结论得证.

定理 11.3 的证明 与定理 11.1 的证明一致，存在随机矩阵 E_l 使得 (11.10) 式成立. 根据引理 11.2，偏差项 E_l 以不小于 $1-O(n^{-1})$ 的概率满足：

$$\begin{aligned}\|ZE_lZ^T\|_F \leqslant & c(\|\mathcal{P}_l\|_2+\sqrt{n\rho})\left(\frac{n^2}{\|\psi\|_2^8}+\frac{n^3\log(L+n)}{L\rho\|\psi\|_2^8}\right)\\ &+c\sqrt{n\rho}\left(\frac{n}{\|\psi\|_2^4}+\frac{n^{3/2}\log^{1/2}(L+n)}{L^{1/2}\rho^{1/2}\|\psi\|_2^4}\right)+\sqrt{K}\rho.\end{aligned}$$

此外，由于 $\mathcal{P}_l$ 的每个元素至多为 ρ，$\|\mathcal{P}_l\|_2$ 不会超过 $n\rho$，可以推出

$$\|ZE_lZ^T\|_F \leqslant c\left(\frac{n^2\log^{1/2}(L+n)}{L^{1/2}\|\psi\|_2^4}+\max\{\frac{n^{3/2}\rho^{1/2}}{\|\psi\|_2^4},\rho\}\right).$$

在某些 ψ 的设定下，随着层数 L 增加及整体边密度 ρ 减小，ZE_lZ^T 趋于 0.

为了证明中心极限定理，只需验证 U^TX_lU 的渐近正态性即可. 对于 (1)，回顾 (11.12) 式中关于 $(UX_lU^T)_{s,t}$ 的分解，根据 U(即 $\tilde{\Theta}$) 的定义，并结合假设 11.6，对于所有 $l\in\{1,\cdots,L\}$ 和 $1\leqslant i\leqslant j\leqslant n$，有 $F_{l,ij}\leqslant c/\|\psi\|_2^2$. 结合假设 11.7，Lindeberg 条件 (11.13) 成立. 对于 (2)，回顾 (11.14) 式中关于 $x^T(\Sigma^l)^{-1/2}\mathrm{vec}(U^TX_lU)$ 的分解及 $\bar{F}_{l,ij}$ 的定义，根据假设 11.8，有 $|\bar{F}_{l,ij}|\leqslant \dfrac{c\|x\|_2}{\|\psi\|_2^2\sqrt{\lambda_{\min}(\Sigma^l)}}=o(\|x\|_2)$. 其余部分证明与定理 11.1 类似，此处略去.

11.6.2 定理 11.2 的证明

根据文献[173] 的定理 3.2，通过对 11.1 节中引入的共同特征空间估计 $\hat{U}$ 进行 k-means 聚类，可以在不小于 $1-O((L+n)^{-1})$ 概率下得出准确的社区划分. 在准确社区划分下，对于所有 $i\in\{1,\cdots,n\}$ 和 $s\in\{1,\cdots,K\}$，有 $\hat{g}_i=g_i$ 且 $\hat{n}_s=n_s$. 因此，对于 $s\neq t$，有

$$\hat{M}_{l,st}-M_{l,st}=\sum_{g_i=s,g_j=t}\frac{A_{l,ij}-P_{l,ij}}{n_sn_t}$$

成立的概率不小于 $1-O((L+n)^{-1})$. 接下来，在 $\hat{g}_i=g_i$ 且 $\hat{n}_s=n_s$ 成立的条件下，推导渐近正态性.

定义 $F_{l,ij}=\dfrac{A_{l,ij}-P_{l,ij}}{n_{g_i}n_{g_j}}$. 这里 $P_l=\mathcal{P}_l-\mathrm{diag}(\mathcal{P}_l)=\mathbb{E}A_l$ 且 $\mathcal{P}_l=\rho\Theta B_l\Theta^T$. 给定 $l\in\{1,\cdots,L\}$，对于所有 $1\leqslant i\neq j\leqslant n$, $F_{l,ij}$ 是零均值且相互独立的. 于是有

$$v_{l,n}^2:=\mathrm{Var}\Big(\sum_{g_i=s,g_j=t}F_{l,ij}\Big)=\sum_{g_i=s,g_j=t}\frac{P_{l,ij}(1-P_{l,ij})}{n_s^2n_t^2}=\frac{\rho B_{l,st}(1-\rho B_{l,st})}{n_sn_t}.$$

对于 $|F_{l,ij}|$，显然有

$$|F_{l,ij}|\leqslant\frac{1}{n^2}\lesssim\frac{\rho^{1/2}}{n}\asymp\varepsilon\sqrt{\frac{\rho B_{l,st}(1-\rho B_{l,st})}{n_sn_t}}$$

对每个 $\varepsilon > 0$ 成立. 因此

$$\frac{1}{v_{l,n}^2} \sum_{g_i=s, g_j=t} \mathbb{E}\left(|F_{l,ij}|^2 \mathbb{1}_{\{|F_{l,ij}| \geqslant \varepsilon v_{l,n}\}}\right) \to 0.$$

根据 Lindeberg-Feller 中心极限定理，可以得到

$$\left(\hat{M}_l - M_l\right)_{s,t} \to_d \mathcal{N}\left(0, \frac{\rho B_{l,st}(1-\rho B_{l,st})}{n_s n_t}\right)$$

对每对 $1 \leqslant s \neq t \leqslant K$ 和每个 $l \in \{1, \cdots, L\}$ 成立. 类似地，可以得到

$$\left(\hat{M}_l - M_l\right)_{s,s} \to_d \mathcal{N}\left(0, \frac{2\rho B_{l,ss}(1-\rho B_{l,ss})}{n_s^2}\right).$$

证明完毕.

参考文献

[1] NEWMAN M. Networks[M]. Oxford: Oxford university press, 2018.

[2] GOLDENBERG A, ZHENG A X, FIENBERG S E, et al. A survey of statistical network models[J]. Foundations and Trends® in Machine Learning, 2010, 2(2): 129-233.

[3] BARABÁSI A L, ALBERT R. Emergence of scaling in random networks[J]. Science, 1999, 286(5439): 509-512.

[4] GIRVAN M, NEWMAN M E. Community structure in social and biological networks [J]. Proceedings of the National Academy of Sciences, 2002, 99(12): 7821-7826.

[5] HARENBERG S, BELLO G, GJELTEMA L, et al. Community detection in large-scale networks: a survey and empirical evaluation[J]. Wiley Interdisciplinary Reviews: Computational Statistics, 2014, 6(6): 426-439.

[6] BOCCALETTI S, BIANCONI G, CRIADO R, et al. The structure and dynamics of multilayer networks[J]. Physics Reports, 2014, 544(1): 1-122.

[7] MUCHA P J, RICHARDSON T, MACON K, et al. Community structure in time-dependent, multiscale, and multiplex networks[J]. Science, 2010, 328(5980): 876-878.

[8] NEWMAN M E, CLAUSET A. Structure and inference in annotated networks[J]. Nature Communications, 2016, 7(1): 11863.

[9] DRTON M, MAATHUIS M H. Structure learning in graphical modeling[J]. Annual Review of Statistics and Its Application, 2017, 4(1): 365-393.

[10] FORTUNATO S. Community detection in graphs[J]. Physics Reports, 2010, 486(3-5): 75-174.

[11] LÜ L, ZHOU T. Link prediction in complex networks: a survey[J]. Physica A: Statistical Mechanics and Its Applications, 2011, 390(6): 1150-1170.

[12] LAURITZEN S L. Graphical models[M]. Oxford: Oxford University Press, 1996.

[13] PEARL J. Causality: models, reasoning, and inference[M]. Cambridge: Cambridge University Press, 2000.

[14] EDWARDS D. Introduction to graphical modelling[M]. Heidelberg: Springer Science & Business Media, 2000.

[15] PETERS J, BÜHLMANN P. Identifiability of Gaussian structural equation models with equal error variances[J]. Biometrika, 2014, 101(1): 219-228.

[16] LEUNG D, DRTON M, HARA H. Identifiability of directed Gaussian graphical models with one latent source[J]. Electronic Journal of Statistics, 2016, 10(1): 394 - 422.

[17] DEMPSTER A P. Covariance selection[J]. Biometrics, 1972: 157-175.

[18] TIKHONOV A N. On the stability of inverse problems[J]. Doklady Akademii Nauk SSSR, 1943, 39(5): 195-198.

[19] BICKEL P J, LI B, TSYBAKOV A B, et al. Regularization in statistics[J]. Test, 2006, 15: 271-344.

[20] FAN J, LIAO Y, LIU H. An overview of the estimation of large covariance and precision matrices[J]. The Econometrics Journal, 2016, 19(1): C1-C32.

[21] RAVIKUMAR P, WAINWRIGHT M J, RASKUTTI G, et al. High-dimensional covariance estimation by minimizing ℓ_1-penalized log-determinant divergence[J]. Electronic Journal of Statistics, 2011, 5: 935-980.

[22] TIBSHIRANI R. Regression shrinkage and selection via the lasso[J]. Journal of the Royal Statistical Society Series B: Statistical Methodology, 1996, 58(1): 267-288.

[23] YUAN M, LIN Y. Model selection and estimation in the Gaussian graphical model[J]. Biometrika, 2007, 94(1): 19-35.

[24] BANERJEE O, EL GHAOUI L, D'ASPREMONT A. Model selection through sparse maximum likelihood estimation for multivariate Gaussian or binary data[J]. The Journal of Machine Learning Research, 2008, 9: 485-516.

[25] FRIEDMAN J, HASTIE T, TIBSHIRANI R. Sparse inverse covariance estimation with the graphical lasso[J]. Biostatistics, 2008, 9(3): 432-441.

[26] WITTEN D M, FRIEDMAN J H, SIMON N. New insights and faster computations for the graphical lasso[J]. Journal of Computational and Graphical Statistics, 2011, 20(4): 892-900.

[27] MAZUMDER R, HASTIE T. The graphical lasso: New insights and alternatives[J]. Electronic Journal of Statistics, 2012, 6: 2125.

[28] ZHAO T, LIU H, ROEDER K, et al. The huge package for high-dimensional undirected graph estimation in R[J]. The Journal of Machine Learning Research, 2012, 13(1): 1059-1062.

[29] LAM C, FAN J. Sparsistency and rates of convergence in large covariance matrix estimation[J]. The Annals of Statistics, 2009, 37(6B): 4254-4278.

[30] FAN J, LI R. Variable selection via nonconcave penalized likelihood and its oracle properties[J]. Journal of the American Statistical Association, 2001, 96(456): 1348-1360.

[31] ZHANG C H. Nearly unbiased variable selection under minimax concave penalty[J]. The Annals of Statistics, 2010, 38(2): 894-942.

[32] MEINSHAUSEN N, BÜHLMANN P. High-dimensional graphs and variable selection with the lasso[J]. The Annals of Statistics, 2006, 34(3): 1436-1462.

[33] PENG J, WANG P, ZHOU N, et al. Partial correlation estimation by joint sparse regression models[J]. Journal of the American Statistical Association, 2009, 104(486): 735-746.

[34] SUN T, ZHANG C H. Sparse matrix inversion with scaled lasso[J]. The Journal of Machine Learning Research, 2013, 14(1): 3385-3418.

[35] SUN T, ZHANG C H. Scaled sparse linear regression[J]. Biometrika, 2012, 99(4): 879-898.

[36] YUAN M. High dimensional inverse covariance matrix estimation via linear programming[J]. Journal of Machine Learning Research, 2010, 11(Aug): 2261-2286.

[37] CAI T T, LIU W, LUO X. A constrained ℓ_1 minimization approach to sparse precision matrix estimation[J]. Journal of the American Statistical Association, 2011, 106(494): 594-607.

[38] RAVIKUMAR P, WAINWRIGHT M J, LAFFERTY J D. High-dimensional Ising model selection using ℓ_1-regularized logistic regression[J]. The Annals of Statistics, 2010, 38 (3): 1287-1319.

[39] LEE J D, HASTIE T J. Learning the structure of mixed graphical models[J]. Journal of Computational and Graphical Statistics, 2015, 24(1): 230-253.

[40] CHEN S, WITTEN D M, SHOJAIE A. Selection and estimation for mixed graphical models[J]. Biometrika, 2015, 102(1): 47-64.

[41] CHENG J, LI T, LEVINA E, et al. High-dimensional mixed graphical models[J]. Journal of Computational and Graphical Statistics, 2017, 26(2): 367-378.

[42] LIU H, HAN F, YUAN M, et al. High-dimensional semiparametric Gaussian copula graphical models[J]. The Annals of Statistics, 2012, 40(4): 2293-2326.

[43] ZHAO T, LIU H. Calibrated precision matrix estimation for high-dimensional elliptical distributions[J]. IEEE Transactions on Information Theory, 2014, 60(12): 7874-7887.

[44] YANG E, LOZANO A C. Robust Gaussian graphical modeling with the trimmed graphical lasso[C]//Advances in Neural Information Processing Systems. New York: Curran Associates, Inc., 2015: 2602-2610.

[45] FINEGOLD M, DRTON M. Robust graphical modeling of gene networks using classical and alternative t-distributions[J]. The Annals of Applied Statistics, 2011, 5(2A): 1057-1080.

[46] CHANDRASEKARAN V, PARRILO P A, WILLSKY A S. Latent variable graphical model selection via convex optimization[J]. The Annals of Statistics, 2012, 40(4): 1935-1967.

[47] FAN J, LIU H, NING Y, et al. High dimensional semiparametric latent graphical model for mixed data[J]. Journal of the Royal Statistical Society: Series B (Statistical Methodology), 2017, 79(2): 405-421.

[48] GUO J, LEVINA E, MICHAILIDIS G, et al. Joint estimation of multiple graphical models[J]. Biometrika, 2011, 98(1): 1-15.

[49] DANAHER P, WANG P, WITTEN D M. The joint graphical lasso for inverse covariance estimation across multiple classes[J]. Journal of the Royal Statistical Society: Series B (Statistical Methodology), 2014, 76(2): 373-397.

[50] HALLAC D, PARK Y, BOYD S, et al. Network inference via the time-varying graphical lasso[C]//Proceedings of the 23rd ACM SIGKDD International Conference on Knowledge Discovery and Data Mining. ACM, 2017: 205-213.

[51] KOLAR M, SONG L, AHMED A, et al. Estimating time-varying networks[J]. The Annals of Applied Statistics, 2010, 4(1): 94-123.

[52] MOHAN K, LONDON P, FAZEL M, et al. Node-based learning of multiple Gaussian graphical models[J]. The Journal of Machine Learning Research, 2014, 15(1): 445-488.

[53] CHENG J, LEVINA E, WANG P, et al. A sparse ising model with covariates[J]. Biometrics, 2014, 70(4): 943-953.

[54] KALISCH M, BÜHLMANN P. Causal structure learning and inference: a selective review[J]. Quality Technology Quantitative Management, 2014, 11(1): 3-21.

[55] SPIRTES P, GLYMOUR C N, SCHEINES R. Causation, prediction, and search[M]. Cambridge: MIT Press, 2000.

[56] KALISCH M, BÜHLMANN P. Estimating high-dimensional directed acyclic graphs with the pc-algorithm[J]. Journal of Machine Learning Research, 2007, 8(Mar): 613-636.

[57] HARRIS N, DRTON M. Pc algorithm for nonparanormal graphical models[J]. Journal of Machine Learning Research, 2013, 14(1): 3365-3383.

[58] UHLER C, RASKUTTI G, BÜHLMANN P, et al. Geometry of the faithfulness assumption in causal inference[J]. The Annals of Statistics, 2013, 41(2): 436-463.

[59] LIN S, UHLER C, STURMFELS B, et al. Hypersurfaces and their singularities in partial correlation testing[J]. Foundations of Computational Mathematics, 2014, 14(5): 1079-1116.

[60] COLOMBO D, MAATHUIS M H. Order-independent constraint-based causal structure learning[J]. Journal of Machine Learning Research, 2014, 15(1): 3741-3782.

[61] COOPER G F, HERSKOVITS E. A bayesian method for the induction of probabilistic networks from data[J]. Machine Learning, 1992, 9(4): 309-347.

[62] LAM W, BACCHUS F. Learning bayesian belief networks: An approach based on the MDL principle[J]. Computational Intelligence, 1994, 10(3): 269-293.

[63] CHICKERING D M. Learning equivalence classes of bayesian-network structures[J]. Journal of Machine Learning Research, 2002, 2(Feb): 445-498.

[64] CHICKERING D M. Optimal structure identification with greedy search[J]. Journal of Machine Learning Research, 2003, 3(Nov): 507-554.

[65] SILANDER T, MYLLYMÄKI P. A simple approach for finding the globally optimal bayesian network structure[C]//Proceedings of the 22nd Conference on Uncertainty in Artificial Intelligence (UAI). Arlington: AUAI Press, 2006: 445-452.

[66] VAN DE GEER S, BÜHLMANN P. ℓ_0-penalized maximum likelihood for sparse directed acyclic graphs[J]. The Annals of Statistics, 2013, 41(2): 536-567.

[67] FU F, ZHOU Q. Learning sparse causal Gaussian networks with experimental intervention: Regularization and coordinate descent[J]. Journal of the American Statistical Association, 2013, 108(501): 288-300.

[68] SHOJAIE A, MICHAILIDIS G. Penalized likelihood methods for estimation of sparse high-dimensional directed acyclic graphs[J]. Biometrika, 2010, 97(3): 519-538.

[69] ARAGAM B, ZHOU Q. Concave penalized estimation of sparse Gaussian bayesian networks[J]. Journal of Machine Learning Research, 2015, 16(1): 2273-2328.

[70] HAN S W, CHEN G, CHEON M S, et al. Estimation of directed acyclic graphs through two-stage adaptive lasso for gene network inference[J]. Journal of the American Statistical Association, 2016, 111(515): 1004-1019.

[71] CHAMPION M, PICHENY V, VIGNES M. Inferring large graphs using ℓ_1-penalized likelihood[J]. Statistics and Computing, 2018, 28(4): 905-921.

[72] TSAMARDINOS I, BROWN L E, ALIFERIS C F. The max-min hill-climbing bayesian network structure learning algorithm[J]. Machine Learning, 2006, 65(1): 31-78.

[73] HA M J, SUN W, XIE J. Penpc: A two-step approach to estimate the skeletons of high-dimensional directed acyclic graphs[J]. Biometrics, 2016, 72(1): 146-155.

[74] NANDY P, HAUSER A, MAATHUIS M H. High-dimensional consistency in score-based and hybrid structure learning[J]. The Annals of Statistics, 2018, 46(6A): 3151-3183.

[75] BEER D G, KARDIA S L, HUANG C C, et al. Gene-expression profiles predict survival of patients with lung adenocarcinoma[J]. Nature Medicine, 2002, 8(8): 816-824.

[76] GUO X, ZHANG H. Sparse directed acyclic graphs incorporating the covariates[J]. Statistical Papers, 2020, 61(5): 2119-2148.

[77] WU T T, LANGE K. Coordinate descent algorithms for lasso penalized regression[J]. The Annals of Applied Statistics, 2008, 2(1): 224-244.

[78] FRIEDMAN J, HASTIE T, HÖFLING H, et al. Pathwise coordinate optimization[J]. The Annals of Applied Statistics, 2007, 1(2): 302-332.

[79] FRIEDMAN J, HASTIE T, TIBSHIRANI R. Regularization paths for generalized linear models via coordinate descent[J]. Journal of Statistical Software, 2010, 33(1): 1-22.

[80] ZHAO P, YU B. On model selection consistency of lasso[J]. The Journal of Machine Learning Research, 2006, 7: 2541-2563.

[81] WAINWRIGHT M J. Sharp thresholds for high-dimensional and noisy sparsity recovery using ℓ_1-constrained quadratic programming (lasso)[J]. IEEE Transactions on Information Theory, 2009, 55(5): 2183-2202.

[82] RAVIKUMAR P, WAINWRIGHT M J, LAFFERTY J D. High-dimensional ising model selection using l_1-regularized logistic regression[J]. The Annals of Statistics, 2010, 38 (3): 1287-1319.

[83] ERDŐS P, RÉNYI A. On random graphs[J]. Publ. Math. Debrecen, 1959, 6: 290-297.

[84] BARABÁSI A L, BONABEAU E. Scale-free networks[J]. Scientific American, 2003, 288(5): 60-69.

[85] GUO X, ZHANG H, WANG Y, et al. Structure learning of sparse directed acyclic graphs incorporating the scale-free property[J]. Computational Statistics, 2019, 34(2): 713-742.

[86] SIMON N, FRIEDMAN J, HASTIE T, et al. A sparse-group lasso[J]. Journal of Computational and Graphical Statistics, 2013, 22(2): 231-245.

[87] JIANG D, HUANG J. Concave 1-norm group selection[J]. Biostatistics, 2015, 16(2): 252-267.

[88] ZHOU S, VAN DE GEER S, BüHLMANN P. Adaptive lasso for high dimensional regression and Gaussian graphical modeling[A]. 2009. arXiv: 0903.2515.

[89] BICKEL P J, RITOV Y, TSYBAKOV A B. Simultaneous analysis of lasso and dantzig selector[J]. The Annals of Statistics, 2009, 37(4): 1705-1732.

[90] LIU Q, IHLER A. Learning scale free networks by reweighted ℓ_1 regularization[C]// Proceedings of the Fourteenth International Conference on Artificial Intelligence and Statistics (AISTATS). JMLR Workshop and Conference Proceedings, 2011: 40-48.

[91] LANGE K, HUNTER D R, YANG I. Optimization transfer using surrogate objective functions[J]. Journal of Computational and Graphical Statistics, 2000, 9(1): 1-20.

[92] PRILL R J, MARBACH D, SAEZ-RODRIGUEZ J, et al. Towards a rigorous assessment of systems biology models: the dream3 challenges[J]. PloS One, 2010, 5(2): e9202.

[93] SHEN-ORR S S, MILO R, MANGAN S, et al. Network motifs in the transcriptional regulation network of escherichia coli[J]. Nature Genetics, 2002, 31(1): 64-68.

[94] KAO K C, YANG Y L, BOSCOLO R, et al. Transcriptome-based determination of multiple transcription regulator activities in escherichia coli by using network component analysis[J]. Proceedings of the National Academy of Sciences, 2004, 101(2): 641-646.

[95] SHOJAIE A, JAUHIAINEN A, KALLITSIS M, et al. Inferring regulatory networks by combining perturbation screens and steady state gene expression profiles[J]. PloS One, 2014, 9(2): e82393.

[96] GUO X, ZHANG H. Structured learning of time-varying networks with application to pm2. 5 data[J]. Communications in Statistics-Simulation and Computation, 2021, 50 (5): 1364-1382.

[97] SAEGUSA T, SHOJAIE A. Joint estimation of precision matrices in heterogeneous populations[J]. Electronic Journal of Statistics, 2016, 10(1): 1341.

[98] KE Z T, FAN J, WU Y. Homogeneity pursuit[J]. Journal of the American Statistical Association, 2015, 110(509): 175-194.

[99] BOYD S, PARIKH N, CHU E, et al. Distributed optimization and statistical learning via the alternating direction method of multipliers[J]. Foundations and Trends® in Machine Learning, 2011, 3(1): 1-122.

[100] FOYGEL R, DRTON M. Extended bayesian information criteria for gaussian graphical models[J]. Advances in Neural Information Processing Systems, 2010, 23: 604-612.

[101] CLAUSET A, NEWMAN M E, MOORE C. Finding community structure in very large networks[J]. Physical Review E—Statistical, Nonlinear, and Soft Matter Physics, 2004, 70(6): 066111.

[102] HOLLAND P W, LASKEY K B, LEINHARDT S. Stochastic blockmodels: First steps [J]. Social Networks, 1983, 5(2): 109-137.

[103] ABBE E. Community detection and stochastic block models: recent developments[J]. Journal of Machine Learning Research, 2018, 18(177): 1-86.

[104] KARRER B, NEWMAN M E. Stochastic blockmodels and community structure in networks[J]. Physical Review E, 2011, 83(1): 016107.

[105] LEI J, RINALDO A. Consistency of spectral clustering in stochastic block models[J]. The Annals of Statistics, 2015, 43(1): 215-237.

[106] GUO X, QIU Y, ZHANG H, et al. Randomized spectral co-clustering for large-scale directed networks[J]. Journal of Machine Learning Research, 2023, 24(380): 1-68.

[107] AIROLDI E M, BLEI D, FIENBERG S, et al. Mixed membership stochastic blockmodels[J]. Advances in Neural Information Processing Systems, 2008, 21.

[108] JIN J, KE Z T, LUO S. Mixed membership estimation for social networks[J]. Journal of Econometrics, 2024, 239(2): 105369.

[109] AGTERBERG J, CAPE J. An overview of asymptotic normality in stochastic blockmodels: Cluster analysis and inference[A]. 2023. arXiv: 2305.06353.

[110] LEI J, LIN K Z. Bias-adjusted spectral clustering in multi-layer stochastic block models [J]. Journal of the American Statistical Association, 2023, 118(544): 2433-2445.

[111] ARROYO J, ATHREYA A, CAPE J, et al. Inference for multiple heterogeneous networks with a common invariant subspace[J]. Journal of Machine Learning Research, 2021, 22(142): 1-49.

[112] PAUL S, CHEN Y. Spectral and matrix factorization methods for consistent community detection in multi-layer networks[J]. The Annals of Statistics, 2020, 48(1): 230-250.

[113] OSELIO B, KULESZA A, HERO A O. Multi-layer graph analysis for dynamic social networks[J]. IEEE Journal of Selected Topics in Signal Processing, 2014, 8(4): 514-523.

[114] RAGHAVAN U N, ALBERT R, KUMARA S. Near linear time algorithm to detect community structures in large-scale networks[J]. Physical Review E, 2007, 76(3): 036106.

[115] NEWMAN M E. Detecting community structure in networks[J]. The European Physical Journal B, 2004, 38(2): 321-330.

[116] NEWMAN M E, GIRVAN M. Finding and evaluating community structure in networks [J]. Physical Review E, 2004, 69(2): 026113.

[117] SHI J, MALIK J. Normalized cuts and image segmentation[J]. IEEE Transactions on Pattern Analysis and Machine Intelligence, 2000, 22(8): 888-905.

[118] WEI Y C, CHENG C K. Toward efficient hierarchical designs by ratio cut partitioning[C]//Proceedings of the IEEE International Conference on Computer-Aided Design (ICCAD). Santa Clara: IEEE Computer Society Press, 1989: 298-301.

[119] NEWMAN M E. Modularity and community structure in networks[J]. Proceedings of the National Academy of Sciences, 2006, 103(23): 8577-8582.

[120] BICKEL P J, CHEN A, LEVINA E. The method of moments and degree distributions for network models[J]. The Annals of Statistics, 2011, 39(5): 2280-2301.

[121] ABBE E, BANDEIRA A S, HALL G. Exact recovery in the stochastic block model[J]. IEEE Transactions on Information Theory, 2015, 62(1): 471-487.

[122] CAI T T, LI X. Robust and computationally feasible community detection in the presence of arbitrary outlier nodes[J]. The Annals of Statistics, 2015, 43(3): 1027-1059.

[123] QIN T, ROHE K. Regularized spectral clustering under the degree-corrected stochastic blockmodel[C]//Advances in Neural Information Processing Systems: Vol. 26. New York: Curran Associates, Inc., 2013.

[124] ROHE K, CHATTERJEE S, YU B. Spectral clustering and the high-dimensional stochastic blockmodel[J]. The Annals of Statistics, 2011, 39(4): 1878-1915.

[125] ROHE K, QIN T, YU B. Co-clustering directed graphs to discover asymmetries and directional communities[J]. Proceedings of the National Academy of Sciences, 2016, 113(45): 12679-12684.

[126] AMINI A A, CHEN A, BICKEL P J, et al. Pseudo-likelihood methods for community detection in large sparse networks[J]. The Annals of Statistics, 2013, 41(4): 2097-2122.

[127] CHOI D S, WOLFE P J, AIROLDI E M. Stochastic blockmodels with a growing number of classes[J]. Biometrika, 2012, 99(2): 273-284.

[128] ZHAO Y, LEVINA E, ZHU J. Consistency of community detection in networks under degree-corrected stochastic block models[J]. The Annals of Statistics, 2012, 40(4): 2266-2292.

[129] NG A, JORDAN M, WEISS Y. On spectral clustering: Analysis and an algorithm[C]// Advances in Neural Information Processing Systems: Vol. 14. Cambridge: MIT Press, 2001.

[130] VON LUXBURG U. A tutorial on spectral clustering[J]. Statistics and Computing, 2007, 17(4): 395-416.

[131] ZHANG A Y, ZHOU H H. Minimax rates of community detection in stochastic block models[J]. The Annals of Statistics, 2016, 44(5): 2252-2280.

[132] MAHONEY M W. Randomized algorithms for matrices and data[J]. Foundations and Trends® in Machine Learning, 2011, 3(2): 123-224.

[133] DRINEAS P, MAHONEY M W. Randnla: randomized numerical linear algebra[J]. Communications of the ACM, 2016, 59(6): 80-90.

[134] ZHANG H, GUO X, CHANG X. Randomized spectral clustering in large-scale stochastic block models[J]. Journal of Computational and Graphical Statistics, 2022, 31(3): 887-906.

[135] HALKO N, MARTINSSON P G, TROPP J A. Finding structure with randomness: Probabilistic algorithms for constructing approximate matrix decompositions[J]. SIAM Review, 2011, 53(2): 217-288.

[136] WITTEN R, CANDES E. Randomized algorithms for low-rank matrix factorizations: sharp performance bounds[J]. Algorithmica, 2015, 72: 264-281.

[137] MARTINSSON P G. Randomized methods for matrix computations[J]. The Mathematics of Data, 2019, 25(4): 187-231.

[138] ERICHSON N B, VORONIN S, BRUNTON S L, et al. Randomized matrix decompositions using R[J]. Journal of Statistical Software, 2019, 89(1): 1-48.

[139] CALVETTI D, REICHEL L, SORENSEN D C. An implicitly restarted lanczos method for large symmetric eigenvalue problems[J]. Electronic Transactions on Numerical Analysis, 1994, 2(1): 21.

[140] BAGLAMA J, REICHEL L. Augmented implicitly restarted lanczos bidiagonalization methods[J]. SIAM Journal on Scientific Computing, 2005, 27(1): 19-42.

[141] ALLEN-ZHU Z, LI Y. Lazysvd: Even faster SVD decomposition yet without agonizing pain[J]. Advances in Neural Information Processing Systems, 2016, 29: 974-982.

[142] LEHOUCQ R B. Analysis and implementation of an implicitly restarted arnoldi iteration [R]. Rice University, Department of Computational and Applied Mathematics, Houston, Texas, 1995.

[143] YANG J, LESKOVEC J. Defining and evaluating network communities based on ground-truth[J]. Knowledge and Information Systems, 2015, 42(1): 181-213.

[144] LESKOVEC J, KLEINBERG J, FALOUTSOS C. Graphs over time: Densification laws, shrinking diameters and possible explanations[C]//Proceedings of the Eleventh ACM SIGKDD International Conference on Knowledge Discovery in Data Mining (KDD). Chicago: ACM, 2005: 177-187.

[145] QIU Y, MEI J. Rspectra: Solvers for large-scale eigenvalue and SVD problems[M/OL]. 2019. https://CRAN.R-project.org/package=RSpectra.

[146] BAGLAMA J, REICHEL L, LEWIS B W. irlba: Fast truncated singular value decomposition and principal components analysis for large dense and sparse matrices[M/OL]. 2019. https://CRAN.R-project.org/package=irlba.

[147] BHATIA R. Graduate texts in mathematics[J]. Matrix Analysis, 1997, 169.

[148] VU V Q, LEI J. Minimax sparse principal subspace estimation in high dimensions[J]. The Annals of Statistics, 2013, 41(6): 2905-2947.

[149] CHEN Y, WAINWRIGHT M J. Fast low-rank estimation by projected gradient descent: General statistical and algorithmic guarantees[A]. 2015. arXiv: 1509.03025.

[150] BANDEIRA A S, VAN HANDEL R, et al. Sharp nonasymptotic bounds on the norm of random matrices with independent entries[J]. The Annals of Probability, 2016, 44(4): 2479-2506.

[151] GUO X, ZHANG H, CHANG X. On the efficacy of higher-order spectral clustering under weighted stochastic block models[J]. Computational Statistics & Data Analysis, 2024, 190: 107872.

[152] BENSON A R, GLEICH D F, LESKOVEC J. Higher-order organization of complex networks[J]. Science, 2016, 353(6295): 163-166.

[153] TSOURAKAKIS C E, PACHOCKI J, MITZENMACHER M. Scalable motif-aware graph clustering[C]//Proceedings of the 26th International Conference on World Wide Web (WWW). Geneva: International World Wide Web Conferences Steering Committee, 2017: 1451-1460.

[154] JI P, JIN J. Coauthorship and citation networks for statisticians[J]. The Annals of Applied Statistics, 2016, 10(4): 1779-1812.

[155] WARNKE L. On the method of typical bounded differences[J]. Combinatorics, Probability and Computing, 2016, 25(2): 269-299.

[156] FEIGE U, OFEK E. Spectral techniques applied to sparse random graphs[J]. Random Structures & Algorithms, 2005, 27(2): 251-275.

[157] PAUL S, MILENKOVIC O, CHEN Y. Higher-order spectral clustering under superimposed stochastic block models[J]. Journal of Machine Learning Research, 2023, 24 (320): 1-58.

[158] WARNKE L. Upper tails for arithmetic progressions in random subsets[J]. Israel Journal of Mathematics, 2017, 221(1): 317-365.

[159] SU W, GUO X, CHANG X, et al. Spectral co-clustering in multi-layer directed networks [J]. Computational Statistics & Data Analysis, 2024: 107987.

[160] DE DOMENICO M, NICOSIA V, ARENAS A, et al. Structural reducibility of multilayer networks[J]. Nature Communications, 2015, 6: 6864.

[161] JING B Y, LI T, LYU Z, et al. Community detection on mixture multilayer networks via regularized tensor decomposition[J]. The Annals of Statistics, 2021, 49(6): 3181-3205.

[162] NOROOZI M, PENSKY M. Sparse subspace clustering in diverse multiplex network model[J]. Journal of Multivariate Analysis, 2024, 203: 105333.

[163] ZHU M, GHODSI A. Automatic dimensionality selection from the scree plot via the use of profile likelihood[J]. Computational Statistics & Data Analysis, 2006, 51(2): 918-930.

[164] DAVIES D L, BOULDIN D W. A cluster separation measure[J]. IEEE Transactions on Pattern Analysis and Machine Intelligence, 1979, PAMI-1(2): 224-227.

[165] LI T, LEVINA E, ZHU J. Network cross-validation by edge sampling[J]. Biometrika, 2020, 107(2): 257-276.

[166] HU J, QIN H, YAN T, et al. Corrected bayesian information criterion for stochastic block models[J]. Journal of the American Statistical Association, 2020, 115(532): 1771-1783.

[167] GOLUB G H, VAN LOAN C F. Matrix computations[M]. Baltimore: JHU press, 2013.

[168] BHATIA R. Matrix analysis[M]. New York: Springer-Verlag, 1997.

[169] MAHONEY M W, DRINEAS P. Cur matrix decompositions for improved data analysis [J]. Proceedings of the National Academy of Sciences, 2009, 106(3): 697-702.

[170] WOODRUFF D P. Sketching as a tool for numerical linear algebra[J]. Foundations and Trends® in Theoretical Computer Science, 2014, 10(1–2): 1-157.

[171] MARTINSSON P G, TROPP J A. Randomized numerical linear algebra: Foundations and algorithms[J]. Acta Numerica, 2020, 29: 403-572.

[172] SU W, GUO X, CHANG X, et al. Randomized spectral clustering for large-scale multilayer networks[A]. 2025. arXiv: 2501.05326.

[173] XIE F. Bias-corrected joint spectral embedding for multilayer networks with invariant subspace: Entrywise eigenvector perturbation and inference[J]. IEEE Transactions on Information Theory, 2024, 70(12): 9036-9083.

[174] LEI J, ZHANG A R, ZHU Z. Computational and statistical thresholds in multi-layer stochastic block models[J]. The Annals of Statistics, 2024, 52(5): 2431-2455.

[175] MUSCO C, MUSCO C. Randomized block krylov methods for stronger and faster approximate singular value decomposition[C]//Advances in Neural Information Processing Systems: Vol. 28. New York: Curran Associates, Inc., 2015.

[176] LI H, ZHU Y. Randomized block krylov subspace methods for trace and log-determinant estimators[J]. BIT Numerical Mathematics, 2021, 61: 911-939.

[177] PARANJAPE A, BENSON A R, LESKOVEC J. Motifs in temporal networks[C]//Proceedings of the Tenth ACM International Conference on Web Search and Data Mining. San Diego: ACM, 2017: 601-610.

[178] COSTANZO M, BARYSHNIKOVA A, BELLAY J, et al. The genetic landscape of a cell[J]. Science, 2010, 327(5964): 425-431.

[179] STARK C, BREITKREUTZ B J, REGULY T, et al. Biogrid: a general repository for interaction datasets[J]. Nucleic Acids Research, 2006, 34(suppl_1): D535-D539.

[180] OMODEI E, DE DOMENICO M, ARENAS A. Characterizing interactions in online social networks during exceptional events[J]. Frontiers in Physics, 2015, 3: 59.

[181] MISLOVE A, MARCON M, GUMMADI K P, et al. Measurement and analysis of online social networks[C]//Proceedings of the 7th ACM SIGCOMM Conference on Internet Measurement (IMC). San Diego: ACM, 2007: 29-42.

[182] SU W, GUO X, YANG Y. Limit results for estimation of connectivity matrix in multilayer stochastic block models[A]. 2024. arXiv: 2406.11152.

[183] RUDELSON M, VERSHYNIN R. Delocalization of eigenvectors of random matrices with independent entries[J]. Duke Mathematical Journal, 2015, 164(13): 2507-2538.

[184] HE Y, KNOWLES A, MARCOZZI M. Local law and complete eigenvector delocalization for supercritical erdős–rényi graphs[J]. The Annals of Probability, 2019, 47(5): 3278-3302.

[185] GAO C, LU Y, ZHOU H H. Rate-optimal graphon estimation[J]. The Annals of Statistics, 2015, 43(6): 2624-2652.

[186] SU L, WANG W, ZHANG Y. Strong consistency of spectral clustering for stochastic block models[J]. IEEE Transactions on Information Theory, 2020, 66(1): 324-338.

[187] JIN J, KE Z T, LUO S, et al. Optimal estimation of the number of network communities [J]. Journal of the American Statistical Association, 2023, 118(543): 2101-2116.

[188] AGTERBERG J, LUBBERTS Z, ARROYO J. Joint spectral clustering in multilayer degree-corrected stochastic blockmodels[A]. 2022. arXiv: 2212.05053.

[189] ZHENG R, TANG M. Limit results for distributed estimation of invariant subspaces in multiple networks inference and pca[A]. 2022. arXiv: 2206.04306.

[190] LEHMANN E L, ROMANO J P. Testing statistical hypotheses[M]. New York: Springer, 2005.

[191] DUDOIT S, VAN DER LAAN M J, VAN DER LAAN M J. Multiple testing procedures with applications to genomics[M]. New York: Springer, 2008.

[192] NOBLE W S. How does multiple testing correction work?[J]. Nature Biotechnology, 2009, 27(12): 1135-1137.